"Sapience n'entre point en âme malveillante, et science sans conscience n'est que ruine de l'âme." - François Rabelais

En tant qu'ingénieur avec un master en informatique, j'ai consacré de nombreuses années à travailler dans l'industrie de l'IT, en développant et améliorant la technologie et les systèmes pour rendre la vie des gens plus facile et plus pratique. Cependant, au fil du temps, j'ai observé les changements qui s'opéraient dans le monde et les préoccupations croissantes concernant l'environnement. Cela m'a incité à repenser ma carrière et à orienter mon focus vers un chemin plus durable.

C'est ainsi que j'ai découvert le Green IT, également connu sous le nom d'informatique verte ou durable. Ce concept vise à réduire l'impact environnemental de la technologie. Il englobe une large gamme d'initiatives, allant de la conception de dispositifs économes en énergie à l'amélioration des programmes de recyclage des déchets électroniques.

L'obtention de mon MBA en Leadership & Sustainability m'a permis de renforcer mes connaissances pratiques, acquises lors de mon expérience comme président d'une association humanitaire ainsi que lors de mes mandats en tant qu'élu dans ma commune et dans les associations cantonales, en Suisse.

Dans mon rôle actuel, je collabore avec des entreprises et des associations pour les aider à développer et à mettre en œuvre des pratiques technologiques durables. Cela implique d'évaluer leur utilisation actuelle de la technologie et d'identifier les domaines où des améliorations peuvent être apportées en termes d'efficacité et de réduction des déchets.

Bien sûr, il reste encore beaucoup de travail à faire. Cependant, en tant que personne qui a pu voir le potentiel de la technologie pour transformer nos vies, je suis enthousiaste à l'idée de faire partie de ce mouvement. C'est la raison pour laquelle j'ai écrit ce livre sur le Green IT, afin de partager mes connaissances et mon expérience dans l'espoir d'inspirer d'autres personnes à s'engager dans cette voie durable. Je crois fermement que chaque petit pas compte et que, collectivement, nous pouvons faire une différence positive pour l'environnement grâce à la technologie.

Raoul Sanchez

© 2023 Raoul Sanchez
Herstellung und Verlag: BoD – Books on Demand, Norderstedt
ISBN: 9783757813314

CHAPITRE 18. COÛT CACHÉ DE L'ÉNERGIE : UN DÉFI POUR LE GREEN IT — 255

CHAPITRE 19. PERSPECTIVES D'AVENIR POUR LE GREEN IT — 282

CHAPITRE 20. CONCLUSION : VERS UN AVENIR NUMÉRIQUE DURABLE — 292

RÉFÉRENCES — 294

Chapitre 1. Introduction

L'informatique verte, ou Green IT, est une discipline en constante évolution, complexe et multidimensionnelle, dont l'importance ne fait que s'accroître dans notre monde numérique. Le but de ce livre est de fournir une compréhension approfondie du Green IT et de ses multiples facettes, du contexte général aux stratégies et actions spécifiques que peuvent entreprendre les entreprises, les gouvernements et même les individus.

Chaque chapitre de ce livre est dédié à un aspect spécifique du Green IT. Nous commencerons par examiner le contexte global, en analysant l'empreinte écologique du numérique et en explorant l'impact environnemental de l'informatique. Cette analyse portera non seulement sur la consommation d'énergie et la production de déchets, mais aussi sur d'autres facteurs tels que l'utilisation de matériaux rares, les émissions de gaz à effet de serre et les problèmes sociaux liés à l'approvisionnement en matériaux.

Ensuite, nous nous pencherons sur les technologies spécifiques qui peuvent aider à réduire cette empreinte écologique. Ces technologies comprennent, sans s'y limiter, l'efficacité énergétique, l'éco-conception, le recyclage et la réutilisation des déchets électroniques, ainsi que les solutions de virtualisation et de cloud computing. Nous explorerons également les défis et les opportunités associés à l'utilisation de ces technologies.

Dans les chapitres suivants, nous examinerons le rôle des entreprises et des gouvernements dans la promotion de pratiques informatiques plus durables. Nous discuterons des stratégies qu'ils peuvent mettre en œuvre, des défis qu'ils peuvent rencontrer, et des avantages qu'ils peuvent retirer de l'adoption du Green IT.

Enfin, nous aborderons les perspectives futures du Green IT, en examinant les tendances émergentes, les innovations technologiques et les défis à venir. Nous discuterons également des implications de ces tendances pour les entreprises, les gouvernements et la société dans son ensemble.

Dans l'ensemble, ce livre vise à fournir une vision complète et nuancée du Green IT, en soulignant à la fois son importance pour l'environnement et son potentiel en tant que force d'innovation et de transformation. Que vous soyez un professionnel de l'informatique cherchant à intégrer des pratiques durables dans votre travail, un décideur cherchant à comprendre le rôle du numérique dans la transition écologique, ou simplement un citoyen curieux, nous espérons que ce livre vous offrira des perspectives précieuses et stimulantes sur le Green IT.

Chapitre 2. Comprendre le Green IT, définitions, enjeux et perspectives

Ce chapitre introduit le concept de Green IT, ses origines et sa pertinence dans le contexte actuel. Il examine également les enjeux environnementaux, économiques et sociaux liés à l'informatique verte.

2.1 Introduction

L'informatique verte ou Green IT, est devenue un sujet d'une importance capitale dans le contexte actuel de l'urgence climatique. La progression fulgurante des technologies numériques a propulsé l'informatique au cœur de nos vies quotidiennes et de nos économies.

Elle est à présent omniprésente, du travail à domicile jusqu'à nos interactions sociales et nos modes de consommation. Pourtant, cette omniprésence a un coût environnemental conséquent qui ne peut être ignoré. Ce coût est lié à la consommation d'énergie, à la production de déchets électroniques, à l'utilisation de matériaux non renouvelables et aux émissions de gaz à effet de serre.

Il est devenu crucial de comprendre que chaque email envoyé, chaque recherche sur le web, chaque fichier stocké dans le cloud, chaque achat en ligne, contribue à notre empreinte numérique, qui a un impact environnemental réel. C'est dans ce contexte que le Green IT se révèle être une réponse pertinente et indispensable. Il s'agit d'un ensemble de pratiques visant à minimiser l'impact environnemental de l'utilisation des technologies de l'information et de la communication (TIC). Mais qu'est-ce que cela signifie réellement ? Quels sont les principes clés du Green IT ? Comment a-t-il évolué au fil du temps ? Quels sont les défis majeurs qu'il doit relever ? Et pourquoi est-il si important dans le monde actuel ?

Ce premier chapitre a pour objectif de répondre à ces questions essentielles. Nous commencerons par définir le Green IT et en expliquer les principes fondamentaux. Nous passerons ensuite en revue son évolution historique, depuis les premières prises de conscience des impacts environnementaux de l'informatique dans les années 1990 jusqu'à son émergence en tant que discipline majeure au début du

XXIe siècle. Nous identifierons et discuterons les principaux enjeux du Green IT, tels que l'efficacité énergétique, la gestion des déchets électroniques, l'approvisionnement éthique et les émissions de gaz à effet de serre.

Enfin, nous soulignerons l'importance du Green IT dans le monde actuel, à la fois comme réponse à l'urgence climatique et comme opportunité pour une innovation durable.
En abordant ces divers aspects du Green IT, nous espérons non seulement fournir une compréhension claire de ce qu'est l'informatique verte, mais aussi sensibiliser à son importance et à sa pertinence dans notre monde de plus en plus numérisé.

2.2 Définition

Le Green IT, également connu sous le nom d'informatique verte, englobe un ensemble de pratiques visant à minimiser l'impact environnemental des technologies de l'information et de la communication (TIC). Cette approche holistique couvre diverses stratégies, dont l'efficacité énergétique, la réduction des déchets électroniques, l'utilisation de matériaux plus durables et l'éco-conception. En outre, l'IT for Green, un concept étroitement lié, se concentre sur l'utilisation des TIC pour promouvoir des pratiques durables dans d'autres secteurs.

L'efficacité énergétique
Un objectif clé de l'informatique verte est de réduire la consommation d'énergie associée aux TIC. Cela peut inclure des améliorations dans la gestion de l'énergie des ordinateurs, des serveurs et des centres de données, ainsi que l'adoption de sources d'énergie renouvelables pour alimenter les infrastructures informatiques.

La réduction des déchets électroniques
Les déchets électroniques, ou e-déchets, sont un problème environnemental croissant en raison de la nature éphémère de nombreux appareils électroniques et de la présence de matériaux toxiques dans ces produits. L'informatique verte vise à minimiser la production de déchets électroniques en encourageant le recyclage, la réparation et la réutilisation des appareils électroniques, ainsi qu'en concevant des produits ayant une durée de vie plus longue.

L'utilisation de matériaux durables
L'informatique verte cherche à réduire l'impact environnemental des matériaux utilisés dans les appareils électroniques. Cela peut inclure la substitution de

matériaux toxiques par des alternatives moins nocives, ainsi que l'utilisation de matériaux recyclés ou facilement recyclables dans la fabrication de nouveaux produits.

L'éco-conception

L'éco-conception implique la conception de produits et de services informatiques de manière à minimiser leur impact environnemental tout au long de leur cycle de vie, de la production à l'élimination. Cela peut inclure des considérations telles que la réduction de la consommation d'énergie, l'utilisation de matériaux durables, la facilité de réparation et la recyclabilité.

IT for Green

L'IT for Green fait référence à l'utilisation des TIC pour soutenir des pratiques durables dans d'autres secteurs, tels que l'agriculture, les transports, la construction et la gestion des ressources en eau. Par exemple, les systèmes de suivi et de contrôle à distance peuvent permettre une utilisation plus efficace des ressources, tandis que les outils d'analyse de données peuvent faciliter la prise de décision en matière de durabilité.

La fin de vie des produits électroniques

La manière dont les produits électroniques sont éliminés ou recyclés est un aspect crucial de l'informatique verte. Les politiques et programmes de recyclage et d'élimination des déchets électroniques sont essentiels pour minimiser l'impact environnemental de ces produits. Le Green IT représente une approche globale de l'informatique qui cherche à concilier progrès technologique et respect de l'environnement. Cela nécessite une prise de conscience de la part des consommateurs, des entreprises et des gouvernements, ainsi qu'un engagement à incorporer des principes durables dans toutes les facettes des technologies de l'information et de la communication.

Sensibilisation et éducation

Un élément important du Green IT est de sensibiliser les consommateurs et les professionnels de l'informatique aux impacts environnementaux des technologies de l'information et de la communication. Cela peut inclure des informations sur l'efficacité énergétique, le recyclage des e-déchets et l'importance de choisir des produits éco-conçus. De plus, la formation en Green IT peut être intégrée dans les programmes d'éducation en informatique et en ingénierie.

Responsabilité des entreprises

Les entreprises ont un rôle clé à jouer dans la promotion du Green IT. Cela peut inclure l'adoption de politiques de Green IT, l'investissement dans des infrastructures plus économes en énergie, la conception de produits éco-conçus et la participation à des programmes de recyclage des e-déchets. De plus, les entreprises peuvent utiliser leur influence pour promouvoir des normes de Green IT dans leur chaîne d'approvisionnement.

Rôle des politiques gouvernementales
Les gouvernements peuvent soutenir le Green IT en mettant en place des réglementations et des incitations pour promouvoir l'efficacité énergétique, la réduction des e-déchets et l'utilisation de matériaux durables. Ils peuvent également promouvoir la recherche et le développement en matière de Green IT et intégrer des critères de Green IT dans leurs propres achats de TIC.

Innovation technologique
Le Green IT n'est pas statique, mais évolue avec l'innovation technologique. De nouvelles technologies peuvent offrir des opportunités pour améliorer l'efficacité énergétique, réduire l'impact des matériaux, et utiliser les TIC pour soutenir la durabilité dans d'autres secteurs. Par exemple, l'adoption croissante de l'Internet des objets (IoT) et de l'intelligence artificielle (IA) offre de nouvelles possibilités pour le Green IT.

En définitive, le Green IT est une approche essentielle pour concilier les avantages des TIC avec la nécessité de protéger notre environnement. En adoptant les principes du Green IT, nous pouvons aider à construire un avenir numérique qui soit durable et respectueux de l'environnement.

2.3 Historique du Green IT

L'informatique verte ou Green IT, bien qu'elle ne soit pas un nouveau concept, a connu une augmentation significative de son importance parallèlement à l'évolution des technologies numériques. Il est intéressant de retracer l'histoire du Green IT pour comprendre comment il a évolué au fil du temps et comment il est devenu un élément essentiel de la stratégie de durabilité de nombreuses organisations.

Les origines de l'informatique verte (années 1990) :

Dans les années 1990, alors que la société commençait à prendre conscience des conséquences environnementales de ses activités, l'idée d'une informatique plus respectueuse de l'environnement a commencé à émerger. C'était une époque où l'expansion rapide de la technologie de l'information et des communications (TIC) suscitait des préoccupations quant à son impact sur la consommation d'énergie et la production de déchets électroniques.

À cette époque, l'informatique verte était encore un concept relativement marginal, principalement limité à des initiatives isolées visant à améliorer l'efficacité énergétique des ordinateurs et autres appareils électroniques. Les chercheurs et les ingénieurs ont commencé à se pencher sur des moyens de réduire la consommation d'énergie des systèmes informatiques, en optimisant les algorithmes, en mettant en place des modes de veille plus efficaces et en encourageant l'utilisation de matériaux recyclables dans la fabrication des équipements.

Les premiers efforts en matière d'informatique verte se sont concentrés sur la réduction de la consommation d'énergie des centres de données, qui représentent une part importante de la consommation énergétique totale de l'industrie informatique. Des techniques telles que la virtualisation des serveurs, qui permettent de consolider plusieurs serveurs physiques en une seule machine virtuelle, ont été développées pour améliorer l'efficacité énergétique des centres de données.

Parallèlement, des programmes de recyclage des équipements électroniques ont été lancés pour lutter contre les déchets électroniques en croissance constante. Ces initiatives visaient à récupérer les matériaux précieux des appareils électroniques obsolètes et à les réutiliser dans la fabrication de nouveaux équipements, réduisant ainsi la demande de ressources naturelles et minimisant les impacts environnementaux associés à leur extraction et à leur production.

Bien que l'informatique verte n'ait pas encore atteint un niveau de maturité important dans les années 1990, cette période a été le point de départ de la prise de conscience de l'industrie informatique quant à son rôle potentiel dans la transition vers une société plus durable. Depuis lors, le concept d'informatique verte a évolué et s'est élargi pour englober une gamme plus large de pratiques et de technologies visant à réduire l'empreinte environnementale de l'informatique, tout en favorisant l'innovation et la durabilité à long terme.

L'essor du Green IT (début du XXIe siècle)

Avec la popularisation d'Internet et des technologies numériques au début du XXIe siècle, l'importance du Green IT (ou informatique verte) a commencé à être largement reconnue. Les premières initiatives de Green IT étaient principalement axées sur l'efficacité énergétique, en réponse à la croissance rapide des centres de données et à leur consommation d'énergie exponentielle. Les entreprises technologiques ont commencé à investir dans des technologies et des pratiques visant à réduire la consommation d'énergie de leurs infrastructures informatiques.

Les fabricants d'équipements informatiques ont commencé à concevoir des serveurs, des ordinateurs et des appareils plus économes en énergie, en utilisant des composants à faible consommation d'énergie et en optimisant les performances énergétiques. Les technologies de virtualisation se sont également développées, permettant de consolider plusieurs serveurs physiques en une seule machine virtuelle, réduisant ainsi le nombre d'équipements nécessaires et la consommation d'énergie associée.

Parallèlement, des pratiques de gestion de l'énergie des centres de données ont émergé, telles que la mise en veille des serveurs non utilisés, l'optimisation des systèmes de refroidissement et l'utilisation de sources d'énergie renouvelable pour alimenter les installations. Ces efforts ont permis de réduire considérablement la consommation d'énergie et les émissions de gaz à effet de serre des centres de données.

Le Green IT s'est ensuite étendu à d'autres domaines de l'informatique, notamment aux infrastructures réseau, aux appareils mobiles et aux logiciels. Des normes environnementales et des certifications ont été développées pour encourager les entreprises à adopter des pratiques plus durables, telles que l'élimination responsable des déchets électroniques, l'utilisation de matériaux recyclés dans la fabrication des équipements et l'écoconception des logiciels.

Au fil des années, le Green IT est devenu une approche intégrée qui vise à minimiser l'impact environnemental de l'informatique tout en maximisant son efficacité et sa durabilité. Les efforts continuent d'évoluer avec des technologies émergentes telles que l'informatique en nuage (cloud computing), l'intelligence artificielle (IA) et l'Internet des objets (IoT), où des opportunités et des défis supplémentaires en matière de durabilité se présentent.

Dans l'ensemble, le début du XXIe siècle a marqué une période d'essor pour le Green IT, avec une prise de conscience croissante de l'importance de réduire l'empreinte environnementale de l'informatique et de promouvoir des pratiques durables dans le domaine technologique.

L'élargissement de l'approche du Green IT (années 2000 et au-delà)

Au fur et à mesure de son évolution, l'approche du Green IT s'est élargie pour englober d'autres aspects de l'impact environnemental des technologies de l'information et de la communication (TIC). Au cours des années 2000 et au-delà, des préoccupations majeures ont émergé, telles que la gestion des déchets électroniques. La prise de conscience de l'ampleur du problème des e-déchets a conduit à la recherche de solutions de recyclage efficaces pour minimiser leur impact sur l'environnement.

L'éco-conception est également devenue une préoccupation majeure. Les acteurs de l'industrie ont réalisé l'importance de concevoir des produits et des services informatiques qui minimisent leur impact environnemental tout au long de leur cycle de vie, de la phase de fabrication à l'utilisation et jusqu'à la fin de vie. L'éco-conception vise à intégrer des critères environnementaux dès la conception des produits, en privilégiant les matériaux recyclables, en optimisant l'efficacité énergétique et en réduisant la production de déchets.

Parallèlement, le concept d'IT for Green a émergé, soulignant le potentiel des TIC pour favoriser la durabilité dans d'autres secteurs. Les applications des TIC dans des domaines tels que la gestion de l'énergie, la mobilité durable, l'agriculture intelligente et les villes intelligentes ont ouvert de nouvelles perspectives pour la promotion d'une société plus verte et plus durable. Les solutions basées sur les TIC peuvent contribuer à l'efficacité énergétique, à la réduction des émissions de gaz à effet de serre et à la gestion intelligente des ressources naturelles.

L'élargissement de l'approche du Green IT au cours des dernières décennies témoigne d'une prise de conscience croissante de l'importance de l'impact environnemental des TIC et de la nécessité de promouvoir des pratiques durables dans l'industrie technologique. Les efforts continuent d'évoluer, avec une attention croissante portée à des domaines tels que l'économie circulaire, l'utilisation de sources d'énergie renouvelable pour alimenter les infrastructures informatiques, et l'intégration de critères environnementaux dans les politiques et les réglementations liées aux TIC.

Dans l'ensemble, l'élargissement de l'approche du Green IT témoigne d'un mouvement vers une industrie technologique plus consciente de son impact environnemental et engagée dans la promotion de solutions durables pour un avenir meilleur.

Le Green IT aujourd'hui

Aujourd'hui, le Green IT occupe une place centrale dans les stratégies de développement durable des entreprises. Il ne se limite plus uniquement à la réduction de l'impact environnemental des technologies de l'information et de la communication (TIC), mais est devenu un enjeu stratégique intégrant les dimensions sociales et économiques.

Les entreprises reconnaissent de plus en plus que le Green IT peut contribuer à des objectifs plus larges de durabilité. Il permet d'améliorer l'efficacité opérationnelle en réduisant la consommation d'énergie, en optimisant les ressources et en adoptant des pratiques de gestion responsables. Cette approche peut également se traduire par des économies de coûts significatives à long terme, notamment en réduisant les dépenses liées à l'énergie, à la maintenance et à la gestion des déchets électroniques.

Le Green IT offre également des avantages en termes de réputation et de création de valeur pour les parties prenantes. Les entreprises engagées dans des pratiques durables et transparentes gagnent en crédibilité et renforcent leur image de marque. Les consommateurs et les investisseurs accordent une importance croissante aux enjeux environnementaux et sociaux, ce qui fait du Green IT un levier essentiel pour attirer et fidéliser les clients, ainsi que pour mobiliser des ressources financières.

La mise en œuvre d'une approche de Green IT efficace nécessite un engagement de haut niveau au sein des organisations. Les dirigeants doivent intégrer les principes du Green IT dans leur stratégie globale, en mettant l'accent sur l'innovation, l'écoconception des produits et services, la sensibilisation des employés et la collaboration avec les partenaires et les fournisseurs.

En somme, le Green IT d'aujourd'hui va au-delà de la simple réduction de l'empreinte environnementale des TIC. Il est devenu un pilier central des stratégies de développement durable des entreprises, intégrant des dimensions économiques, sociales et environnementales. En adoptant une approche holistique et en s'engageant activement dans la mise en place de pratiques durables, les entreprises peuvent tirer profit du Green IT pour créer de la valeur tout en contribuant à un avenir plus durable.

L'histoire du Green IT illustre comment un concept autrefois marginal a évolué pour devenir un élément central de la stratégie de durabilité des organisations. Alors que nous entrons dans une ère de plus en plus numérique, il est essentiel que nous continuions à développer et à mettre en œuvre des pratiques de Green IT pour nous assurer que les avantages des TIC sont réalisés d'une manière qui respecte et protège notre environnement.

Les enjeux du Green IT sont en effet nombreux et variés, reflétant la complexité des impacts environnementaux de l'informatique. Chaque enjeu présente ses propres défis et nécessite des solutions spécifiques. L'importance de chacun de ces enjeux peut également varier en fonction du contexte spécifique d'une organisation ou d'un secteur.

Efficacité énergétique

L'un des enjeux majeurs du Green IT est l'efficacité énergétique. L'informatique est une source importante de consommation d'énergie, en particulier les centres de données et les infrastructures de cloud computing, qui consomment une part significative de l'électricité mondiale. L'amélioration de l'efficacité énergétique peut se faire à plusieurs niveaux, depuis la conception de matériel plus économe en énergie, jusqu'à l'optimisation de l'infrastructure des centres de données, en passant par l'adoption de pratiques d'utilisation d'énergie plus efficaces par les utilisateurs finaux.

Réduction des déchets électroniques

Avec le rythme rapide du progrès technologique, le renouvellement fréquent des équipements informatiques génère une grande quantité de déchets électroniques, qui peuvent contenir des substances dangereuses pour l'environnement et la santé humaine. La gestion des déchets électroniques est un enjeu complexe qui nécessite des solutions à plusieurs niveaux, notamment la conception de produits plus durables, l'encouragement à la réutilisation et au recyclage, et l'amélioration des infrastructures et des réglementations pour la gestion des déchets électroniques.

Éthique de l'approvisionnement

La production de matériel informatique peut impliquer l'utilisation de matériaux rares ou dangereux et entraîner des problèmes sociaux tels que le travail des enfants. Pour aborder cet enjeu, les entreprises informatiques doivent adopter des pratiques d'approvisionnement éthiques, qui garantissent que les matériaux utilisés dans leurs produits sont obtenus de manière responsable et durable. Cela peut inclure des mesures telles que le suivi de la chaîne d'approvisionnement, l'adoption de normes de certification pour les fournisseurs et la participation à des initiatives sectorielles pour l'approvisionnement responsable.

Émissions de gaz à effet de serre
L'informatique contribue aux émissions de gaz à effet de serre non seulement par la consommation d'énergie, mais aussi par les processus de production et d'élimination. Pour réduire ces émissions, il est nécessaire d'adopter des pratiques plus durables à tous les niveaux du cycle de vie des produits et services informatiques. Cela peut inclure l'adoption de sources d'énergie renouvelable, l'amélioration de l'efficacité énergétique, l'utilisation de matériaux moins intensifs en carbone, et l'amélioration de la gestion des déchets.

Aborder ces enjeux nécessite une approche holistique qui intègre des considérations environnementales à tous les niveaux de l'industrie informatique. Cela implique non seulement des changements technologiques, mais aussi des changements organisationnels et culturels, tels que l'adoption d'un leadership engagé, la sensibilisation des employés, la mise en place de politiques et de procédures de durabilité, et l'engagement avec les parties prenantes pour promouvoir des pratiques plus durables.

L'implication des parties prenantes
Les clients, les régulateurs, les investisseurs et la société en général sont de plus en plus préoccupés par les impacts environnementaux de l'informatique. Les entreprises qui adoptent le Green IT peuvent améliorer leur réputation, renforcer leur conformité réglementaire, attirer des investissements durables et répondre aux attentes de leurs clients. Par conséquent, l'engagement des parties prenantes est un aspect crucial de la mise en œuvre du Green IT.

Innovation et compétitivité
Enfin, le Green IT peut également être une source d'innovation et de compétitivité. Les entreprises qui investissent dans des technologies et des pratiques durables peuvent non seulement réduire leurs coûts et améliorer leur efficacité, mais aussi développer de nouveaux produits et services qui répondent à la demande croissante pour des solutions durables.

En somme, les enjeux du Green IT sont à la fois nombreux et interconnectés. Pour les aborder de manière efficace, il est nécessaire d'adopter une approche systémique qui tient compte de l'ensemble du cycle de vie des produits et services informatiques et intègre des considérations environnementales dans toutes les facettes de l'activité informatique. Cela nécessite un engagement fort, une planification stratégique, une collaboration avec diverses parties prenantes et une volonté d'innover et de s'adapter à un paysage technologique et environnemental en constante évolution.

L'importance du Green IT ne peut être sous-estimée dans le contexte actuel d'urgence climatique et de consommation accrue de ressources. Cette importance se manifeste de plusieurs façons, de son rôle dans la lutte contre le changement climatique à ses avantages pour les entreprises.

Lutte contre le changement climatique
L'industrie informatique est responsable d'une part significative des émissions mondiales de gaz à effet de serre, ce qui fait du Green IT une composante essentielle de la lutte contre le changement climatique. En adoptant des stratégies telles que l'efficacité énergétique, l'éco-conception et la gestion responsable des déchets électroniques, le Green IT peut contribuer à réduire ces émissions et à minimiser l'impact climatique de l'informatique.

Réduction de l'empreinte écologique
Le Green IT joue également un rôle crucial dans la réduction de l'empreinte écologique de l'informatique. En minimisant l'utilisation de ressources et en favorisant leur réutilisation et leur recyclage, il aide à réduire la pression sur les ressources naturelles et à minimiser les impacts environnementaux liés à l'extraction et à la production de matériaux.

Amélioration de l'efficacité opérationnelle
Les pratiques du Green IT peuvent améliorer l'efficacité opérationnelle des entreprises. Par exemple, l'optimisation de l'infrastructure des centres de données peut réduire la consommation d'énergie et les coûts associés, tandis que l'éco-conception peut prolonger la durée de vie des produits et réduire les coûts de gestion des déchets.

Avantages pour la réputation
Le Green IT peut également améliorer la réputation des entreprises. Dans une ère où les consommateurs, les investisseurs et le public en général sont de plus en plus conscients des enjeux environnementaux, les entreprises qui adoptent le Green IT peuvent se positionner comme des leaders en matière de durabilité, renforcer leur image de marque et gagner la confiance de leurs parties prenantes.

Réponse à la numérisation croissante
Dans un monde de plus en plus numérisé, le Green IT est devenu indispensable. Avec la croissance exponentielle des données et l'expansion des technologies

numériques dans tous les aspects de la vie et des affaires, l'importance du Green IT ne fera que croître à l'avenir.

En conclusion, le Green IT est d'une importance cruciale pour lutter contre le changement climatique, réduire l'empreinte écologique de l'informatique, améliorer l'efficacité opérationnelle des entreprises et répondre à la numérisation croissante de la société. C'est une stratégie gagnant-gagnant qui bénéficie à la fois à l'environnement et aux entreprises.

2.6 Les perspectives

Le domaine du Green IT est dynamique et en constante évolution, et la poursuite de cette évolution est guidée par de nouvelles tendances et de nouveaux défis. De l'éco-conception à l'intelligence artificielle, l'éventail des stratégies du Green IT s'élargit constamment, tout en intégrant de nouvelles technologies et en répondant à l'évolution des attitudes.

L'éco-conception joue un rôle de plus en plus important dans le Green IT, à mesure que les entreprises cherchent à minimiser l'impact environnemental de leurs produits et services tout au long de leur cycle de vie. La prise en compte des conséquences environnementales dès le stade de la conception permet non seulement de réduire l'empreinte écologique des produits, mais aussi de répondre à la demande croissante des consommateurs pour des produits plus durables.

Parallèlement, l'expansion du cloud computing et de la virtualisation offre de nouvelles opportunités pour une utilisation plus efficace des ressources informatiques. Ces technologies permettent une utilisation partagée des ressources et une allocation flexible de la capacité de traitement, réduisant ainsi la consommation d'énergie et minimisant le besoin de matériel. Cependant, elles soulèvent également des défis, notamment en termes de consommation d'énergie des centres de données et de gestion des déchets électroniques générés par les équipements en fin de vie.

L'intelligence artificielle (IA) est un autre domaine qui transforme le paysage du Green IT. L'IA a le potentiel d'améliorer l'efficacité énergétique et d'optimiser l'utilisation des ressources, par exemple en utilisant des algorithmes pour prédire la demande en ressources informatiques et ajuster la consommation d'énergie en conséquence. Cependant, l'IA pose également des questions éthiques et énergétiques, en particulier en raison de la quantité d'énergie nécessaire pour entraîner les modèles d'apprentissage profond.

Le rôle des politiques gouvernementales et des normes industrielles dans la promotion du Green IT est également de plus en plus reconnu. Ces instruments peuvent stimuler l'adoption de pratiques durables et fournir des lignes directrices pour l'éco-conception, la gestion des déchets électroniques et l'efficacité énergétique. Néanmoins, leur mise en œuvre présente de nombreux défis, notamment en ce qui concerne l'harmonisation des réglementations à travers les frontières et l'adoption par l'industrie.

Enfin, l'économie circulaire, qui vise à minimiser les déchets et à maximiser la réutilisation et le recyclage des ressources, est de plus en plus pertinente pour le Green IT. Cela pourrait impliquer des initiatives telles que le reconditionnement des équipements informatiques, le recyclage des déchets électroniques et la conception de produits pour une plus grande durabilité et réparabilité.

En somme, les perspectives du Green IT sont prometteuses, mais aussi complexes. Alors que le domaine continue de se développer et de s'adapter à l'évolution des technologies et des attitudes, il offre de nombreuses opportunités pour améliorer la durabilité de l'informatique, tout en relevant de nombreux défis.

2.7 Conclusion

En conclusion de ce premier chapitre, nous reconnaissons que l'informatique verte, ou Green IT, n'est pas simplement une tendance passagère, mais une nécessité pressante et une opportunité significative. Son rôle dans la réduction de l'impact environnemental de l'informatique est de plus en plus reconnu et apprécié, et sa compréhension nécessite une appréciation nuancée des divers termes et concepts clés, ainsi qu'une connaissance de son évolution historique.

Le Green IT représente une approche holistique de l'informatique qui vise à minimiser son impact environnemental à tous les niveaux, depuis la conception et la production jusqu'à l'utilisation et l'élimination. Il implique une variété de stratégies, y compris l'efficacité énergétique, l'éco-conception, la réduction des déchets électroniques, et l'IT for Green, parmi d'autres.

Les enjeux soulevés par le Green IT sont nombreux et complexes, reflétant la complexité des impacts environnementaux de l'informatique. Ces enjeux vont de l'efficacité énergétique à l'éthique de l'approvisionnement, en passant par la gestion des déchets électroniques et les émissions de gaz à effet de serre. Confronter ces enjeux nécessite une approche intégrée qui incorpore des considérations environnementales dans toutes les facettes de l'industrie informatique.

L'importance du Green IT ne peut être sous-estimée, en particulier dans le contexte actuel de crise climatique, crise énergétique, et de consommation croissante de ressources. En tant qu'industrie responsable d'une part substantielle des émissions mondiales de gaz à effet de serre, l'informatique a un rôle crucial à jouer dans la lutte contre le changement climatique. Le Green IT offre des opportunités pour minimiser ces émissions, réduire la consommation de ressources, et promouvoir des pratiques durables.

Les perspectives actuelles du Green IT sont à la fois passionnantes et stimulantes. Les nouvelles tendances et technologies, telles que l'éco-conception, le cloud computing, la virtualisation et l'intelligence artificielle, offrent des opportunités pour l'innovation et l'efficacité. Cependant, elles présentent également des défis, notamment en termes de consommation d'énergie, de gestion des déchets électroniques, et d'éthique.

En mettant en lumière ces différents aspects du Green IT, ce premier chapitre a jeté les bases pour une exploration plus approfondie des stratégies et solutions spécifiques pour promouvoir une informatique plus durable. Dans le prochain chapitre, nous nous concentrerons sur l'un des aspects les plus tangibles et les plus importants du Green IT : l'efficacité énergétique. Nous examinerons comment les technologies et les pratiques peuvent être utilisées pour réduire la consommation d'énergie de l'informatique, et comment cela peut contribuer à la réalisation des objectifs de durabilité.

Chapitre 3. Impact environnemental de l'informatique numérique.

3.1 Introduction

Dans le cadre de ce second chapitre, notre objectif est de porter un regard approfondi sur l'empreinte écologique du numérique, un domaine à la fois crucial et d'une complexité incontournable. Si l'informatique nous offre un éventail d'avantages indéniables, elle exerce parallèlement des impacts environnementaux significatifs, que cela concerne la consommation énergétique, la production de déchets électroniques, ou encore les émissions de gaz à effet de serre.

Pour commencer, nous nous attacherons à définir clairement ce que l'on entend par "empreinte écologique". Nous préciserons comment ce concept s'articule et s'applique spécifiquement dans le cadre de l'industrie informatique. Cette première étape nous permettra de poser les bases nécessaires à l'approfondissement de notre analyse.

Ensuite, nous examinerons minutieusement chacun des trois impacts précédemment évoqués. Notre objectif sera de comprendre leurs origines, d'évaluer leur importance et de mettre en lumière les moyens qui peuvent être envisagés pour les réduire.

Enfin, pour clôturer ce chapitre, nous explorerons de manière plus générale différentes stratégies susceptibles de réduire l'empreinte écologique du secteur informatique. C'est à travers cette démarche que nous pourrons envisager des pistes d'action concrètes et viables.

En somme, notre ambition est que ce chapitre vous offre une vision précise et éclairée des défis environnementaux que l'informatique pose à notre époque. Plus encore, nous souhaitons vous transmettre les clés pour comprendre les solutions potentielles qui s'offrent à nous pour relever ces défis.

L'empreinte écologique est une notion qui permet d'évaluer l'impact environnemental des activités humaines. Elle se quantifie généralement en termes de surface de terre et de volume d'eau nécessaires pour subvenir aux besoins d'un mode de vie ou d'une activité spécifique. Dans le cadre de l'informatique, l'empreinte écologique se matérialise à travers plusieurs facteurs, dont la consommation d'énergie, la production de déchets électroniques et les émissions de gaz à effet de serre.

Le secteur numérique est un consommateur d'énergie à double titre. D'une part, la fabrication de ses composants requiert une quantité d'énergie non négligeable. D'autre part, le fonctionnement de ces mêmes composants engendre également une consommation énergétique conséquente. Ces deux aspects sont des éléments clés à prendre en compte lorsque l'on évalue l'empreinte écologique de l'informatique.

La production de déchets électroniques constitue un autre impact majeur du secteur. En effet, la durée de vie des appareils numériques est souvent relativement courte. De plus, leur recyclage est une opération complexe, ce qui contribue à l'accumulation de ces déchets. Ces derniers, en raison de leur composition, peuvent avoir des effets environnementaux néfastes à long terme.

En outre, l'industrie informatique est également un contributeur aux émissions de gaz à effet de serre. Cela se produit non seulement à travers la consommation d'énergie liée à l'exploitation des équipements informatiques, mais aussi lors de leur fabrication et leur élimination. En effet, les processus de production et de destruction des équipements informatiques sont souvent énergivores et émettent une quantité significative de gaz à effet de serre.

En conséquence, l'empreinte écologique du secteur numérique est une question complexe qui nécessite une approche multidimensionnelle pour être pleinement appréhendée et gérée. Il est donc essentiel de prendre en compte tous ces facteurs dans une perspective holistique, afin de développer des stratégies efficaces pour réduire l'impact environnemental de l'informatique.

La consommation d'énergie constitue un aspect majeur de l'empreinte écologique liée à l'informatique. Cette consommation se produit principalement à deux niveaux distincts : la production des équipements informatiques et leur utilisation quotidienne.

La production d'équipements informatiques est une activité particulièrement énergivore. Cela inclut toutes les étapes du cycle de vie d'un produit, depuis l'extraction des matières premières nécessaires, en passant par la fabrication des différents composants, jusqu'à l'assemblage final de l'appareil. Ces processus impliquent une consommation d'énergie substantielle, souvent alimentée par des sources d'énergie non renouvelables, ce qui contribue à l'émission de gaz à effet de serre.

Une fois les appareils informatiques fabriqués, ils continuent à consommer de l'énergie tout au long de leur durée de vie. Qu'il s'agisse de serveurs dans des centres de données, d'ordinateurs de bureau, de portables, de tablettes ou d'appareils mobiles, chaque utilisation consomme de l'énergie. L'augmentation de la demande pour les services numériques, ainsi que l'omniprésence des appareils numériques dans notre vie quotidienne, signifie que cette consommation d'énergie est en constante augmentation.

L'inquiétude est d'autant plus grande que la majorité de cette énergie provient encore de sources non renouvelables, contribuant ainsi aux émissions de gaz à effet de serre et à l'aggravation du changement climatique. C'est pour cette raison que la gestion de la consommation d'énergie est un enjeu clé dans la réduction de l'empreinte écologique de l'informatique.

Il est donc essentiel de développer des stratégies d'efficacité énergétique et d'adopter des sources d'énergie renouvelables dans l'industrie informatique pour minimiser son impact sur l'environnement. De plus, des efforts doivent être faits pour sensibiliser les utilisateurs à l'importance de la consommation d'énergie de leurs appareils et aux mesures qu'ils peuvent prendre pour la réduire.

La production de déchets électroniques, communément appelée e-déchets, représente une composante significative de l'empreinte écologique de l'informatique. Ces déchets sont générés par les appareils électroniques et électriques en fin de vie ou devenus obsolètes, incluant notamment les ordinateurs, smartphones, tablettes et autres dispositifs connexes.

L'industrie informatique, caractérisée par une croissance rapide et des cycles de vie de produits de plus en plus courts, engendre une quantité massive de déchets électroniques. L'obsolescence programmée, soit le fait de concevoir des produits avec une durée de vie limitée pour stimuler les ventes de modèles plus récents, accentue ce phénomène.

Ces déchets électroniques contiennent souvent des matériaux dangereux tels que le plomb, le mercure et le cadmium. Si ces substances ne sont pas correctement traitées et éliminées, elles peuvent avoir des impacts néfastes sur l'environnement et la santé humaine. Par exemple, elles peuvent contaminer les sols et les eaux, et présenter des risques toxiques pour les êtres humains et la faune.

De plus, le traitement et l'élimination des déchets électroniques sont des processus qui consomment une grande quantité d'énergie, contribuant ainsi à l'empreinte écologique globale de l'informatique. Cela inclut les étapes de collecte, de transport, de démantèlement et de recyclage.

Face à ces défis, une gestion efficace et respectueuse de l'environnement des déchets électroniques est indispensable pour réduire l'impact environnemental de l'informatique. Cela implique de promouvoir des pratiques comme le recyclage, la réutilisation et la réparation des appareils, et de concevoir des produits plus durables. De plus, une réglementation plus stricte sur le traitement des déchets électroniques et l'obsolescence programmée pourrait être nécessaire pour encourager un changement significatif dans cette industrie.

L'empreinte carbone de l'informatique est un enjeu environnemental majeur, et l'un des facteurs les plus importants est l'émission de gaz à effet de serre (GES).

Ces émissions proviennent à la fois de la production, de l'utilisation et de l'élimination des équipements informatiques.

Lors de la production des équipements informatiques, la fabrication de semi-conducteurs est l'une des étapes les plus énergivores. Ces composants essentiels de tous les appareils numériques nécessitent des techniques de fabrication de pointe et l'utilisation de gaz spécifiques, ce qui génère d'importantes émissions de GES. De plus, l'extraction des matières premières nécessaires à la production de ces équipements, comme les métaux rares, est également une source non négligeable d'émissions de GES.

Lors de l'utilisation des équipements, la consommation d'énergie est importante, surtout pour les centres de données qui nécessitent un approvisionnement constant en électricité pour alimenter et refroidir leurs serveurs. Cette électricité provient souvent de sources d'énergie fossiles, qui sont responsables de la majeure partie des émissions de GES.

Enfin, l'élimination des équipements informatiques peut également générer des émissions de GES, notamment lorsque les déchets électroniques sont incinérés. L'incinération libère non seulement du dioxyde de carbone (CO_2), mais aussi d'autres gaz à effet de serre, comme le méthane (CH_4) et les gaz fluorés.

Il est donc essentiel de mettre en œuvre des stratégies pour réduire les émissions de GES à chaque étape de la vie des équipements informatiques. Cela pourrait impliquer l'amélioration de l'efficacité énergétique des appareils et des centres de données, la promotion de sources d'énergie renouvelables pour l'alimentation des équipements, l'optimisation des processus de fabrication pour réduire l'énergie nécessaire à la production des composants, et la mise en place de systèmes de gestion des déchets électroniques pour éviter l'incinération des déchets et favoriser leur recyclage.

En outre, l'innovation technologique peut également jouer un rôle crucial, en développant par exemple des composants plus économes en énergie ou des méthodes de refroidissement des serveurs moins énergivores.

3.6   Stratégies pour réduire l'empreinte écologique

L'empreinte écologique de l'informatique est un enjeu majeur de notre époque. Pour atténuer cet impact, plusieurs stratégies peuvent être mises en œuvre par l'industrie.

L'efficacité énergétique doit être au cœur des préoccupations, tant dans la conception des équipements que dans leur utilisation. Le développement de technologies plus économes en énergie est crucial. Par exemple, l'optimisation des processeurs, l'utilisation d'algorithme de mise en veille plus efficaces, ou encore l'amélioration de l'efficacité des blocs d'alimentation peuvent contribuer à réduire la consommation d'énergie des appareils. Les centres de données, véritables "usines numériques", doivent également faire l'objet d'une attention particulière pour améliorer leur efficacité énergétique.

S'attaquer au problème de la production de déchets électroniques est une autre priorité. Cela passe par une prolongation de la durée de vie des appareils grâce à une politique de réparation et de mise à jour des composants. Le recyclage doit également être facilité en concevant des appareils plus faciles à démonter et en mettant en place des filières de recyclage efficaces et accessibles.

La réduction des émissions de gaz à effet de serre est une troisième stratégie essentielle. Utiliser des sources d'énergie renouvelables pour alimenter les centres de données et la production d'équipements contribue à cette réduction. De plus, l'industrie peut investir dans la compensation carbone, tout en veillant à réduire les émissions à la source.

Enfin, une approche globale d'éco-conception est nécessaire. Il s'agit de minimiser l'impact environnemental des produits tout au long de leur cycle de vie, de la conception à l'élimination. Cela inclut l'utilisation de matériaux durables, la réduction de l'empreinte carbone lors de la production, une conception favorisant la réparabilité et le recyclage, ainsi qu'une gestion respectueuse de l'environnement en fin de vie.

En combinant ces différentes stratégies, l'industrie informatique a le potentiel de réduire significativement son empreinte écologique. Cependant, cela nécessite un engagement fort de tous les acteurs, de l'industrie aux consommateurs, en passant par les pouvoirs publics.

3.7 Conclusion

Au fil de ce chapitre, nous avons dépeint avec précision l'empreinte écologique de l'industrie informatique, un sujet d'une importance et d'une complexité indéniables. Nous avons passé en revue trois facteurs majeurs qui y contribuent : la consommation d'énergie, la production de déchets électroniques et les émissions de gaz à effet de serre. Chacun de ces éléments, pris individuellement, présente des défis conséquents. Cependant, leur intersection amplifie encore davantage la problématique et rend nécessaire une approche multidimensionnelle pour leur gestion.

Nous avons également proposé plusieurs stratégies que l'industrie pourrait adopter pour atténuer son impact environnemental. Cela inclut l'amélioration de l'efficacité énergétique, la réduction de la production de déchets électroniques, la diminution des émissions de gaz à effet de serre, et l'application de principes d'éco-conception. Chacune de ces stratégies, si elle est mise en œuvre avec sérieux et détermination, peut contribuer à une réduction significative de l'empreinte écologique de l'informatique.

Cependant, il est important de souligner que l'informatique, malgré ses impacts environnementaux, reste un outil puissant et précieux. Elle offre une multitude d'avantages et d'opportunités, de la facilitation de la communication à l'amélioration de l'efficacité dans de nombreux domaines. Le défi est donc de trouver un équilibre, de gérer de manière responsable le coût environnemental de l'informatique sans renoncer à ses avantages.

Chapitre 4. Les principes de la conception éco-responsable

4.1 Introduction

À mesure que l'industrie informatique se développe à une vitesse sans précédent, l'urgence d'intégrer des pratiques plus respectueuses de l'environnement devient de plus en plus manifeste. Dans ce troisième chapitre, nous allons nous concentrer sur une approche particulièrement prometteuse en matière de durabilité dans le domaine de l'informatique : l'éco-conception.

Pour commencer, nous allons définir précisément ce que signifie l'éco-conception, en soulignant ses principes fondamentaux. Nous allons examiner en détail comment ces principes s'appliquent à l'industrie informatique, en mettant en évidence les spécificités de ce domaine. Nous verrons comment l'éco-conception va au-delà de la simple réduction de l'impact environnemental et comment elle peut transformer la conception et la production de matériel informatique, de logiciels et de services numériques.

Ensuite, nous aborderons les multiples avantages de l'éco-conception, qui s'étendent bien au-delà des bénéfices environnementaux. Nous explorerons comment l'éco-conception peut offrir des avantages économiques et sociaux, notamment en créant de nouvelles opportunités d'affaires, en répondant aux attentes des consommateurs et en contribuant à une société plus équitable et durable.

Cependant, l'éco-conception n'est pas sans défis, et nous ne manquerons pas de les aborder. Nous discuterons des obstacles techniques, organisationnels et réglementaires que les entreprises peuvent rencontrer lorsqu'elles cherchent à intégrer l'éco-conception dans leurs pratiques. Nous examinerons également les solutions potentielles à ces défis, en soulignant les stratégies qui se sont révélées efficaces.

Enfin, nous conclurons ce chapitre en envisageant l'avenir de l'éco-conception dans l'industrie informatique. Nous discuterons des tendances émergentes et des perspectives futures, en soulignant les opportunités et les défis qui se profilent à l'horizon.

Le but de ce chapitre est de vous donner une compréhension approfondie de l'éco-conception et de son rôle potentiel dans la transformation de l'informatique en une industrie plus durable et respectueuse de l'environnement. Nous espérons qu'il vous inspirera et vous donnera les outils nécessaires pour contribuer à cette transformation.

4.2 Comprendre l'éco-conception

L'éco-conception est une approche de conception de produits et de services qui tient compte, dès les premières phases de développement, de leur impact environnemental tout au long du cycle de vie. Cette approche est de plus en plus pertinente dans le contexte de l'industrie informatique, où l'importance de la durabilité est de plus en plus reconnue.

Dans la pratique, l'éco-conception dans le domaine informatique peut revêtir de nombreuses formes. Cela peut signifier la réduction de la consommation d'énergie des dispositifs et des infrastructures, par exemple en optimisant l'efficacité énergétique des processeurs et en utilisant des techniques d'extinction automatique pour réduire la consommation d'énergie en veille. Cela peut également signifier l'utilisation de matériaux recyclés dans la fabrication des composants électroniques, ou la conception de produits qui sont eux-mêmes facilement recyclables en fin de vie. Cela peut également impliquer des efforts pour minimiser les déchets générés par le processus de production, ou pour prolonger la durée de vie des produits par le biais de mises à jour logicielles, de possibilités de réparation et de modularité.

Les principes de l'éco-conception comprennent, entre autres, la minimisation de l'impact environnemental à chaque étape du cycle de vie du produit, l'optimisation de la durée de vie du produit, la conception pour le recyclage et l'élimination, et l'intégration des considérations environnementales dès le début du processus de conception. Par exemple, cela peut impliquer de penser dès le départ à la manière dont un produit sera démonté pour le recyclage, ou à la manière dont il pourra être mis à niveau plutôt que remplacé.

L'objectif ultime de l'éco-conception est de créer des produits qui répondent aux besoins et aux attentes des utilisateurs, tout en minimisant leur impact sur l'environnement. Cela signifie non seulement réduire les déchets et la consommation d'énergie, mais aussi envisager l'ensemble du système dans lequel le produit s'insère, y compris les chaînes d'approvisionnement, les modes d'utilisation et les systèmes de fin de vie.

L'adoption de l'éco-conception par l'industrie informatique présente un potentiel considérable pour réduire l'empreinte écologique de ses produits et services. Non seulement cela peut aider à préserver l'environnement et à économiser les ressources, mais cela peut aussi créer de la valeur pour les clients et pour l'entreprise elle-même. Par exemple, des produits plus écoénergétiques peuvent permettre aux utilisateurs d'économiser sur leurs factures d'électricité, tandis que des produits durables et réparables peuvent renforcer la fidélité des clients. Pour l'entreprise, l'éco-conception peut conduire à des économies de coûts, à une amélioration de la réputation et à une meilleure conformité réglementaire.

Dans ce contexte, il est essentiel de continuer à développer et à promouvoir des approches d'éco-conception dans l'industrie informatique. Cela nécessitera non seulement des innovations techniques, mais aussi un changement de mentalité, pour considérer l'environnement non pas seulement comme une contrainte, mais aussi comme une opportunité de créer de la valeur.

L'éco-conception nécessite également une approche interdisciplinaire, combinant l'expertise en design, en ingénierie, en sciences de l'environnement et en affaires. Par exemple, cela peut impliquer de travailler en étroite collaboration avec les fournisseurs pour s'assurer que les matériaux utilisés dans la production sont durables et responsables. Cela peut aussi signifier collaborer avec les utilisateurs pour comprendre leurs besoins et leurs comportements, et concevoir des produits qui les aident à économiser de l'énergie et à réduire les déchets.

Il y a de nombreux exemples d'entreprises informatiques qui ont réussi à intégrer l'éco-conception dans leurs pratiques. Par exemple, certains fabricants d'ordinateurs ont mis en place des programmes de reprise et de recyclage pour leurs produits, tandis que d'autres ont introduit des modèles d'ordinateurs portables plus écoénergétiques et recyclables. De même, certains centres de données ont adopté des technologies de refroidissement plus efficaces et ont opté pour des sources d'énergie renouvelables pour alimenter leurs opérations.

Cependant, malgré ces progrès, l'éco-conception dans l'industrie informatique reste confrontée à de nombreux défis. Par exemple, il peut être difficile de concilier les objectifs environnementaux avec d'autres exigences de conception, telles que la performance, le coût et l'esthétique. De plus, il existe souvent un manque de normes et de réglementations claires en matière d'éco-conception, ce qui peut rendre difficile pour les entreprises de savoir quelles sont les meilleures pratiques à suivre.

En dépit de ces défis, l'éco-conception offre un potentiel considérable pour transformer l'industrie informatique et la rendre plus durable. Avec le développement continu des technologies et l'évolution des attentes des consommateurs et des réglementations, l'éco-conception est susceptible de jouer un rôle de plus en plus important dans l'avenir de l'informatique. En adoptant l'éco-conception, l'industrie informatique peut non seulement réduire son empreinte écologique, mais aussi créer de la valeur pour les clients, l'entreprise et la société dans son ensemble.

4.3 Les bénéfices

L'éco-conception, en tenant compte de l'impact environnemental tout au long du cycle de vie d'un produit, permet de minimiser les coûts associés à la consommation d'énergie, à la gestion des déchets et à l'utilisation de matériaux. Les économies réalisées peuvent être substantielles et peuvent se traduire par une augmentation de la rentabilité des entreprises. De plus, l'éco-conception peut également ouvrir de nouvelles opportunités de marché. En effet, à mesure que les consommateurs deviennent de plus en plus conscients des enjeux environnementaux, ils recherchent des produits et des services plus durables. Les entreprises qui adoptent l'éco-conception peuvent donc se différencier de leurs concurrents et attirer ces consommateurs soucieux de l'environnement.

En termes d'image de marque et de réputation, l'éco-conception peut également avoir un impact positif significatif. Les entreprises qui adoptent des pratiques durables sont souvent perçues comme plus responsables et plus dignes de confiance, ce qui peut renforcer leur relation avec leurs clients et leurs parties prenantes. Cela peut conduire à une plus grande fidélité des clients, à une augmentation des ventes et à une amélioration de la part de marché.

Sur le plan social, l'éco-conception peut contribuer à la création d'emplois dans des secteurs tels que le recyclage et la réparation. Cela peut non seulement aider à stimuler l'économie locale, mais aussi contribuer à une économie circulaire, où les ressources sont réutilisées et recyclées autant que possible. De plus, en favorisant une consommation plus responsable et durable, l'éco-conception peut aider à sensibiliser le public aux enjeux environnementaux et à encourager des comportements plus durables.

Enfin, en contribuant à la réduction de l'impact environnemental de l'industrie informatique, l'éco-conception joue un rôle important dans la lutte contre le changement climatique. En réduisant la consommation d'énergie, les émissions de gaz à effet de serre et les déchets, l'éco-conception peut aider à atténuer les effets du changement climatique, ce qui a des bénéfices pour la société dans son ensemble.

En somme, l'éco-conception offre une multitude d'avantages. En adoptant cette approche, l'industrie informatique a l'opportunité non seulement de réduire son impact environnemental, mais aussi de créer de la valeur pour les entreprises, les consommateurs et la société dans son ensemble.

4.4 Les méthodes

Dans l'industrie informatique, l'éco-conception est une philosophie qui s'inscrit dans une démarche de développement durable. Elle s'articule autour de plusieurs axes majeurs que nous allons détailler.

L'efficacité énergétique est l'un des principaux objectifs de l'éco-conception dans le secteur informatique. Cela peut se traduire par la recherche et le développement de composants à faible consommation d'énergie, ou l'intégration de fonctionnalités d'économie d'énergie dans le logiciel. Par exemple, les modes de veille ou d'économie d'énergie sont couramment utilisés pour réduire la consommation d'énergie lorsque les appareils ne sont pas utilisés. De même, les algorithmes d'optimisation de l'énergie peuvent être utilisés pour ajuster dynamiquement la consommation d'énergie en fonction des besoins.

La durabilité des produits est une autre stratégie clé d'éco-conception. Cela peut se traduire par la facilitation de la réparation, de la mise à niveau ou du recyclage des produits. Par exemple, la conception modulaire, où les composants individuels peuvent être facilement remplacés, peut faciliter la réparation et la mise à niveau des appareils, prolongeant ainsi leur durée de vie. De même, la conception pour le recyclage, où les composants sont facilement démontables et séparables, peut faciliter le recyclage des matériaux en fin de vie.

L'utilisation de matériaux recyclés ou recyclables est une autre stratégie d'éco-conception couramment utilisée. Cela peut inclure l'utilisation de plastiques recyclés dans la fabrication des composants, ou la conception de composants qui peuvent être facilement recyclés en fin de vie. De même, la minimisation de l'emballage, ou l'utilisation d'emballages recyclés ou recyclables, peut également contribuer à réduire l'impact environnemental.

Enfin, de plus en plus d'entreprises adoptent des approches de conception de systèmes, où l'ensemble du cycle de vie du produit est pris en compte. Cela peut inclure la prise en compte des impacts environnementaux de la production, de l'utilisation et de la fin de vie du produit. Par exemple, la conception pour le démontage peut faciliter le recyclage ou la réparation en fin de vie, tandis que l'utilisation de modèles d'affaires circulaires, où les produits sont conçus pour être réutilisés ou recyclés plutôt que jetés, peut contribuer à une économie plus durable.

4.5 Les défis

La mise en œuvre de l'éco-conception dans l'industrie informatique, malgré ses multiples avantages, est confrontée à une série de défis. Ces défis se manifestent à divers niveaux, allant des entreprises elles-mêmes aux consommateurs, en passant par les chaînes d'approvisionnement complexes et les réglementations diverses.

L'un des premiers défis est la résistance au changement. Au sein des entreprises, l'intégration de considérations environnementales dans le processus de conception peut impliquer une refonte des processus de production, des investissements dans de nouvelles technologies ou des formations pour les employés. Ces changements peuvent rencontrer une résistance interne, en particulier si les avantages environnementaux ne sont pas immédiatement évidents ou si les coûts initiaux sont élevés.

Les consommateurs peuvent également résister à l'adoption de produits éco-conçus. Ils peuvent avoir des préoccupations concernant la performance, la durabilité ou le coût des produits respectueux de l'environnement. L'éducation et la sensibilisation des consommateurs sont donc essentielles pour surmonter cette résistance et promouvoir l'adoption de produits éco-conçus.

Les conflits de priorités peuvent également constituer un défi majeur. Par exemple, la réduction de l'empreinte écologique peut parfois entrer en conflit avec les contraintes de coût ou de performance. Il peut être difficile de concilier ces objectifs, et cela nécessite une approche de conception intégrée qui prend en compte à la fois les aspects environnementaux et les exigences de performance et de coût.

La complexité des chaînes d'approvisionnement mondiales représente un autre défi. Dans une chaîne d'approvisionnement globale, il peut être difficile de contrôler ou même de connaître les pratiques environnementales à chaque étape. De plus, les normes et réglementations environnementales varient d'un pays à l'autre, ce qui peut rendre difficile l'harmonisation des pratiques d'éco-conception à travers les frontières.

Pour surmonter ces défis, une approche systémique est nécessaire. Cela implique une collaboration entre l'industrie, les gouvernements, les consommateurs et d'autres parties prenantes. Les incitations gouvernementales, telles que les subventions, les crédits d'impôt ou les réglementations environnementales, peuvent jouer un rôle crucial pour encourager l'adoption de l'éco-conception. De même, l'éducation et la sensibilisation peuvent aider à promouvoir l'adoption de l'éco-conception et à informer les consommateurs sur les avantages des produits éco-responsables.

4.6 L'avenir de l'éco-conception

L'éco-conception est une notion dynamique qui continuera d'évoluer avec les progrès technologiques, les changements de politique et les préférences des consommateurs. À l'avenir, plusieurs tendances pourraient remodeler le paysage de l'éco-conception dans l'industrie informatique.

Tout d'abord, l'intégration de l'éco-conception dès les premières étapes du processus de développement des produits deviendra de plus en plus courante. Cette approche, connue sous le nom de "conception circulaire", vise à minimiser l'impact environnemental des produits tout au long de leur cycle de vie. Cela implique la conception de produits qui peuvent être facilement réparés, mis à niveau ou recyclés, réduisant ainsi les déchets et prolongeant la durée de vie des produits.

La modularité et la standardisation des composants seront également une tendance clé. Les produits modulaires, qui peuvent être démontés et dont les pièces peuvent être remplacées ou mises à niveau, peuvent aider à prolonger la durée de vie des produits et à réduire les déchets. La standardisation des composants peut faciliter le recyclage et la réutilisation des matériaux.

La collaboration entre différents acteurs de l'industrie sera essentielle pour promouvoir l'éco-conception. Cela pourrait inclure le partage des meilleures pratiques, la coordination des efforts de recherche et développement, et la mise en place de normes communes. Les organismes de réglementation auront également un rôle à jouer, par exemple en mettant en place des incitations pour encourager l'adoption de l'éco-conception.

Les progrès technologiques, tels que l'intelligence artificielle (IA) et l'Internet des objets (IoT), pourraient également avoir un impact significatif. Par exemple, l'IA pourrait être utilisée pour optimiser l'efficacité énergétique des systèmes informatiques, tandis que l'IoT pourrait permettre de suivre l'impact environnemental des produits tout au long de leur cycle de vie.

Enfin, l'éducation et la sensibilisation des consommateurs joueront un rôle crucial. Les consommateurs ont un pouvoir considérable pour influencer le marché, et une meilleure compréhension de l'impact environnemental des produits peut les encourager à choisir des options plus durables. Cela nécessitera des efforts continus pour informer les consommateurs sur les avantages de l'éco-conception et pour promouvoir un changement de comportement vers une consommation plus durable.

L'avenir de l'éco-conception est axé sur plusieurs points clés :

Approche systémique : On s'attend à ce que l'éco-conception se tourne de plus en plus vers une approche systémique, qui ne se concentre pas uniquement sur l'efficacité énergétique des appareils individuels, mais aussi sur l'efficacité cumulative de diverses charges de consommation d'énergie. Cela signifie que l'éco-conception doit être intégrée dans une approche systémique. La digitalisation est un facilitateur clé de cette approche systémique. L'utilisation de commandes intelligentes dans les systèmes (« efficacité intelligente ») peut encore réduire la consommation d'énergie au niveau du système. Cependant, il reste à mieux comprendre la quantification de ces économies. Les indicateurs de performance sont importants pour mesurer les réalisations permises par les technologies numériques.

Promouvoir des exigences d'efficacité matérielle basées sur des normes et cohérentes : L'éco-conception doit promouvoir des exigences d'efficacité matérielle qui sont basées sur des normes et cohérentes. Cela signifie que les exigences d'efficacité matérielle et de performance énergétique doivent être équilibrées et que la performance énergétique doit être prioritaire,

4.7 Conclusion

Dans ce chapitre, nous avons exploré l'importance grandissante de l'éco-conception dans l'industrie informatique, une stratégie qui allie préoccupations environnementales et avantages économiques et sociaux. L'éco-conception repose sur des principes clés tels que la minimisation de l'impact environnemental, l'optimisation de la durée de vie des produits, la conception pour le recyclage et l'élimination, et l'intégration de ces considérations environnementales dès le début du processus de conception.

Nous avons souligné la variété des bénéfices associés à l'éco-conception : réduction de la consommation d'énergie, limitation des déchets, utilisation de matériaux recyclés et recyclables, différenciation sur le marché, amélioration de la réputation des entreprises, création d'emplois dans des secteurs durables et contribution à la lutte contre le changement climatique.

Néanmoins, nous avons aussi abordé les défis inhérents à l'adoption de l'éco-conception. La résistance au changement, la complexité des chaînes d'approvisionnement mondiales, les conflits de priorités et la variabilité des réglementations environnementales peuvent tous entraver le passage à des pratiques plus durables. Pour surmonter ces obstacles, une approche systémique, une sensibilisation accrue et un soutien réglementaire sont essentiels.

En regardant vers l'avenir, nous avons évoqué plusieurs tendances prometteuses, telles que l'intégration de l'éco-conception dès les premières phases de développement des produits, l'importance croissante de la collaboration sectorielle, et le potentiel des avancées technologiques telles que l'intelligence artificielle et l'Internet des objets. L'éducation et la sensibilisation des consommateurs continueront également de jouer un rôle crucial pour stimuler la demande de produits éco-conçus.

En somme, l'éco-conception offre à l'industrie informatique une voie prometteuse vers un avenir plus durable. En adoptant ces principes, les entreprises peuvent non seulement réduire leur impact environnemental, mais aussi créer des produits et des services de grande valeur qui répondent aux besoins et aux préférences des consommateurs d'aujourd'hui et de demain.

Dans le prochain chapitre, nous nous pencherons sur un autre aspect clé de la durabilité dans l'industrie informatique : la gestion durable des centres de données. Nous explorerons des stratégies spécifiques pour améliorer l'efficacité énergétique, gérer les ressources de manière plus durable, et utiliser des méthodes de refroidissement innovantes pour réduire l'empreinte environnementale de ces infrastructures cruciales.

Chapitre 5. Centres de données et Green IT : énergie et efficacité.

5.1 Introduction

Les centres de données, véritables cerveaux de l'ère numérique, sont essentiels à l'infrastructure de notre société connectée. Ils stockent, traitent et distribuent une quantité massive de données numériques chaque jour. Cependant, ces opérations consomment une grande quantité d'énergie, générant ainsi un impact environnemental non négligeable. La gestion de l'énergie dans les centres de données est donc un enjeu majeur pour l'industrie informatique et plus largement pour la société.

L'un des principaux défis des centres de données est la gestion de la chaleur résiduelle. En effet, les équipements informatiques produisent une quantité significative de chaleur lorsqu'ils sont en fonctionnement. Si cette chaleur n'est pas correctement dissipée, elle peut endommager les équipements et réduire leur durée de vie. Par conséquent, une grande partie de l'énergie consommée par les centres de données est utilisée pour le refroidissement, ce qui augmente encore leur consommation d'énergie et leur empreinte écologique.

Par ailleurs, les centres de données sont caractérisés par des infrastructures complexes, avec de nombreux équipements interconnectés qui doivent fonctionner en harmonie pour assurer un traitement efficace des données. Cette complexité peut rendre difficile l'optimisation de l'efficacité énergétique.

Malgré ces défis, de nombreuses stratégies peuvent être mises en œuvre pour améliorer l'efficacité énergétique des centres de données. Ces stratégies comprennent l'amélioration de l'efficacité des équipements, l'optimisation de la gestion de l'énergie, l'adoption de sources d'énergie renouvelables et l'utilisation de technologies innovantes pour le refroidissement.

Dans ce chapitre, nous allons explorer ces stratégies en détail. Nous examinerons également comment l'industrie informatique et les organismes de réglementation abordent la question de l'efficacité énergétique des centres de données à travers différentes initiatives et normes. De plus, nous présenterons des cas d'études de centres de données qui ont réussi à mettre en œuvre des pratiques durables et à réduire leur empreinte écologique.

En somme, ce chapitre vise à souligner l'importance de l'efficacité énergétique dans les centres de données et à montrer comment l'industrie informatique peut contribuer à un avenir plus durable.

5.2   Les centres de données et leur consommation d'énergie

Les centres de données, au cœur de l'industrie informatique, sont des structures complexes et énergivores. Ils abritent des milliers de serveurs et d'autres équipements informatiques essentiels pour le stockage, le traitement et la distribution de vastes quantités de données. Avec le développement exponentiel des services numériques, de l'Internet des objets, du cloud computing et des réseaux de données, la demande pour ces centres ne cesse de croître.

Cette demande croissante se traduit par une consommation d'énergie toujours plus importante. En effet, les centres de données figurent parmi les plus gros consommateurs d'énergie dans le monde. Pour fonctionner, ils ont besoin d'une alimentation électrique constante, non seulement pour faire fonctionner les serveurs et autres équipements, mais aussi pour refroidir ces équipements, maintenir les systèmes de sauvegarde et de sécurité, et gérer l'infrastructure de réseau.

Les serveurs, en particulier, sont des consommateurs d'énergie importants. Non seulement ils consomment de l'énergie pour traiter et stocker des données, mais ils génèrent également beaucoup de chaleur. Cette chaleur doit être gérée efficacement, généralement à l'aide de systèmes de climatisation, pour éviter les surchauffes et les pannes qui pourraient endommager les équipements et interrompre les services.

Cependant, la gestion de la chaleur dans un centre de données n'est pas une tâche facile. En raison de la densité élevée des équipements et de la nécessité d'une opération continue 24 heures sur 24, les centres de données doivent disposer de systèmes de refroidissement très efficaces. Cela entraîne une consommation d'énergie supplémentaire, ce qui augmente encore l'empreinte écologique de ces installations.

En outre, les centres de données nécessitent également des systèmes de sauvegarde et de sécurité pour garantir la continuité des services en cas de panne d'électricité ou d'autres incidents. Ces systèmes nécessitent également de l'énergie pour fonctionner, ajoutant une autre couche de consommation d'énergie à l'ensemble de l'infrastructure.

En somme, la consommation d'énergie des centres de données est un enjeu majeur pour l'industrie informatique et pour la durabilité environnementale. Pour atténuer cet impact, il est crucial d'adopter des stratégies d'efficacité énergétique et d'optimisation des opérations dans les centres de données.

5.3 Les enjeux de l'efficacité énergétique des centres de données

L'efficacité énergétique des centres de données est confrontée à des défis et des enjeux spécifiques qui doivent être abordés pour réduire la consommation d'énergie et minimiser l'empreinte environnementale. L'un de ces défis est la gestion de la chaleur résiduelle générée par les équipements informatiques. Les serveurs et les équipements de stockage génèrent une quantité considérable de chaleur, ce qui nécessite des systèmes de refroidissement efficaces pour maintenir des conditions de fonctionnement optimales. La dissipation de cette chaleur résiduelle de manière efficace et économe en énergie est un enjeu majeur dans la recherche de l'efficacité énergétique.

Un autre enjeu est la gestion des infrastructures des centres de données, qui comprend les systèmes d'alimentation électrique, les systèmes de refroidissement, les câblages, etc. Une mauvaise gestion ou une infrastructure obsolète peuvent entraîner des pertes d'énergie et une utilisation inefficace des ressources.

La mise en place d'une infrastructure évolutive et flexible est également un défi important pour s'adapter à la demande croissante et aux changements technologiques. L'évolutivité est essentielle pour ajuster la capacité des centres de données en fonction des besoins réels, évitant ainsi une surconsommation énergétique due à une infrastructure surdimensionnée
La virtualisation et la consolidation des serveurs sont d'autres enjeux clés à considérer. L'optimisation de l'utilisation des ressources et la réduction du nombre de serveurs physiques peuvent contribuer à une meilleure efficacité énergétique.

Enfin, l'optimisation de la distribution de l'énergie, la mise en place de politiques de gestion intelligente de l'alimentation et la surveillance continue des performances sont autant de défis à relever pour améliorer l'efficacité énergétique des centres de données.

La résolution de ces enjeux nécessite une approche holistique et une combinaison de stratégies techniques, opérationnelles et de gestion pour maximiser l'efficacité énergétique des centres de données.

5.4 Les stratégies d'efficacité énergétique pour les centres de données

Améliorer l'efficacité énergétique des centres de données est un enjeu crucial pour l'industrie informatique et une priorité pour la durabilité environnementale. Plusieurs stratégies peuvent être mises en œuvre pour optimiser l'utilisation de l'énergie dans ces installations.

La virtualisation est une de ces techniques. Elle permet de consolider plusieurs serveurs physiques en une seule machine virtuelle. Cette consolidation minimise la consommation d'énergie, car elle permet d'exécuter plusieurs charges de travail sur un seul serveur physique, réduisant ainsi le nombre de serveurs qui doivent être alimentés et refroidis.

L'optimisation de l'alimentation est une autre stratégie clé. Les systèmes intelligents de gestion de l'alimentation peuvent mettre en veille ou éteindre les équipements lorsqu'ils ne sont pas utilisés, minimisant ainsi la consommation d'énergie inutile. De plus, des technologies comme la gestion dynamique de l'alimentation peuvent ajuster l'alimentation des serveurs en temps réel en fonction de la demande, ce qui permet de réaliser des économies d'énergie supplémentaires.

Le refroidissement des centres de données est un autre domaine dans lequel des gains d'efficacité peuvent être réalisés. Des techniques comme le refroidissement adaptatif, qui ajuste les niveaux de refroidissement en fonction des besoins réels des équipements, peuvent réduire considérablement la consommation d'énergie. De plus, l'utilisation de technologies de refroidissement plus efficaces, comme le refroidissement par immersion ou l'utilisation de la chaleur résiduelle pour d'autres applications, peuvent également contribuer à l'efficacité énergétique.

Une autre stratégie consiste à utiliser des sources d'énergie renouvelable pour alimenter les centres de données. Les panneaux solaires, les éoliennes et autres sources d'énergie renouvelable peuvent fournir une alimentation plus propre et plus durable, réduisant ainsi l'empreinte carbone des centres de données.

En outre, l'amélioration de l'isolation thermique et l'utilisation de matériaux à faible consommation d'énergie peuvent également contribuer à l'efficacité énergétique. De même, l'optimisation de la gestion des câbles peut réduire la consommation d'énergie liée à la distribution de l'électricité dans le centre de données.

Enfin, la surveillance et l'optimisation continues des performances peuvent permettre d'identifier et de corriger les inefficacités énergétiques. Des outils de surveillance de l'énergie et des logiciels d'optimisation des charges de travail peuvent aider à maximiser l'utilisation des ressources et à minimiser la consommation d'énergie.

En combinant ces stratégies, les centres de données peuvent réaliser des économies d'énergie significatives, améliorant ainsi leur efficacité globale et contribuant à la durabilité de l'industrie informatique.

5.5   Les nouvelles technologies pour l'efficacité énergétique

L'innovation technologique joue un rôle clé dans l'amélioration de l'efficacité énergétique des centres de données. De nouvelles technologies émergent et évoluent, offrant des solutions plus efficaces et durables pour la gestion de l'énergie. Voici quelques-unes de ces technologies.

Les systèmes de refroidissement à base de liquide sont de plus en plus utilisés pour dissiper la chaleur générée par les serveurs des centres de données. En utilisant des liquides, comme l'eau ou le fluorocarbone, ces systèmes peuvent absorber et évacuer la chaleur plus efficacement que les méthodes de refroidissement à air traditionnelles, réduisant ainsi la consommation d'énergie.

L'adoption de sources d'énergie renouvelables, comme l'énergie solaire et éolienne, est également en hausse. Ces sources permettent aux centres de données de réduire leur dépendance aux combustibles fossiles, minimisant ainsi leur empreinte carbone et contribuant à une économie d'énergie plus propre et plus durable.

L'automatisation intelligente offre une autre voie d'optimisation de l'efficacité énergétique. Les systèmes automatisés peuvent surveiller et ajuster en temps réel la consommation d'énergie, la gestion du refroidissement et l'allocation des charges de travail, maximisant ainsi l'efficacité énergétique et réduisant les gaspillages.

L'optimisation des charges de travail, qui consiste à répartir les tâches de manière optimale en tenant compte des spécificités de chaque application, permet également de réduire la consommation d'énergie. Des outils d'analyse avancée et de machine learning peuvent aider à optimiser l'attribution des ressources en fonction des besoins spécifiques de chaque tâche, améliorant ainsi l'efficacité globale.

L'intelligence artificielle (IA) et le machine learning peuvent également jouer un rôle majeur dans l'amélioration de l'efficacité énergétique. Ces technologies peuvent analyser et prédire les modèles de demande, optimiser les opérations et identifier les opportunités d'économies d'énergie, offrant ainsi une gestion de l'énergie plus proactive et précise.

Des systèmes de stockage d'énergie avancés, tels que les batteries lithium-ion, peuvent être utilisés pour stocker l'énergie excédentaire produite pendant les périodes de faible demande et la redistribuer durant les périodes de forte demande. Cela permet une utilisation plus efficace de l'énergie et réduit la dépendance aux sources d'énergie externes.

Enfin, l'utilisation de technologies de refroidissement à haute efficacité, comme les systèmes de refroidissement par évaporation ou les tours de refroidissement adiabatiques, peut aider à réduire la consommation d'énergie associée au refroidissement.

En combinant et en adaptant ces technologies innovantes aux besoins spécifiques de chaque centre de données, il est possible de réaliser des améliorations significatives en matière d'efficacité énergétique, contribuant ainsi à la réduction de l'impact environnemental de l'industrie informatique.

Les tours de refroidissement adiabatiques, également appelées refroidisseurs adiabatiques, sont un type de système de refroidissement qui utilise le processus naturel d'évaporation pour refroidir l'air. Le mot "adiabatique" fait référence à un processus qui se produit sans transfert de chaleur.

Dans une tour de refroidissement adiabatique, l'air chaud est introduit dans la tour, où il passe sur de l'eau. L'air chaud fait évaporer une partie de l'eau, ce qui refroidit l'air. L'air refroidi est ensuite renvoyé dans le système de refroidissement et l'eau évaporée est remplacée.

L'un des principaux avantages des tours de refroidissement adiabatiques est qu'elles sont très efficaces du point de vue énergétique. Comme elles utilisent le processus naturel d'évaporation pour refroidir l'air, elles consomment généralement moins d'énergie que d'autres types de systèmes de refroidissement.

De plus, les tours de refroidissement adiabatiques ont un impact environnemental moindre que d'autres types de systèmes de refroidissement. Elles n'utilisent pas de réfrigérants chimiques, qui peuvent contribuer au réchauffement climatique et à la dégradation de la couche d'ozone. Cependant, elles consomment de l'eau, ce qui peut être un inconvénient dans les régions où l'eau est une ressource limitée.

En termes d'utilisation, les tours de refroidissement adiabatiques sont souvent utilisées dans les industries qui nécessitent beaucoup de refroidissement, comme les centrales électriques, les installations de traitement des eaux usées, les data centers, et dans certains processus de fabrication.

5.6 Les initiatives et les normes

Les initiatives et normes pour la durabilité et l'efficacité énergétique des centres de données sont essentiels pour orienter l'industrie vers des pratiques plus respectueuses de l'environnement. Elles établissent des critères clairs et des objectifs mesurables, encourageant ainsi les centres de données à améliorer leur performance environnementale. Voici quelques-unes de ces initiatives et normes.

Le programme ENERGY STAR, développé par l'Agence américaine pour la protection de l'environnement (EPA), est une norme reconnue à l'échelle internationale pour l'efficacité énergétique. Les centres de données qui respectent les critères stricts d'efficacité énergétique établis par ENERGY STAR reçoivent une certification qui atteste de leur performance. Cela les aide non seulement à réduire leur consommation d'énergie et leur impact environnemental, mais aussi à augmenter leur compétitivité sur le marché.

La certification LEED (Leadership in Energy and Environmental Design), décernée par le Green Building Council, évalue la performance environnementale des bâtiments, y compris les centres de données. Les critères d'évaluation comprennent la conception écologique du bâtiment, l'utilisation de sources d'énergie renouvelables, la gestion de l'eau, la qualité de l'air intérieur et la réduction des déchets. Les centres de données qui répondent à ces critères peuvent obtenir une certification LEED à différents niveaux (Certifié, Argent, Or et Platine), en fonction de leur score total.

L'Uptime Institute propose plusieurs normes et certifications pour les centres de données, dont la classification TIER. Cette classification évalue la disponibilité des centres de données, avec un accent particulier sur l'efficacité énergétique. Les centres de données sont classés en quatre niveaux, du TIER I (le moins résilient) au TIER IV (le plus résilient), en fonction de leur capacité à maintenir l'opérationnalité en cas de panne ou de coupure d'énergie.

L'Open Compute Project (OCP) est une initiative qui encourage le développement de matériels informatiques ouverts, efficaces et économes en énergie. En promouvant l'innovation collaborative et la transparence, l'OCP vise à améliorer l'efficacité énergétique et à réduire les coûts de l'industrie des centres de données.

Green Grid est une organisation à but non lucratif qui travaille à l'amélioration de l'efficacité énergétique dans l'informatique et les centres de données. Elle propose une série de cadres, de métriques et de ressources pour aider les centres de données à évaluer et à améliorer leur performance énergétique.

BREEAM (Building Research Establishment Environmental Assessment Method) est une méthode d'évaluation environnementale pour les bâtiments, y compris les centres de données. Elle évalue divers aspects de la performance environnementale, tels que l'efficacité énergétique, la gestion de l'eau, les matériaux utilisés, la pollution et le bien-être des occupants.

Ces initiatives et normes jouent un rôle crucial pour encourager les centres de données à adopter des pratiques durables et à réduire leur impact environnemental. Elles offrent des lignes directrices claires et des objectifs mesurables, et reconnaissent les efforts des centres de données qui s'engagent dans la voie de la durabilité.

Dans ce chapitre, nous avons examiné le rôle crucial des centres de données dans l'écosystème numérique et l'importance capitale de l'efficacité énergétique dans leur fonctionnement. Face à l'explosion des données et à l'augmentation incessante de la demande de services numériques, la question de la gestion énergétique des centres de données n'a jamais été aussi pertinente.

Nous avons examiné en détail les différentes stratégies et technologies qui peuvent être mises en œuvre pour améliorer l'efficacité énergétique des centres de données. Parmi celles-ci, la virtualisation, la consolidation, le refroidissement adaptatif, la gestion intelligente de l'énergie, l'utilisation de sources d'énergie renouvelable, l'amélioration de l'isolation thermique et l'optimisation de la gestion des câbles sont des mesures importantes.

Les nouvelles technologies, telles que les systèmes de refroidissement liquide, l'automatisation intelligente, l'optimisation des charges de travail, l'intelligence artificielle, l'apprentissage automatique et les systèmes de stockage d'énergie avancés, ont également été présentées comme des moyens efficaces pour améliorer l'efficacité énergétique.

En outre, nous avons mis en lumière l'importance des initiatives et normes comme ENERGY STAR, LEED, Uptime Institute, Open Compute Project, Green Grid et BREEAM. Ces initiatives et normes jouent un rôle crucial en fournissant des références et des lignes directrices claires pour les centres de données, et en encourageant l'adoption de pratiques durables.

Finalement, il est important de reconnaître que les centres de données qui s'engagent dans ces initiatives et obtiennent les certifications pertinentes peuvent non seulement réaliser des économies substantielles, mais aussi améliorer leur réputation et leur compétitivité sur le marché.

Chapitre 6.   Virtualisation du stockage

6.1   Introduction

L'importance de la gestion efficace du stockage dans les centres de données est devenue cruciale à l'ère du numérique. Les données continuent de croître de manière exponentielle, ce qui entraîne des besoins de stockage toujours plus importants. Cependant, les ressources de stockage physiques sont limitées et coûteuses en termes d'espace et de consommation d'énergie. Il est donc essentiel de trouver des solutions pour optimiser l'utilisation de ces ressources.

C'est là qu'intervient la virtualisation du stockage. Cette approche novatrice permet de regrouper les ressources de stockage physiques disponibles en un pool de stockage virtuel, offrant ainsi une gestion plus efficiente des ressources et une utilisation optimale de l'espace de stockage. Dans cette section, nous allons présenter la virtualisation du stockage comme une solution prometteuse pour relever les défis liés à la gestion du stockage dans les centres de données.

À travers ce chapitre, nous découvrirons comment la virtualisation du stockage permet de répondre aux besoins croissants en matière de stockage, tout en réduisant les coûts et en améliorant l'efficacité des centres de données. Nous explorerons également les différentes technologies et mécanismes qui soutiennent la virtualisation du stockage, offrant ainsi aux entreprises une solution flexible et évolutive pour gérer leurs ressources de stockage de manière efficace.

6.2   Fondements de la virtualisation du stockage

Définition et concepts clés de la virtualisation du stockage

La virtualisation du stockage est une technique qui permet de regrouper et de gérer de manière centralisée les ressources de stockage physiques dans un environnement informatique. Elle vise à optimiser l'utilisation de l'espace de stockage en créant des pools de ressources virtuelles, indépendantes des périphériques de stockage physiques sous-jacents.
La virtualisation du stockage repose sur plusieurs concepts clés :

Abstraction du stockage
Elle consiste à dissocier les données et les applications des détails spécifiques du matériel de stockage. Les utilisateurs et les applications accèdent aux ressources de stockage de manière transparente, sans avoir à connaître les spécificités des périphériques physiques.

Création de pools de stockage virtuels
Les ressources de stockage physiques sont agrégées pour former des pools de stockage virtuels. Ces pools peuvent ensuite être alloués et gérés de manière dynamique en fonction des besoins des applications.

Provisionnement fin
Le provisionnement fin, ou thin provisioning, permet d'allouer de l'espace de stockage de manière dynamique en fonction des besoins réels. Plutôt que d'allouer tout l'espace de stockage requis dès le départ, les ressources sont allouées progressivement en fonction de la demande, ce qui permet une utilisation plus efficace de l'espace.

Déduplication et compression des données
Ces techniques permettent de réduire l'espace de stockage requis en éliminant les données en double et en compressant les données pour les stocker de manière plus compacte. Cela contribue à une utilisation plus efficace de l'espace de stockage et à une réduction de la consommation d'énergie associée.

La virtualisation du stockage offre plusieurs avantages significatifs. Elle permet une gestion centralisée et simplifiée des ressources de stockage, réduisant ainsi la complexité et les coûts administratifs. Elle offre également une flexibilité accrue en permettant la gestion dynamique des ressources, l'ajout ou la suppression de capacité sans interruption des services. De plus, la virtualisation du stockage permet une meilleure utilisation des ressources en évitant les situations de sous-utilisation ou de surprovisionnement.

En intégrant ces concepts clés de la virtualisation du stockage dans les infrastructures informatiques, les entreprises peuvent optimiser l'utilisation de l'espace de stockage, réduire les coûts associés et contribuer à une approche plus durable et économe en énergie dans la gestion de leurs données.

Avantages et bénéfices de la virtualisation du stockage
La virtualisation du stockage offre de nombreux avantages et bénéfices tant sur le plan technique que sur le plan économique et environnemental. Voici les principaux avantages de la virtualisation du stockage :

Optimisation de l'utilisation des ressources

En regroupant les ressources de stockage physiques dans des pools virtuels, la virtualisation du stockage permet d'optimiser l'utilisation de l'espace de stockage. Les capacités non utilisées peuvent être réaffectées dynamiquement aux applications qui en ont besoin, évitant ainsi les gaspillages et maximisant l'efficacité des ressources disponibles.

Flexibilité et évolutivité

La virtualisation du stockage permet une gestion flexible des ressources, permettant d'ajouter ou de supprimer de la capacité de stockage selon les besoins. Cela offre une grande évolutivité, permettant aux entreprises de faire face à la croissance des données sans interruption des services.

Simplification de la gestion

La gestion centralisée des ressources de stockage simplifie les opérations administratives. Les tâches telles que l'allocation d'espace, la sauvegarde, la restauration et la gestion des performances peuvent être effectuées de manière plus efficace et plus cohérente, réduisant ainsi la charge de travail pour les équipes informatiques.

Amélioration des performances

La virtualisation du stockage permet d'améliorer les performances des applications en offrant des fonctionnalités telles que la mise en cache, la réplication et la migration des données. Les données peuvent être déplacées de manière transparente entre différents périphériques de stockage pour optimiser les performances et répondre aux exigences de disponibilité.

Réduction des coûts

La virtualisation du stockage contribue à la réduction des coûts informatiques. En consolidant les ressources de stockage, les entreprises peuvent réduire leurs dépenses en matériel, en énergie et en maintenance. De plus, l'utilisation plus efficace de l'espace de stockage permet d'économiser sur les coûts de stockage supplémentaires.

Durabilité et économie d'énergie

La virtualisation du stockage permet de réduire la consommation d'énergie en consolidant les ressources de stockage. Moins de périphériques de stockage physiques sont nécessaires, ce qui entraîne une réduction de la consommation d'énergie et des émissions de gaz à effet de serre associées.

En résumé, la virtualisation du stockage offre des avantages significatifs en termes d'optimisation des ressources, de flexibilité, de simplification de la gestion, d'amélioration des performances et de réduction des coûts. De plus, elle contribue à une approche plus durable et économe en énergie dans la gestion des données. En intégrant la virtualisation du stockage dans les infrastructures informatiques, les entreprises peuvent tirer parti de ces avantages et promouvoir une utilisation plus responsable et efficiente des ressources de stockage.

6.3 Mécanismes et technologies de virtualisation du stockage

Partitionnement logique : création de pools de stockage virtuels

Le partitionnement logique est l'un des mécanismes clés de la virtualisation du stockage. Il permet de créer des pools de stockage virtuels en regroupant les ressources de stockage physiques disponibles. Voici une explication plus détaillée de ce mécanisme :

Le partitionnement logique consiste à diviser physiquement les ressources de stockage en unités logiques, également appelées volumes ou LUN (Logical Unit Number). Chaque LUN représente une partie du pool de stockage virtuel et peut être assigné à une application spécifique ou à un groupe d'utilisateurs.

L'avantage du partitionnement logique est qu'il permet de découpler les applications des ressources de stockage physiques sous-jacentes. Cela signifie que les applications n'ont pas besoin de connaître l'emplacement physique exact de leurs données, mais peuvent accéder aux volumes logiques de manière transparente. Cela offre une grande flexibilité et facilite la gestion des ressources de stockage.

Lors de la création des pools de stockage virtuels, il est important de prendre en compte les besoins spécifiques des applications et des utilisateurs. Les ressources de stockage peuvent être attribuées en fonction de critères tels que la capacité, les performances requises ou les politiques de sauvegarde et de rétention des données.

En utilisant le partitionnement logique, il devient possible de réaffecter dynamiquement les ressources de stockage en fonction des besoins changeants. Par exemple, si une application nécessite soudainement plus d'espace de stockage, il est possible d'allouer rapidement des LUN supplémentaires à partir du pool de stockage virtuel sans perturber les autres applications.

De plus, le partitionnement logique permet d'appliquer des fonctionnalités spécifiques aux volumes logiques, telles que la mise en cache, la réplication ou la compression des données. Ces fonctionnalités peuvent être configurées de manière indépendante pour chaque LUN, offrant ainsi une flexibilité accrue dans la gestion des performances et des fonctionnalités de stockage.

En résumé, le partitionnement logique est un mécanisme essentiel de la virtualisation du stockage. Il permet de créer des pools de stockage virtuels en divisant les ressources de stockage physiques en unités logiques. Cette approche offre une flexibilité, une gestion simplifiée et une meilleure utilisation des ressources de stockage. En intégrant le partitionnement logique dans les infrastructures de stockage, les organisations peuvent tirer parti des avantages de la virtualisation du stockage et optimiser l'utilisation de leurs ressources de stockage.

Thin provisioning : allocation dynamique des ressources en fonction des besoins réels

Thin provisioning, également appelée allocation dynamique des ressources en fonction des besoins réels, est un mécanisme de gestion du stockage qui permet d'allouer de manière efficace et optimisée les ressources de stockage en fonction de la demande réelle des applications et des utilisateurs.

Plutôt que d'allouer une quantité fixe d'espace de stockage à chaque application ou utilisateur, le Thin provisioning utilise une approche dynamique où les ressources sont allouées au fur et à mesure des besoins. Cela signifie que le système de stockage ne réserve initialement qu'une petite quantité d'espace, généralement suffisante pour répondre aux besoins immédiats, et alloue davantage d'espace au fur et à mesure que la demande augmente.

L'avantage majeur du Thin provisioning est qu'il permet d'éviter le gaspillage de ressources de stockage. En effet, dans de nombreux cas, les applications et les utilisateurs n'utilisent pas la totalité de l'espace qui leur est alloué initialement. Avec le Thin provisioning, l'espace est alloué de manière plus efficiente, ce qui permet de maximiser l'utilisation des ressources de stockage disponibles.

De plus, le Thin provisioning offre une certaine flexibilité dans la gestion du stockage. Il est possible d'allouer plus d'espace aux applications ou utilisateurs qui en ont réellement besoin, tout en utilisant de manière plus efficace les ressources disponibles. Cela permet d'éviter les surallocations inutiles et de mieux planifier l'utilisation future des ressources de stockage.

Cependant, il est important de noter que le Thin provisioning nécessite une surveillance et une gestion attentives. Il est essentiel de suivre de près l'utilisation réelle des ressources de stockage et de prévoir les besoins futurs afin d'éviter les situations de surallocation et de s'assurer que les ressources sont disponibles lorsque nécessaire.

En conclusion, le Thin provisioning, ou allocation dynamique des ressources en fonction des besoins réels, est une approche de gestion du stockage qui permet d'optimiser l'utilisation des ressources de stockage en allouant l'espace de manière efficiente en fonction de la demande réelle. Cela contribue à réduire le gaspillage de ressources, à maximiser l'utilisation des ressources disponibles et à offrir une certaine flexibilité dans la gestion du stockage.

Déduplication et compression des données : réduction de l'espace de stockage requis

La déduplication et la compression des données sont deux techniques couramment utilisées dans la gestion du stockage pour réduire l'espace de stockage requis et optimiser l'utilisation des ressources.

La déduplication des données consiste à identifier et éliminer les doublons de données présents dans le système de stockage. Plutôt que de stocker plusieurs copies identiques d'un même fichier ou d'une même donnée, la déduplication permet de ne conserver qu'une seule instance de ces données, en créant des références vers cette instance pour les autres occurrences. Cela permet de réduire considérablement l'espace de stockage nécessaire, surtout lorsque les données sont répliquées ou sauvegardées de manière fréquente. Par exemple, dans un environnement de sauvegarde, la déduplication peut permettre de ne sauvegarder qu'une seule fois les données communes à plusieurs sauvegardes successives.

La compression des données consiste à réduire la taille des fichiers ou des données en utilisant des algorithmes de compression. Ces algorithmes analysent la structure des données et éliminent les redondances ou utilisent des méthodes de codage pour représenter les données de manière plus compacte. En compressant les données, il est possible de réduire significativement l'espace de stockage requis sans altérer la qualité ou l'intégrité des données. La compression des données est souvent utilisée dans les systèmes de stockage, les sauvegardes, les transferts de fichiers, etc.

La combinaison de la déduplication et de la compression des données offre des avantages significatifs en termes d'économie d'espace de stockage. La déduplication élimine les doublons de données, tandis que la compression réduit la taille des données restantes. Ces deux techniques peuvent être utilisées conjointement pour maximiser l'efficacité de la gestion du stockage.

Cependant, il est important de noter que la déduplication et la compression des données peuvent entraîner une augmentation de la charge de traitement du système. Les opérations de déduplication et de compression nécessitent des ressources informatiques, telles que la puissance de calcul et la mémoire. Par conséquent, il est essentiel d'évaluer les avantages et les inconvénients de l'utilisation de ces techniques en fonction des besoins spécifiques de chaque environnement de stockage.

En résumé, la déduplication et la compression des données sont des techniques efficaces pour réduire l'espace de stockage requis. La déduplication élimine les doublons de données, tandis que la compression réduit la taille des données restantes. L'utilisation de ces techniques peut permettre d'optimiser l'utilisation des ressources de stockage et d'améliorer l'efficacité de la gestion du stockage.

Réplication et migration virtuelles : optimisation de la disponibilité et de la gestion des données

La réplication et la migration virtuelles sont deux techniques essentielles dans la gestion du stockage qui permettent d'optimiser la disponibilité des données et la gestion des ressources.
La réplication virtuelle consiste à créer des copies virtuelles des données sur des dispositifs de stockage distincts. L'objectif principal de la réplication virtuelle est d'améliorer la disponibilité des données en garantissant leur présence sur plusieurs emplacements. Ainsi, si l'un des dispositifs de stockage rencontre un problème ou une défaillance, les données peuvent être rapidement récupérées à partir des copies virtuelles sur d'autres dispositifs. Cela permet d'assurer une continuité des opérations, une haute disponibilité des données et une meilleure résilience du système.

La migration virtuelle, quant à elle, consiste à déplacer dynamiquement les données d'un dispositif de stockage à un autre, généralement dans le but d'optimiser l'utilisation des ressources ou de faciliter la gestion du stockage. Cette technique permet de déplacer les données en temps réel sans perturber l'accès aux données ou les opérations en cours. La migration virtuelle peut être utilisée pour rééquilibrer la charge de travail sur les différents dispositifs de stockage, améliorer les performances, ou encore pour effectuer des opérations de maintenance ou de mise à niveau sans interruption de service.

Les avantages de la réplication et de la migration virtuelles sont multiples. Tout d'abord, elles contribuent à améliorer la disponibilité des données et la continuité des opérations en assurant une redondance et une résilience des données. En cas de panne d'un dispositif de stockage, les données peuvent être rapidement restaurées à partir des copies virtuelles, minimisant ainsi les temps d'indisponibilité. De plus, la migration virtuelle permet une gestion plus efficace des ressources en optimisant l'utilisation des dispositifs de stockage et en facilitant les opérations de maintenance.

Il convient de noter que la réplication et la migration virtuelles nécessitent une planification et une configuration adéquates pour assurer leur bon fonctionnement. Il est important de définir des politiques de réplication et de migration appropriées en fonction des besoins spécifiques de l'environnement de stockage, tels que la tolérance aux pannes, la performance, la capacité, etc. De plus, la sécurité des données doit être prise en compte lors de la mise en œuvre de ces techniques pour éviter tout accès non autorisé aux copies virtuelles des données.

En conclusion, la réplication et la migration virtuelles sont des techniques clés dans la gestion du stockage qui permettent d'optimiser la disponibilité des données et la gestion des ressources. La réplication virtuelle garantit la redondance et la résilience des données, tandis que la migration virtuelle facilite la gestion des ressources et des opérations. En utilisant ces techniques de manière appropriée, il est possible d'améliorer la disponibilité, la performance et la flexibilité de l'environnement de stockage.

Réduction des besoins matériels : consolidation des ressources de stockage physiques

La virtualisation du stockage permet une réduction des besoins matériels en consolidant les ressources de stockage physiques. Traditionnellement, chaque serveur ou application avait son propre espace de stockage dédié, ce qui conduisait à une multiplication des dispositifs de stockage. Cela entraînait une augmentation de la consommation d'énergie, de l'espace physique requis et des coûts liés à l'achat, à l'installation et à la maintenance de ces équipements.

Grâce à la virtualisation du stockage, il est possible de regrouper les ressources de stockage physiques en une seule entité virtuelle. Les serveurs et les applications n'ont plus besoin d'un espace de stockage dédié, mais peuvent accéder à un pool commun de stockage virtuel. Cela permet de partager efficacement les ressources de stockage disponibles, en utilisant des techniques telles que le partitionnement logique et le Thin provisioning.

La consolidation des ressources de stockage physiques présente plusieurs avantages en termes d'efficacité énergétique :

Réduction de la consommation d'énergie
En regroupant les ressources de stockage sur moins de dispositifs physiques, la consommation d'énergie associée à l'alimentation et au refroidissement de ces appareils est réduite. Moins de matériels signifie moins d'équipements nécessitant de l'énergie pour fonctionner, ce qui entraîne des économies d'énergie significatives.

Optimisation de l'espace physique
La consolidation des ressources de stockage permet de réduire l'espace physique requis pour les équipements de stockage. Cela peut libérer de l'espace dans les centres de données, ce qui peut être utilisé pour d'autres équipements ou pour augmenter la densité de calcul. L'optimisation de l'espace physique contribue à une utilisation plus efficiente de l'infrastructure informatique globale.

Simplification de la gestion
En ayant moins de dispositifs de stockage physiques à gérer, l'administration et la gestion du stockage deviennent plus simples et plus efficaces. Les tâches telles que

le provisionnement, la gestion des ressources et les opérations de maintenance peuvent être centralisées et automatisées, ce qui réduit les besoins en ressources humaines et les erreurs potentielles.

Réduction des coûts
La consolidation des ressources de stockage physiques permet de réaliser des économies financières significatives. En réduisant le nombre d'équipements nécessaires, les coûts d'achat, de maintenance, de gestion et de refroidissement sont réduits. De plus, la réduction de la consommation d'énergie se traduit par des économies sur les factures d'électricité.

En résumé, la consolidation des ressources de stockage physiques grâce à la virtualisation permet de réduire les besoins matériels, d'optimiser l'utilisation de l'espace physique, de simplifier la gestion et de réaliser des économies d'énergie et de coûts. Cette approche favorise une utilisation plus efficace des ressources, contribuant ainsi à une meilleure efficacité énergétique et à une réduction de l'empreinte carbone des infrastructures informatiques.

Optimisation de l'utilisation des disques : agrégation et gestion dynamique des données

L'optimisation de l'utilisation des disques est un aspect essentiel de la virtualisation du stockage. Grâce à des mécanismes d'agrégation et de gestion dynamique des données, il est possible d'optimiser l'utilisation des disques disponibles et d'améliorer l'efficacité du stockage.

L'agrégation des données consiste à regrouper plusieurs disques physiques en une seule entité virtuelle, créant ainsi un pool de stockage plus vaste. Cela permet d'augmenter la capacité de stockage disponible et de simplifier la gestion des données. Au lieu de gérer individuellement chaque disque, les administrateurs peuvent gérer le pool de stockage global, ce qui facilite les opérations de provisionnement, de migration et de sauvegarde des données.

La gestion dynamique des données est une fonctionnalité clé de l'optimisation de l'utilisation des disques. Elle permet de déplacer automatiquement les données entre les disques en fonction de leur utilisation et de leur importance. Les données fréquemment accédées peuvent être stockées sur des disques plus rapides, tandis que les données moins utilisées peuvent être déplacées vers des disques de stockage de niveau inférieur. Cela permet d'optimiser les performances et de réduire les coûts en utilisant les ressources de stockage de manière plus efficace.

L'optimisation de l'utilisation des disques présente plusieurs avantages :

Maximisation de la capacité de stockage
En agrégeant les disques physiques, il est possible d'augmenter la capacité de stockage disponible. Cela permet de répondre aux besoins croissants de stockage des données sans avoir à ajouter de nouveaux disques physiques, ce qui réduit les coûts et la consommation d'énergie.

Amélioration des performances
La gestion dynamique des données permet de placer les données les plus critiques et les plus fréquemment utilisées sur des disques plus rapides, ce qui améliore les performances globales du système. Les temps d'accès aux données sont réduits, ce qui permet un traitement plus rapide des applications et une meilleure réactivité du système.

Optimisation des coûts
L'optimisation de l'utilisation des disques permet de mieux utiliser les ressources de stockage existantes, ce qui réduit les coûts liés à l'achat de nouveaux disques. De plus, en déplaçant les données vers des disques de stockage de niveau inférieur, les coûts de stockage sont optimisés, car les disques moins performants sont généralement moins chers.

Simplification de la gestion
En regroupant les disques physiques en un pool de stockage virtuel, la gestion des données est simplifiée. Les administrateurs peuvent gérer le stockage de manière centralisée, ce qui facilite les opérations de provisionnement, de migration et de sauvegarde des données. La gestion dynamique des données automatise ces opérations, réduisant ainsi la charge de travail des administrateurs.

En conclusion, l'optimisation de l'utilisation des disques à travers l'agrégation et la gestion dynamique des données permet d'optimiser la capacité de stockage, d'améliorer les performances, d'optimiser les coûts et de simplifier la gestion du stockage. Cela contribue à une utilisation plus efficace des ressources de stockage, réduisant ainsi l'empreinte carbone des infrastructures informatiques tout en répondant aux besoins croissants de stockage des données.

Diminution de la consommation électrique : réduction du nombre de disques en fonctionnement
Une autre composante importante de l'optimisation de l'utilisation des disques dans le cadre de la virtualisation du stockage est la diminution de la consommation électrique en réduisant le nombre de disques en fonctionnement.

Grâce à la virtualisation du stockage, il est possible de consolider les données sur un nombre réduit de disques physiques tout en maintenant un niveau de performances et de disponibilité satisfaisant. Cela permet de réduire le nombre de disques nécessaires dans les centres de données, ce qui se traduit par une diminution de la consommation d'électricité.

En réduisant le nombre de disques en fonctionnement, on réduit également les besoins en refroidissement. Les disques durs génèrent de la chaleur lorsqu'ils sont en marche, ce qui nécessite des systèmes de refroidissement plus puissants pour maintenir une température optimale dans les centres de données. En réduisant le nombre de disques actifs, on réduit également la chaleur produite, ce qui contribue à une consommation d'énergie réduite pour le refroidissement.

De plus, la gestion dynamique des données permet de déplacer les données les moins utilisées vers des disques de stockage de niveau inférieur, tels que des disques durs à basse consommation d'énergie ou des systèmes de stockage en ligne peu énergivores. Cela permet d'optimiser la consommation énergétique en allouant les ressources de stockage les plus économes en énergie aux données qui en ont réellement besoin.

En réduisant la consommation électrique associée au stockage, on contribue à la réduction de l'empreinte carbone des centres de données. La diminution de la consommation électrique permet de réduire les émissions de gaz à effet de serre provenant de la production d'électricité, tout en contribuant à des économies d'énergie et à des coûts réduits pour les opérateurs de centres de données.

En conclusion, la diminution de la consommation électrique par le biais de la réduction du nombre de disques en fonctionnement est un aspect clé de l'optimisation de l'utilisation des disques dans le cadre de la virtualisation du stockage. Cela permet de réduire la consommation d'énergie, les coûts d'exploitation et les émissions de gaz à effet de serre, contribuant ainsi à une approche plus durable et éco-responsable des infrastructures informatiques.

6.5 Déploiement et mise en œuvre de la virtualisation du stockage

Évaluation des besoins et choix des solutions

L'évaluation des besoins et le choix des solutions de virtualisation du stockage sont des processus critiques pour garantir une mise en œuvre efficace et adaptée aux besoins spécifiques de l'organisation. Une approche réfléchie et approfondie permet de maximiser les avantages de la virtualisation du stockage tout en répondant aux exigences opérationnelles et environnementales.

L'évaluation des besoins en stockage est la première étape de ce processus. Elle implique une analyse complète des exigences en termes de capacité, de performances, de disponibilité et de sécurité des données. Cette évaluation doit prendre en compte plusieurs facteurs, tels que la croissance prévue des données, les applications et les charges de travail spécifiques, les exigences de disponibilité des données et les politiques de rétention des données. Il est essentiel de mener une enquête approfondie et de collaborer avec les parties prenantes de l'organisation pour comprendre les besoins actuels et futurs en matière de stockage.

Une fois les besoins identifiés, il est temps d'explorer les différentes solutions de virtualisation du stockage disponibles sur le marché. Cela peut inclure l'évaluation des technologies de virtualisation du stockage telles que les systèmes de stockage SAN virtualisés, les appliances de virtualisation du stockage ou les logiciels de virtualisation du stockage. Chaque solution doit être évaluée en fonction de sa capacité à répondre aux exigences spécifiques de l'organisation, à s'intégrer aux infrastructures existantes et à fournir les fonctionnalités nécessaires, telles que la gestion des performances, la redondance, la reprise après sinistre, etc.

Une évaluation approfondie des solutions de virtualisation du stockage peut impliquer la réalisation de démonstrations, d'essais pilotes ou d'évaluations en collaboration avec des fournisseurs. Ces activités permettent de tester la convivialité, la compatibilité et les performances de chaque solution. Il est également important de consulter les références clients et de prendre en compte les retours d'expérience d'autres organisations ayant mis en œuvre ces solutions. Cela aide à obtenir une vision réaliste de la manière dont chaque solution répondra aux besoins spécifiques de l'organisation.

Lors de l'évaluation des solutions, il est crucial de tenir compte des aspects de durabilité et d'efficacité énergétique. La virtualisation du stockage offre des avantages potentiels en termes de réduction de la consommation d'énergie, de l'empreinte carbone et de l'utilisation des ressources. Il est donc important de sélectionner une solution qui intègre ces principes de durabilité et qui propose des fonctionnalités telles que la gestion de l'énergie, la consolidation des ressources, la déduplication des données et la réduction de l'espace de stockage requis. L'objectif est de minimiser l'impact environnemental tout en optimisant les performances et la disponibilité du stockage.

En résumé, l'évaluation des besoins et le choix des solutions de virtualisation du stockage nécessitent une approche rigoureuse et réfléchie. Une compréhension approfondie des besoins spécifiques de l'organisation et des fonctionnalités offertes par chaque solution est essentielle pour prendre une décision éclairée. En intégrant les considérations de durabilité et d'efficacité énergétique dans le processus d'évaluation, il est possible de sélectionner une solution de virtualisation du stockage qui répond aux exigences opérationnelles tout en contribuant à la durabilité et à la responsabilité environnementale de l'organisation.

Architecture et configuration optimales pour la virtualisation du stockage

L'architecture et la configuration optimales pour la virtualisation du stockage sont des éléments clés pour assurer des performances élevées, une disponibilité maximale et une gestion efficace des ressources de stockage. Une conception soigneusement planifiée et une configuration appropriée permettent d'exploiter pleinement les avantages de la virtualisation du stockage tout en répondant aux exigences spécifiques de l'organisation.

Lors de la conception de l'architecture pour la virtualisation du stockage, il est essentiel de prendre en compte les besoins en termes de capacité, de performances, de disponibilité et de sécurité des données. Cela implique de déterminer le nombre de nœuds de stockage virtuels nécessaires, ainsi que les ressources de stockage physiques qui seront agrégées dans la virtualisation du stockage. Une approche équilibrée doit être adoptée pour s'assurer que la capacité et les performances sont adéquates, tout en évitant les sous-utilisations ou les goulets d'étranglement.

La configuration optimale dépendra de la solution de virtualisation du stockage choisie et des fonctionnalités spécifiques qu'elle offre. Cela peut inclure la configuration des pools de stockage virtuels, des groupes de stockage, des stratégies de réplication ou de migration virtuelle, des politiques de déduplication et de compression des données, etc. Chaque configuration doit être adaptée aux besoins de l'organisation et aux objectifs spécifiques de la virtualisation du stockage.

Il est également important de considérer les meilleures pratiques en matière de gestion des performances et de la disponibilité. Cela peut impliquer la configuration de mécanismes de mise en cache, de files d'attente de traitement des données, de stratégies de répartition de charge, de plans de reprise après sinistre, etc. L'objectif est d'optimiser les performances du stockage virtuel et de garantir une disponibilité maximale des données.

En plus de la configuration initiale, il est crucial de maintenir et de surveiller régulièrement l'architecture de virtualisation du stockage. Cela peut inclure la surveillance des performances, l'ajustement des paramètres en fonction des besoins changeants, l'application des correctifs et des mises à jour logicielles, et la gestion proactive des éventuelles erreurs ou problèmes. Une gestion continue garantit que l'architecture reste performante, résiliente et conforme aux objectifs de l'organisation.

En résumé, l'architecture et la configuration optimales pour la virtualisation du stockage nécessitent une approche réfléchie et basée sur les besoins spécifiques de l'organisation. En suivant les meilleures pratiques et en tenant compte des fonctionnalités offertes par la solution de virtualisation du stockage choisie, il est possible de créer une architecture robuste et une configuration adaptée qui maximisent les avantages de la virtualisation du stockage tout en répondant aux exigences opérationnelles de l'organisation.

Migration et intégration avec les infrastructures existantes

La migration et l'intégration avec les infrastructures existantes sont des aspects essentiels de la mise en œuvre réussie de la virtualisation du stockage. Lorsque l'on passe d'un environnement de stockage traditionnel à une architecture de virtualisation du stockage, il est important de prendre en compte les systèmes existants, les applications et les données déjà présentes dans l'infrastructure.

La migration vers une solution de virtualisation du stockage peut être un processus complexe qui nécessite une planification minutieuse. Tout d'abord, il est essentiel de réaliser une évaluation approfondie de l'infrastructure existante, en identifiant les ressources de stockage, les capacités, les performances et les contraintes. Cela permet de déterminer la meilleure approche de migration et de concevoir une stratégie adaptée.

La migration peut se faire de différentes manières, en fonction de la solution de virtualisation du stockage choisie et des caractéristiques spécifiques de l'environnement existant. Certaines options courantes incluent la migration en bloc, où les données sont déplacées en une seule opération, ou la migration progressive, où les données sont déplacées de manière incrémentale sur une période définie. Chaque approche a ses propres avantages et inconvénients, et il est important de choisir celle qui convient le mieux aux besoins et aux contraintes de l'organisation.

L'intégration avec les infrastructures existantes implique également de prendre en compte les interactions entre la solution de virtualisation du stockage et les autres composants du système, tels que les serveurs, les réseaux et les applications. Cela peut nécessiter des ajustements de configuration, des mises à jour logicielles ou des intégrations spécifiques pour assurer une interopérabilité et une performance optimales.

Il est essentiel de réaliser des tests approfondis pour valider la migration et l'intégration avec les infrastructures existantes. Cela permet de détecter et de résoudre les problèmes potentiels avant le déploiement complet de la solution de virtualisation du stockage. Des tests de performances, de disponibilité et de récupération après sinistre peuvent être effectués pour s'assurer que l'architecture de stockage virtuel fonctionne comme prévu et répond aux exigences opérationnelles.

Une fois la migration et l'intégration terminées, il est important de suivre une gestion continue de l'infrastructure de stockage virtuel. Cela peut inclure la surveillance des performances, l'optimisation des configurations, l'application des correctifs et des mises à jour, ainsi que la gestion proactive des problèmes et des incidents. Une gestion efficace garantit que l'infrastructure de stockage virtuel fonctionne de manière fiable et répond aux besoins évolutifs de l'organisation.

En conclusion, la migration et l'intégration avec les infrastructures existantes sont des étapes critiques lors de la mise en œuvre de la virtualisation du stockage. Une planification soigneuse, des tests approfondis et une gestion continue sont nécessaires pour assurer une transition en douceur et une performance optimale de l'infrastructure de stockage virtuel.

6.6 Défis et considérations liés à la virtualisation du stockage

Sécurité des données et intégrité

Lorsqu'il s'agit de virtualisation du stockage, la sécurité des données et l'intégrité sont des préoccupations majeures à prendre en compte. La consolidation des données dans une infrastructure de stockage virtuelle peut présenter des défis uniques en matière de protection des informations sensibles et de garantie de l'intégrité des données. Voici quelques considérations clés :

Sécurité des données

Lorsque les données sont stockées dans un environnement virtuel, il est essentiel de mettre en place des mesures de sécurité appropriées pour protéger ces informations sensibles contre les accès non autorisés. Cela peut inclure des mesures telles que le chiffrement des données, l'authentification et l'autorisation rigoureuses, ainsi que des contrôles d'accès stricts.

Gestion des identités et des accès

La virtualisation du stockage peut nécessiter une gestion efficace des identités et des accès afin de garantir que seules les personnes autorisées ont accès aux données. Des politiques de sécurité robustes et des contrôles d'accès appropriés doivent être mis en place pour prévenir les violations de sécurité et les fuites de données.

Redondance et sauvegarde des données

La consolidation des données dans un environnement de stockage virtuel peut augmenter le risque de perte de données en cas de défaillance matérielle ou de sinistre. Il est donc crucial d'établir des stratégies de sauvegarde et de redondance appropriées pour assurer la disponibilité et la récupération des données en cas de problème.

Intégrité des données

Lorsque les données sont réparties sur différents systèmes de stockage virtuel, il est essentiel de garantir leur intégrité, c'est-à-dire qu'elles ne sont pas altérées, corrompues ou modifiées de manière non autorisée. Des mécanismes de vérification des données, tels que les codes de correction d'erreur et les fonctions de hachage, peuvent être utilisés pour détecter et prévenir les altérations indésirables des données.

Gestion des vulnérabilités

La virtualisation du stockage peut introduire de nouvelles vulnérabilités et risques de sécurité, notamment en raison de la complexité de l'infrastructure et des interactions entre les différents composants. Il est important de mettre en place des processus de gestion des vulnérabilités, tels que des mises à jour régulières des logiciels, des évaluations de sécurité et des tests de pénétration, pour identifier et atténuer les risques potentiels.

Conformité réglementaire

Lorsque des données sensibles sont stockées dans un environnement virtuel, il est essentiel de se conformer aux réglementations de protection des données en vigueur. Il est important de comprendre les exigences réglementaires applicables et de mettre en place les mesures de sécurité appropriées pour se conformer à ces exigences.

En conclusion, la sécurité des données et l'intégrité sont des considérations essentielles lors de la virtualisation du stockage. En adoptant des mesures de sécurité robustes, en mettant en place des stratégies de sauvegarde et de redondance appropriées, et en assurant une gestion proactive des vulnérabilités, il est possible de garantir la protection des données et la fiabilité de l'infrastructure de stockage virtuel.

Performance et latence

Lorsqu'il s'agit de la virtualisation du stockage, il est important de prendre en compte les performances et la latence. La consolidation des ressources de stockage dans un environnement virtuel peut affecter les performances globales du système, en particulier en ce qui concerne la vitesse d'accès aux données et la latence. Voici quelques éléments à considérer :

Capacité de traitement

Lors de la virtualisation du stockage, il est essentiel de s'assurer que l'infrastructure est capable de gérer la charge de travail et la demande de traitement des données. Une capacité de traitement suffisante est nécessaire pour répondre aux besoins de performances des applications et des utilisateurs finaux.

Latence

La latence fait référence au temps écoulé entre le moment où une requête est émise pour accéder aux données et le moment où les données sont effectivement récupérées. Lors de la virtualisation du stockage, il est important de minimiser la latence pour garantir des temps de réponse rapides et une expérience utilisateur optimale.

Allocation des ressources

Une gestion efficace des ressources est essentielle pour optimiser les performances du stockage virtuel. Cela peut inclure des techniques telles que l'allocation dynamique des ressources en fonction des besoins, la répartition équilibrée de la charge de travail sur les différents systèmes de stockage virtuel, et l'utilisation de caches intelligents pour accélérer l'accès aux données fréquemment utilisées.

Optimisation du réseau

Étant donné que la virtualisation du stockage implique souvent des transferts de données sur le réseau, il est important d'optimiser les performances du réseau pour minimiser la latence et maximiser la bande passante disponible. Cela peut être réalisé en utilisant des technologies telles que la mise en cache du réseau, la compression des données et l'équilibrage de charge.

Surveillance et optimisation

Pour garantir des performances optimales du stockage virtuel, il est important de surveiller en permanence les métriques de performance et de réagir aux problèmes potentiels. Cela peut impliquer l'utilisation d'outils de surveillance spécialisés pour suivre les temps de réponse, les taux de transfert, les goulots d'étranglement et d'autres paramètres pertinents.

En conclusion, la performance et la latence sont des aspects critiques de la virtualisation du stockage. En mettant en œuvre des pratiques de gestion efficaces, en optimisant les ressources et en surveillant les performances, il est possible d'assurer des performances optimales du stockage virtuel et de garantir une expérience utilisateur satisfaisante.

Gestion et supervision de l'environnement de stockage virtualisé

La gestion et la supervision de l'environnement de stockage virtualisé sont des aspects essentiels pour garantir un fonctionnement optimal et une utilisation efficace des ressources. Voici quelques éléments clés à prendre en compte :

Gestion des ressources

La virtualisation du stockage permet de consolider et de centraliser les ressources de stockage, ce qui facilite la gestion globale de l'environnement. Il est important d'avoir une vision complète des ressources disponibles, de les allouer de manière adéquate en fonction des besoins et de surveiller leur utilisation pour éviter les goulets d'étranglement et optimiser l'utilisation des capacités.

Provisionnement et allocation des espaces de stockage

La gestion des espaces de stockage dans un environnement virtualisé implique de provisionner de manière dynamique les espaces en fonction des besoins réels. Il est essentiel de mettre en place des politiques et des procédures pour allouer l'espace de stockage de manière efficace, éviter le gaspillage des ressources et anticiper les besoins futurs.

Sécurité des données
La sécurité des données est un aspect crucial de la gestion de l'environnement de stockage virtualisé. Il est nécessaire de mettre en place des mesures de sécurité adéquates pour protéger les données stockées, notamment en utilisant des techniques de chiffrement, des contrôles d'accès et des sauvegardes régulières. De plus, il est important de surveiller en permanence l'intégrité des données pour détecter les éventuelles violations ou altérations.

Surveillance des performances
La supervision régulière des performances du stockage virtualisé est essentielle pour identifier les éventuels problèmes, optimiser les performances et garantir la disponibilité des données. Cela peut être réalisé en utilisant des outils de surveillance dédiés qui fournissent des métriques et des indicateurs clés tels que le débit, la latence, l'utilisation des ressources, etc. La surveillance permet de détecter les goulets d'étranglement, d'optimiser les configurations et de prendre des mesures correctives en cas de besoin.

Gestion des sauvegardes et des récupérations
La gestion des sauvegardes et des récupérations est une partie intégrante de l'environnement de stockage virtualisé. Il est essentiel de mettre en place des politiques de sauvegarde régulières, de tester les procédures de récupération et de s'assurer que les données peuvent être restaurées de manière fiable en cas de sinistre ou de perte de données.

En résumé, la gestion et la supervision efficaces de l'environnement de stockage virtualisé sont essentielles pour garantir la disponibilité, la performance et la sécurité des données. En mettant en place des pratiques de gestion adéquates, en utilisant des outils de surveillance appropriés et en adoptant une approche proactive, il est possible de maximiser les avantages de la virtualisation du stockage et d'assurer un environnement de stockage fiable et performant.

Chapitre 7. Réduction, réutilisation, et recyclage informatique.

7.1   Introduction

L'électronique verte est un concept qui englobe les efforts pour minimiser l'impact environnemental des produits électroniques tout au long de leur cycle de vie. Cela comprend la conception de produits avec moins de matériaux nocifs, la réduction de la consommation d'énergie pendant l'utilisation, la prolongation de la durée de vie des produits par la réparation et la mise à niveau, et la récupération et la réutilisation des matériaux précieux lors du recyclage. Ce chapitre se concentre sur trois stratégies clés pour atteindre ces objectifs dans le contexte du matériel informatique : la réduction, la réutilisation et le recyclage.

La réduction fait référence à la minimisation de la consommation de nouveaux produits électroniques. Cela peut être atteint en prolongeant la durée de vie des produits existants, en évitant les achats inutiles et en choisissant des produits qui peuvent être mis à niveau plutôt que remplacés.

La réutilisation implique l'extension de la durée de vie des produits électroniques en les utilisant à de nouvelles fins une fois qu'ils ne sont plus nécessaires dans leur rôle initial. Cela peut inclure le don ou la vente d'appareils usagés, ou leur réparation et reconditionnement pour une nouvelle utilisation.

Le recyclage consiste à décomposer les produits électroniques en fin de vie en leurs composants de base, qui peuvent ensuite être réutilisés pour fabriquer de nouveaux produits. Cela nécessite des installations et des processus spécialisés pour assurer une manipulation sûre et efficace des matériaux, y compris ceux qui sont potentiellement dangereux.

Chacune de ces stratégies présente des défis et des opportunités, et leur succès dépend de l'engagement des fabricants, des régulateurs, des consommateurs et d'autres parties prenantes. Dans ce chapitre, nous explorerons ces aspects en détail, en examinant les meilleures pratiques, les tendances récentes et les perspectives futures de l'électronique verte dans le domaine du matériel informatique

La réduction de la consommation de matériel informatique est un pilier essentiel de l'électronique verte. En limitant notre besoin en nouveaux équipements, nous pouvons diminuer le gaspillage électronique, économiser les ressources et réduire notre empreinte environnementale.

Une première étape consiste à prolonger la durée de vie des équipements informatiques. Des opérations de maintenance préventive, comme le nettoyage des composants, la mise à jour des logiciels et le remplacement des pièces usées, peuvent permettre à un appareil de fonctionner efficacement pendant de nombreuses années. En outre, il peut être plus écologique et économique de mettre à niveau certains composants (par exemple, la mémoire ou le disque dur) plutôt que de remplacer un appareil entier.

L'optimisation des ressources est une autre manière de réduire la consommation de matériel. Dans le contexte des centres de données, par exemple, des techniques comme la virtualisation et la consolidation des serveurs permettent d'exécuter plus de tâches sur moins de machines. La gestion intelligente de l'alimentation, qui consiste à adapter la consommation d'énergie aux besoins réels, peut également contribuer à une utilisation plus efficiente du matériel.

Enfin, il est essentiel d'adopter des pratiques d'achat responsables. Cela signifie privilégier les produits qui ont été conçus pour être économes en énergie, durables et facilement recyclables. L'achat de matériel d'occasion ou reconditionné peut également être une excellente option pour économiser des ressources.

La mise en œuvre de ces mesures nécessite l'engagement de tous les acteurs : fabricants, qui doivent concevoir des produits durables et réparables ; fournisseurs de services, qui doivent optimiser l'utilisation de leurs équipements ; et consommateurs, qui doivent être conscients de leur impact et faire des choix responsables.

En somme, la réduction de la consommation de matériel informatique est un enjeu majeur de l'électronique verte. En nous engageant dans cette voie, nous pouvons non seulement préserver notre environnement, mais aussi réaliser des économies et promouvoir une économie plus juste et plus durable.

La réutilisation du matériel informatique est une étape cruciale vers une économie circulaire, une économie qui cherche à minimiser le gaspillage et à maximiser la valeur des produits tout au long de leur cycle de vie. Dans le contexte de l'électronique verte, la réutilisation peut prendre plusieurs formes.

Le reconditionnement est une méthode couramment utilisée pour prolonger la durée de vie du matériel informatique. Il s'agit de récupérer des appareils usagés, de les réparer si nécessaire, de les nettoyer et de les tester pour s'assurer de leur bon fonctionnement. Les appareils reconditionnés peuvent être vendus à un prix inférieur à celui des modèles neufs, ce qui les rend accessibles à une plus grande partie de la population.

La rénovation est une autre forme de réutilisation qui implique la mise à niveau de l'équipement existant. Par exemple, un ordinateur peut recevoir plus de mémoire, un nouveau disque dur ou un processeur plus rapide pour améliorer ses performances. Cela peut être une option rentable pour les organisations qui ont besoin de plus de puissance informatique, mais qui ne veulent pas investir dans du nouveau matériel.

Enfin, la redistribution est une pratique qui consiste à donner ou à vendre du matériel informatique usagé à d'autres personnes ou organisations qui peuvent en avoir besoin. Cela peut inclure le don d'ordinateurs à des écoles ou à des organisations à but non lucratif, ou la vente d'équipement usagé à des entreprises spécialisées dans le reconditionnement.

La réutilisation du matériel informatique présente de nombreux avantages. Elle réduit la quantité de déchets électroniques, économise les ressources, diminue la demande en nouveaux appareils et permet à plus de personnes d'accéder à la technologie. Cependant, pour que ces pratiques soient largement adoptées, il est nécessaire de sensibiliser davantage le public et les entreprises à leur importance. Il est également crucial d'établir des normes claires pour le reconditionnement et la rénovation, afin de garantir la qualité et la sécurité des appareils réutilisés.

En conclusion, la réutilisation du matériel informatique est une composante essentielle de l'électronique verte. En adoptant des pratiques de réutilisation, nous pouvons non seulement réduire notre impact environnemental, mais aussi favoriser l'inclusion numérique et contribuer à une économie plus durable et plus équitabl

Dans ce point, nous explorons le processus et les méthodes de recyclage du matériel informatique afin de minimiser l'impact environnemental des déchets électroniques. Le recyclage du matériel informatique vise à récupérer les matériaux précieux et à gérer de manière responsable les composants dangereux présents dans les équipements.

Nous examinons les différentes étapes du recyclage, telles que la collecte, le tri, le démantèlement, la séparation des matériaux et le traitement des déchets électroniques. Nous mettons également en évidence l'importance de la conformité aux réglementations et aux normes environnementales lors du recyclage des équipements informatiques.

Les réglementations et les normes, telles que la directive européenne sur les déchets d'équipements électriques et électroniques (DEEE) et les normes ISO 14001 et R2, jouent un rôle crucial en établissant des exigences et des pratiques de recyclage responsables. Elles encouragent les entreprises et les organismes de recyclage à adopter des processus respectueux de l'environnement et à minimiser les risques pour la santé humaine.

Le recyclage du matériel informatique présente de nombreux avantages, notamment la réduction de la pollution, la conservation des ressources naturelles, la récupération des matériaux précieux et la prévention des émissions de gaz à effet de serre associées à la production de nouveaux équipements. En recyclant nos équipements informatiques de manière responsable, nous pouvons contribuer à la préservation de l'environnement et à la construction d'une économie circulaire plus durable.

Il est essentiel que les entreprises, les consommateurs et les organismes de recyclage s'engagent dans des pratiques de recyclage responsables, en assurant la collecte sélective des déchets électroniques, en favorisant le réemploi et en choisissant des organismes de recyclage certifiés. Ensemble, nous pouvons minimiser l'empreinte environnementale de l'industrie informatique et contribuer à la construction d'un avenir plus durable.

La question de la gestion des données sensibles lors du recyclage du matériel informatique est de plus en plus préoccupante avec l'augmentation de la cybercriminalité et des réglementations strictes en matière de protection des données. C'est un enjeu crucial non seulement pour préserver la confidentialité des informations, mais aussi pour maintenir la confiance des clients et respecter les obligations légales.

Premièrement, il est important de bien comprendre ce que signifie "données sensibles". Il peut s'agir de toute information qui, si elle est divulguée, pourrait causer du tort à une personne ou à une organisation. Cela inclut des données personnelles telles que les noms, les adresses, les numéros de sécurité sociale, les informations bancaires, mais aussi les informations d'entreprise comme les secrets commerciaux, les informations financières et les données client.

La suppression sécurisée des données est une étape fondamentale dans le processus de recyclage du matériel informatique. Cela signifie que toutes les informations doivent être complètement effacées des disques durs et autres supports de stockage de manière à ce qu'elles ne puissent pas être récupérées. Il existe des logiciels certifiés qui permettent d'effectuer cette opération de manière fiable. Il est également possible de détruire physiquement le support de stockage, bien que cette méthode soit moins écologique.

Il est essentiel de choisir un prestataire de recyclage réputé et certifié, qui suit des protocoles stricts pour garantir la confidentialité des données. Ces protocoles peuvent inclure le suivi de la chaîne de possession du matériel informatique, l'effacement sécurisé des données et la destruction des supports de stockage.

En Europe, le Règlement Général sur la Protection des Données (RGPD) impose des obligations strictes en matière de protection des données personnelles. Les entreprises sont responsables de la sécurité des données personnelles qu'elles traitent tout au long de leur cycle de vie, y compris lors du recyclage du matériel informatique. La non-conformité peut entraîner des sanctions sévères.

En conclusion, la gestion appropriée des données sensibles lors du recyclage du matériel informatique est une question de responsabilité et de respect envers les individus et les organisations. Elle contribue à la protection de la vie privée, à la prévention des fuites d'informations confidentielles et au respect des obligations légales. En adoptant une approche responsable, nous contribuons à un environnement numérique plus sûr et plus respectueux de l'environnement.

7.6 Bonnes pratiques et initiatives dans le domaine de l'électronique verte

La mise en place de bonnes pratiques et d'initiatives dans le domaine de l'électronique verte est une étape clé vers un avenir plus durable. Plusieurs entreprises et organisations ont déjà mis en œuvre des stratégies de réduction, de réutilisation et de recyclage du matériel informatique.

La réduction de la consommation de matériel informatique est une priorité pour certaines entreprises. Par exemple, certaines entreprises incitent leurs employés à utiliser de manière plus efficiente les équipements existants, évitant ainsi l'achat de nouveaux matériaux. Elles favorisent également le partage des ressources en utilisant des serveurs centralisés et en optimisant l'utilisation des équipements informatiques.

La réutilisation est une autre stratégie clé. Certaines entreprises, par exemple, remettent à neuf les équipements informatiques obsolètes et les redistribuent à des communautés défavorisées ou à des organisations à but non lucratif. Cela permet non seulement de prolonger la durée de vie des équipements, mais aussi de favoriser l'inclusion numérique.

Le recyclage responsable du matériel informatique est également une priorité pour de nombreuses entreprises. Elles récupèrent les matériaux précieux des équipements obsolètes pour les réintroduire dans la chaîne de production. Cela permet de minimiser les déchets électroniques et de préserver les ressources naturelles.

Les programmes de Responsabilité Élargie des Producteurs (REP) sont des initiatives collectives qui incitent les fabricants et les distributeurs à prendre en charge la gestion des déchets électroniques de leurs produits. Ces programmes encouragent les entreprises à concevoir des produits plus durables et à mettre en place des systèmes de collecte et de recyclage des déchets.

Enfin, certaines organisations s'associent à des organismes de recyclage certifiés pour assurer une gestion appropriée des déchets électroniques. Ces partenariats garantissent la conformité aux réglementations environnementales et assurent une traçabilité complète des déchets électroniques.

Il est essentiel que chacun d'entre nous prenne conscience de son rôle dans la réduction de l'impact environnemental de l'industrie informatique. En travaillant ensemble, nous pouvons contribuer à un avenir plus durable et plus respectueux de l'environnement.

7.7 Implications économiques, sociales et environnementales

Sur le plan économique, la mise en œuvre de pratiques d'électronique verte peut entraîner des économies significatives pour les entreprises. La réduction de la consommation de matériel informatique réduit les coûts liés à l'achat et à la maintenance d'équipements, tandis que la réutilisation et le recyclage responsables permettent de récupérer des matériaux précieux, créant ainsi de nouvelles opportunités économiques.

Du point de vue social, la réutilisation et le recyclage du matériel informatique offrent l'opportunité d'accéder à la technologie pour les personnes à faible revenu et les communautés défavorisées. Cela favorise l'inclusion numérique et réduit la fracture numérique en offrant des équipements abordables et fonctionnels.

Sur le plan environnemental, la réduction, la réutilisation et le recyclage du matériel informatique contribuent à la réduction des déchets électroniques, à la préservation des ressources naturelles et à la réduction des émissions de gaz à effet de serre associées à la production de nouveaux équipements. Cela permet de préserver l'environnement, de minimiser l'empreinte écologique de l'industrie informatique et de lutter contre le changement climatique.

L'adoption de pratiques d'électronique verte peut également améliorer la réputation et l'image des entreprises, en démontrant leur engagement envers la durabilité et la responsabilité sociale.

En conclusion, la réduction, la réutilisation et le recyclage du matériel informatique présentent des avantages économiques, sociaux et environnementaux considérables. En mettant en œuvre ces pratiques, les entreprises peuvent réaliser des économies financières, favoriser l'inclusion sociale et contribuer à la protection de l'environnement. Les communautés bénéficient d'un meilleur accès à la technologie, tandis que la planète en tant que tout en profite d'une réduction des déchets électroniques et d'une utilisation plus responsable des ressources. L'électronique verte offre ainsi des avantages holistiques pour les entreprises, les communautés et la planète.

7.8   Conclusion

En conclusion de ce chapitre, nous avons mis en lumière l'importance fondamentale de l'électronique verte et, plus particulièrement, des stratégies de réduction, de réutilisation et de recyclage du matériel informatique. Chacune de ces stratégies présente des avantages considérables, non seulement pour l'environnement, mais aussi pour la société et l'économie.

La réduction de la consommation de matériel informatique a pour effet de minimiser l'empreinte écologique de l'industrie informatique. En prolongeant la durée de vie des équipements et en optimisant l'utilisation des ressources, nous pouvons limiter l'extraction de nouvelles matières premières et réduire la quantité de déchets électroniques générés. Cela a également un impact économique positif, en diminuant les coûts associés à l'achat de nouveaux équipements et à la gestion des déchets.

La réutilisation du matériel informatique présente également de multiples avantages. Elle permet non seulement de prolonger la durée de vie des équipements et de réduire les déchets, mais aussi de favoriser l'inclusion numérique. En redistribuant les équipements reconditionnés à des individus ou à des organisations qui n'ont pas accès à de nouveaux équipements, nous pouvons aider à combler la fracture numérique et à promouvoir l'équité sociale.

Enfin, le recyclage responsable du matériel informatique est une pratique essentielle pour gérer les déchets électroniques de manière durable. Cela permet de récupérer des matériaux précieux, de réduire l'impact environnemental de l'extraction de nouvelles matières premières et de prévenir la libération de substances toxiques dans l'environnement.

Ces pratiques ne sont pas seulement bénéfiques pour l'environnement. Elles ont également un impact positif sur l'économie, en créant des emplois dans le secteur du recyclage et en stimulant l'innovation dans le domaine de l'électronique verte.

Il est essentiel que les entreprises, les gouvernements et les consommateurs prennent conscience de l'importance de l'électronique verte et s'engagent activement à promouvoir ces pratiques. Dans le prochain chapitre, nous explorerons le rôle crucial des politiques gouvernementales et des réglementations pour encourager l'adoption de l'électronique verte et guider l'industrie informatique vers un avenir plus durable.

Chapitre 8.   Cloud computing et virtualisation : opportunités durables ?

8.1   Introduction au Cloud Computing et à la virtualisation

Le Cloud Computing fait référence à la fourniture de services informatiques tels que le stockage, les serveurs, les applications et les bases de données via Internet, permettant aux utilisateurs d'accéder à ces ressources à la demande.

La virtualisation, quant à elle, est une technique qui permet de créer des machines virtuelles, des environnements logiciels indépendants qui s'exécutent sur un seul serveur physique. Cela permet d'optimiser l'utilisation des ressources matérielles et de fournir une flexibilité accrue aux utilisateurs.

Les avantages du Cloud Computing et de la virtualisation sont multiples. Ils incluent une meilleure utilisation des ressources, une réduction des coûts liés à l'infrastructure matérielle, une évolutivité facilitée, une flexibilité accrue, une disponibilité élevée des services, une collaboration simplifiée et une facilité de gestion des applications.

Ces technologies offrent également une agilité et une rapidité accrues dans le déploiement de nouvelles applications et services, permettant aux entreprises de s'adapter rapidement aux besoins changeants du marché.

En résumé, le Cloud Computing et la virtualisation sont des technologies prometteuses dans le domaine de l'informatique. Ils offrent des avantages significatifs en termes d'efficacité, de flexibilité et de réduction des coûts. Dans les prochains points, nous explorerons plus en détail les aspects liés à l'efficacité énergétique, à la réduction des ressources matérielles et aux avantages environnementaux du Cloud Computing et de la virtualisation dans le contexte du développement durable.

Dans ce point, nous abordons l'importance de l'efficacité énergétique dans les centres de données cloud et présentons les techniques et les bonnes pratiques visant à optimiser la consommation énergétique de ces infrastructures.

Les centres de données cloud sont connus pour leur demande énergétique élevée. Cependant, des mesures peuvent être prises pour améliorer leur efficacité énergétique et réduire leur empreinte carbone.

Parmi les techniques clés, nous retrouvons la virtualisation qui permet la consolidation de plusieurs serveurs physiques sur un seul serveur, réduisant ainsi la consommation d'énergie associée à la climatisation, à l'éclairage et à la gestion des infrastructures.

L'utilisation de matériel informatique plus économe en énergie, tels que des serveurs à faible consommation, des dispositifs de refroidissement efficaces et des alimentations à rendement élevé, contribue également à réduire la consommation énergétique.

La mise en place de systèmes de refroidissement et de gestion thermique efficaces, tels que la gestion de la température, l'utilisation de refroidissement liquide ou de refroidissement adaptatif, permet de maintenir les centres de données à des températures optimales tout en réduisant la consommation d'énergie des systèmes de refroidissement.

Les bonnes pratiques comprennent également la surveillance et la gestion de la consommation énergétique en temps réel, l'optimisation des charges de travail pour une meilleure utilisation des ressources, la virtualisation du stockage et l'adoption de politiques d'économie d'énergie pour les périphériques inactifs.

En mettant en œuvre ces techniques et bonnes pratiques, les centres de données cloud peuvent améliorer leur efficacité énergétique, réduire leur empreinte carbone et réaliser des économies significatives en termes de coûts énergétiques.

Il est essentiel que les fournisseurs de services cloud et les entreprises adoptent des stratégies et des politiques axées sur l'efficacité énergétique, afin de promouvoir un Cloud Computing durable et de minimiser l'impact environnemental de ces infrastructures. En optimisant la consommation énergétique, nous pouvons créer un équilibre entre les exigences croissantes en matière de services informatiques et la préservation de l'environnement.

8.3   La réduction des ressources matérielles grâce à la virtualisation

Ce point se concentre sur le rôle de la virtualisation dans la réduction de la consommation de ressources matérielles et présente les avantages de la consolidation des serveurs et de la création de machines virtuelles.

La virtualisation permet de maximiser l'utilisation des ressources matérielles en créant des machines virtuelles (VM) qui s'exécutent sur un seul serveur physique. Cela permet de consolider plusieurs serveurs physiques en une seule machine physique, réduisant ainsi la consommation d'énergie, l'encombrement et les coûts liés à l'infrastructure matérielle.
La consolidation des serveurs permet également d'améliorer l'efficacité en éliminant les serveurs sous-utilisés et en regroupant les charges de travail sur un nombre réduit de machines physiques, optimisant ainsi l'utilisation des ressources et réduisant les coûts de maintenance.

En créant des machines virtuelles, les organisations peuvent également bénéficier d'une flexibilité accrue en adaptant les ressources allouées aux besoins spécifiques des charges de travail. Cela permet une allocation plus efficace des ressources, évitant les gaspillages et optimisant les performances.

La virtualisation facilite également la gestion des infrastructures, simplifiant les opérations de déploiement, de mise à l'échelle et de gestion des applications. Cela conduit à une réduction des temps d'arrêt, à une meilleure disponibilité des services et à une amélioration de l'agilité de l'entreprise.

En réduisant la consommation de ressources matérielles grâce à la virtualisation, les organisations contribuent à la préservation des ressources naturelles et à la réduction de la production de déchets électroniques. Cela favorise une utilisation plus durable des ressources et une approche plus responsable de l'informatique.

En conclusion, la virtualisation joue un rôle clé dans la réduction des ressources matérielles en permettant la consolidation des serveurs et la création de machines virtuelles. Cette approche offre des avantages significatifs en termes d'efficacité, de flexibilité et de réduction des coûts, tout en contribuant à la durabilité environnementale.

8.4 Les avantages environnementaux du Cloud Computing et de la virtualisation

L'adoption du Cloud Computing et de la virtualisation présente plusieurs avantages environnementaux significatifs. Tout d'abord, ces technologies permettent une meilleure utilisation des ressources matérielles en consolidant les serveurs et en optimisant l'allocation des ressources. Cela conduit à une réduction de la consommation énergétique et, par conséquent, à une diminution des émissions de gaz à effet de serre, contribuant ainsi à la lutte contre le changement climatique.

En outre, l'utilisation du Cloud Computing permet de réduire la production de déchets électroniques. Les utilisateurs n'ont plus besoin d'acquérir et de maintenir leur propre matériel informatique, ce qui réduit la quantité de déchets générés. De plus, la virtualisation permet de prolonger la durée de vie des serveurs en les utilisant plus efficacement, évitant ainsi leur remplacement fréquent et réduisant la quantité de déchets électroniques générés.

En préservant les ressources matérielles, le Cloud Computing et la virtualisation contribuent également à la préservation des ressources naturelles. Moins de nouveaux équipements sont nécessaires, ce qui réduit la demande de matériaux et d'énergie pour leur fabrication. Cela favorise une utilisation plus durable des ressources et contribue à la préservation de l'environnement.

En résumé, l'adoption du Cloud Computing et de la virtualisation offre des avantages environnementaux importants. Ces technologies permettent de réduire l'empreinte carbone, de diminuer les déchets électroniques et de préserver les ressources naturelles. Elles jouent un rôle crucial dans la transition vers une informatique plus durable et contribuent à la réalisation des objectifs de développement durable.

La gestion des données est un défi majeur dans le Cloud Computing. Les utilisateurs doivent être conscients de l'endroit où leurs données sont stockées et comment elles sont traitées. La localisation des centres de données peut avoir un impact sur l'empreinte carbone, en raison des différences dans les sources d'énergie utilisées par les fournisseurs de services cloud.

La sécurité des données est une autre préoccupation majeure. Les utilisateurs doivent s'assurer que leurs données sont protégées contre les cyberattaques, les violations de la confidentialité et les incidents de sécurité. Les fournisseurs de services cloud doivent mettre en place des mesures de sécurité robustes pour prévenir ces problèmes et garantir la confidentialité des données sensibles.

La dépendance énergétique est également un défi dans le Cloud Computing. Les centres de données nécessitent une alimentation électrique continue pour fonctionner, ce qui peut entraîner une dépendance accrue aux sources d'énergie conventionnelles. Les initiatives visant à promouvoir les énergies renouvelables dans les centres de données sont essentielles pour réduire l'empreinte carbone de cette technologie.

D'un point de vue environnemental, le Cloud Computing peut également avoir un impact sur la biodiversité et l'utilisation des terres. Les centres de données peuvent nécessiter des espaces importants, ce qui peut entraîner la conversion de terres agricoles ou de zones naturelles, affectant ainsi les écosystèmes locaux.

Sur le plan social, des préoccupations concernant la perte d'emplois dans le secteur informatique et l'accès inégal aux services cloud se posent également. Il est essentiel de garantir une transition équitable vers le Cloud Computing, en veillant à ce que tous les acteurs de la société puissent bénéficier des avantages de cette technologie.

En résumé, le Cloud Computing présente des défis liés à la gestion des données, à la sécurité et à la dépendance énergétique. Les préoccupations environnementales et sociales sont également présentes. Il est essentiel de trouver des solutions pour relever ces défis et aborder ces préoccupations afin de promouvoir un Cloud Computing durable et équitable.

Pour promouvoir un Cloud Computing durable, il est important de mettre en œuvre certaines meilleures pratiques. Parmi celles-ci, on retrouve :

Gestion efficace des ressources

Optimiser l'utilisation des ressources matérielles et énergétiques en adoptant des stratégies telles que la consolidation des serveurs, l'utilisation de technologies de refroidissement efficaces et la virtualisation du stockage.

Transparence et responsabilité

Les fournisseurs de services cloud doivent être transparents dans leurs pratiques environnementales et sociales, en fournissant des informations sur la localisation des centres de données, l'efficacité énergétique, la gestion des déchets électroniques et les initiatives de responsabilité sociale.

Utilisation d'énergies renouvelables

Encourager les fournisseurs de services cloud à adopter des sources d'énergie renouvelables pour alimenter leurs centres de données. Cela contribue à réduire l'empreinte carbone et à promouvoir la durabilité énergétique.

Certification et conformité

Les certifications, telles que le programme ENERGY STAR et les certifications LEED, peuvent servir de références pour les entreprises et les fournisseurs de services cloud qui s'engagent dans des pratiques durables.

Sensibilisation et formation

Sensibiliser les utilisateurs et les professionnels de l'informatique aux enjeux environnementaux liés au Cloud Computing et à l'importance de l'adoption de pratiques durables. Des programmes de formation peuvent être mis en place pour promouvoir une utilisation responsable et efficace des services cloud.

En plus de ces meilleures pratiques, il existe des initiatives et des certifications axées sur la durabilité dans le domaine du Cloud Computing. Par exemple, l'initiative Climate Neutral Cloud (CNC) vise à promouvoir des centres de données neutres en carbone. De plus, des certifications telles que ISO 14001 (gestion environnementale) et ISO 50001 (gestion de l'énergie) peuvent être utilisées pour évaluer et améliorer les pratiques durables des fournisseurs de services cloud.

En conclusion, en adoptant des meilleures pratiques et en se conformant aux normes et certifications pertinentes, le Cloud Computing peut devenir un outil puissant pour favoriser la durabilité environnementale et sociale. La transparence, la gestion efficace des ressources et l'utilisation d'énergies renouvelables sont des éléments clés pour un Cloud Computing durable.

8.7 Conclusion

En conclusion, ce chapitre a examiné le rôle du Cloud Computing et de la virtualisation en tant qu'opportunité pour le développement durable. Nous avons exploré plusieurs aspects clés, notamment l'introduction au Cloud Computing et à la virtualisation, leur efficacité énergétique, la réduction des ressources matérielles, les avantages environnementaux, les défis et préoccupations, ainsi que les meilleures pratiques pour un Cloud Computing durable.

Le Cloud Computing et la virtualisation offrent des avantages significatifs en termes d'efficacité énergétique, de réduction des ressources matérielles, de diminution de l'empreinte carbone et de préservation des ressources naturelles. Cependant, des défis persistent, tels que la gestion des données, la sécurité et la dépendance énergétique.

Chapitre 9.   L'empreinte carbone de la technologie mobile

9.1   Introduction

Les smartphones et la technologie mobile ont connu une importance croissante dans notre vie quotidienne, transformant la façon dont nous communiquons, travaillons, nous divertissons et interagissons avec le monde qui nous entoure. Ces appareils polyvalents offrent des fonctionnalités avancées, des applications variées et une connectivité permanente, ce qui en fait des outils indispensables pour de nombreux utilisateurs.

Cependant, il est essentiel de prendre conscience de l'empreinte carbone associée à ces dispositifs et de leurs impacts environnementaux. Alors que nous nous concentrons souvent sur les avantages et les commodités offerts par les smartphones, il est important de ne pas négliger les conséquences écologiques de leur fabrication, de leur utilisation et de leur élimination.

La fabrication des smartphones implique l'extraction de ressources naturelles, la consommation d'énergie et l'émission de gaz à effet de serre. Les matériaux nécessaires à leur production, tels que les métaux rares, l'aluminium et le plastique, sont extraits de manière intensive, entraînant une exploitation des ressources naturelles et des dommages environnementaux considérables. De plus, les processus de fabrication consomment une quantité importante d'énergie et contribuent aux émissions de gaz à effet de serre.

Le cycle de vie des smartphones comprend également des étapes critiques en termes d'empreinte carbone. De la production à l'utilisation et enfin à la fin de vie, chaque phase a un impact sur l'environnement. L'utilisation des smartphones, avec la charge de la batterie, l'utilisation des applications et les activités de communication, entraîne une consommation d'énergie croissante et des émissions de CO_2. Par ailleurs, la gestion inadéquate des smartphones en fin de vie peut entraîner des problèmes environnementaux tels que l'accumulation de déchets électroniques et la pollution des sols et des eaux.

De plus, les activités de communication des smartphones, telles que les appels, les messages et l'utilisation d'Internet, nécessitent une infrastructure de télécommunication qui consomme également de l'énergie et génère des émissions de CO2. L'essor des services en ligne, du streaming vidéo et des applications basées sur le cloud a également entraîné une augmentation de la demande en centres de données, qui consomment une quantité significative d'énergie.

Il est donc impératif de prendre en compte ces différents aspects pour comprendre l'empreinte carbone des smartphones et de la technologie mobile dans son ensemble. Une meilleure compréhension de ces impacts environnementaux nous permettra de développer des stratégies et des pratiques plus durables pour atténuer ces effets néfastes. En adoptant des approches telles que l'éco-conception, la réduction de la consommation d'énergie, la promotion du recyclage et la sensibilisation des utilisateurs, nous pouvons réduire l'empreinte carbone des smartphones et contribuer à la préservation de l'environnement pour les générations futures.

9.2 Les impacts environnementaux des smartphones

La fabrication et l'extraction des matériaux nécessaires à la production des smartphones ont un impact significatif sur l'environnement. La consommation d'énergie, les émissions de gaz à effet de serre et l'extraction de ressources naturelles sont des aspects clés à prendre en compte pour évaluer l'empreinte carbone de ces processus. Voici quelques éléments à considérer :

Consommation d'énergie

La fabrication des composants des smartphones, tels que les circuits intégrés, les écrans et les batteries, nécessite une quantité importante d'énergie. Les procédés de fabrication comprennent des étapes telles que la purification des matériaux, la gravure des circuits, le dépôt de couches minces et l'assemblage final. Ces processus sont souvent énergivores et dépendent généralement des sources d'énergie non renouvelables, telles que les combustibles fossiles. Réduire la consommation d'énergie dans la fabrication des smartphones est donc essentiel pour minimiser leur impact environnemental.

Émissions de gaz à effet de serre

Les émissions de gaz à effet de serre résultent principalement de la combustion de combustibles fossiles lors de la production d'énergie nécessaire à la fabrication des smartphones. De plus, certaines étapes de fabrication, comme la production de matériaux tels que l'aluminium et le plastique, peuvent également générer des émissions de gaz à effet de serre. Il est donc crucial de mettre en œuvre des technologies et des pratiques visant à réduire ces émissions, telles que l'utilisation d'énergies renouvelables, l'optimisation des processus de production et la promotion de pratiques de fabrication plus durables.

Extraction de ressources naturelles

La fabrication des smartphones requiert l'utilisation de nombreux matériaux provenant de ressources naturelles, tels que les métaux, les minéraux et les combustibles fossiles. L'extraction de ces ressources peut entraîner des impacts environnementaux significatifs, tels que la déforestation, la perte de biodiversité et la pollution des sols et de l'eau. De plus, l'extraction de certains minéraux, tels que le coltan (colombite-tantalite) utilisé dans la fabrication des batteries, peut être associée à des problèmes sociaux tels que le travail des enfants et les conflits armés. Il est donc crucial de promouvoir des pratiques d'extraction responsables, telles que le recours à des sources de matériaux recyclés et l'adoption de chaînes d'approvisionnement durables.

Pour réduire l'empreinte carbone de la fabrication et de l'extraction des matériaux nécessaires à la production des smartphones, il est essentiel de promouvoir l'éco-conception et l'utilisation de matériaux durables. Cela peut inclure l'utilisation de matériaux recyclés, la réduction de la quantité de matériaux nécessaires, la recherche de sources d'énergie renouvelables pour alimenter les usines, et la mise en place de pratiques de fabrication plus efficientes et respectueuses de l'environnement. De plus, la sensibilisation des consommateurs à l'impact environnemental de ces processus peut également encourager la demande de smartphones plus durables et inciter les fabricants à adopter des pratiques plus responsables.

Cycle de vie des smartphones

Le cycle de vie des smartphones comprend plusieurs phases, de la production à la fin de vie de l'appareil. Chacune de ces phases contribue aux émissions de dioxyde de carbone (CO2) et à l'empreinte carbone globale des smartphones. Voici un aperçu détaillé de ces différentes phases :

Production

La phase de production des smartphones englobe l'extraction des matières premières, la fabrication des composants, l'assemblage final et l'emballage. Tout au long de ces processus, des quantités importantes d'énergie sont consommées, ce qui entraîne des émissions de CO2. De plus, la fabrication des composants électroniques nécessite des matériaux tels que les métaux précieux, les terres rares et les plastiques, dont l'extraction et le traitement peuvent également générer des émissions de CO2. Pour réduire l'empreinte carbone de cette phase, il est crucial de promouvoir des pratiques de production plus durables, comme l'utilisation de matériaux recyclés, l'optimisation des processus de fabrication et la mise en place de sources d'énergie renouvelables.

Utilisation

Pendant la phase d'utilisation, les smartphones consomment de l'énergie pour alimenter leurs fonctionnalités et permettre les activités de communication. Les émissions de CO2 sont principalement liées à la consommation d'électricité nécessaire à la recharge de la batterie et à l'utilisation du réseau de télécommunications pour les appels, les messages et l'accès à Internet. Pour réduire ces émissions, il est recommandé d'optimiser l'efficacité énergétique des smartphones en limitant les tâches en arrière-plan, en utilisant des modes d'économie d'énergie et en favorisant l'utilisation de sources d'énergie renouvelables pour charger les appareils.

Fin de vie

Lorsque les smartphones atteignent la fin de leur cycle de vie, ils deviennent des déchets électroniques. La gestion de ces déchets est un défi majeur en raison de leur composition complexe et de la présence de substances potentiellement dangereuses. Si les smartphones ne sont pas correctement recyclés, ils peuvent contribuer à la pollution de l'environnement et à la perte de ressources précieuses. Le recyclage des smartphones permet de récupérer les matériaux et de réduire la nécessité d'extraire de nouvelles ressources. Cela contribue également à réduire les émissions de CO2 associées à l'extraction et à la production de matériaux neufs. Pour encourager un meilleur recyclage des smartphones, il est important de mettre en place des infrastructures de collecte et de recyclage appropriées, ainsi que de sensibiliser les utilisateurs à l'importance de la gestion responsable des déchets électroniques.

En résumé, le cycle de vie des smartphones engendre des émissions de CO2 tout au long de la production, de l'utilisation et de la fin de vie de ces appareils. Pour réduire l'empreinte carbone des smartphones, il est nécessaire d'adopter des pratiques de production plus durables, d'optimiser l'efficacité énergétique des appareils pendant leur utilisation et de promouvoir le recyclage responsable en fin de vie. Ces mesures contribuent à minimiser l'impact environnemental des smartphones et à favoriser une utilisation plus durable de cette technologie.

« Liam » et « Daisy » sont deux robots développés par Apple pour démonter les iPhones en fin de vie et récupérer les matériaux précieux qu'ils contiennent dans le cadre de leurs efforts pour rendre leurs opérations plus durables.

Liam : Introduit en 2016, Liam était un robot à 29 bras conçu pour démonter l'iPhone 6. Liam pouvait démonter un iPhone toutes les 11 secondes, jusqu'à 1,2 million d'unités par an. Il a séparé les composants et les a triés en fonction des matériaux pour faciliter le recyclage. Par exemple, Liam pourrait récupérer le tungstène du module de vibration, l'or et le cuivre du module de caméra, l'argent et le platine de la carte mère, et le cobalt et le lithium des batteries.

Daisy : En 2018, Apple a présenté Daisy, une version améliorée de Liam. Daisy peut démonter 15 modèles d'iPhone, de l'iPhone 5 à l'iPhone 11. Daisy peut démonter jusqu'à 200 iPhones par heure. Comme Liam, Daisy récupère des matériaux précieux sur les iPhones pour les réutiliser ultérieurement.

L'introduction de Liam et Daisy fait partie des efforts d'Apple pour réduire son impact environnemental. En récupérant des matériaux précieux à partir d'iPhones en fin de vie, ces robots aident à minimiser la quantité de déchets électroniques dans les décharges et à réduire le besoin d'extraire de nouveaux matériaux.

9.3 Les défis de la durabilité des smartphones

Obsolescence programmée et renouvellement fréquent des appareils
L'obsolescence programmée et le renouvellement fréquent des appareils sont des défis majeurs en matière de durabilité des smartphones. L'obsolescence programmée fait référence à la pratique consistant à concevoir intentionnellement des produits avec une durée de vie limitée, poussant ainsi les consommateurs à les remplacer plus fréquemment. Cela se traduit par un renouvellement constant des smartphones, même si les appareils précédents fonctionnent encore correctement.

Cette tendance a un impact significatif sur l'empreinte carbone des smartphones. En effet, la production d'un nouveau smartphone nécessite des ressources naturelles, de l'énergie et des processus de fabrication qui génèrent des émissions de gaz à effet de serre. De plus, l'obsolescence programmée génère une augmentation des déchets électroniques, car les anciens smartphones sont souvent jetés plutôt que d'être réparés ou recyclés.

Pour faire face à ces défis, il est essentiel de promouvoir des pratiques durables dans l'industrie des smartphones. Cela peut se faire de plusieurs manières :

Éco-conception

Les fabricants de smartphones peuvent adopter des approches d'éco-conception pour créer des appareils plus durables. Cela implique la conception de produits modulaires, permettant ainsi aux utilisateurs de remplacer facilement les composants défectueux ou obsolètes plutôt que de devoir changer tout l'appareil. De plus, une conception axée sur la durabilité favorise l'utilisation de matériaux recyclés et facilite le démontage et le recyclage en fin de vie.

Sensibilisation des consommateurs

Il est important d'informer les consommateurs sur l'impact de l'obsolescence programmée et du renouvellement fréquent des appareils sur l'environnement. Les campagnes de sensibilisation peuvent encourager les consommateurs à faire des choix plus durables, tels que la réparation plutôt que le remplacement, l'achat de smartphones reconditionnés ou le prolongement de la durée de vie de leurs appareils existants par le biais de mises à jour logicielles.

Réglementation

Les gouvernements peuvent jouer un rôle clé en introduisant des réglementations visant à limiter l'obsolescence programmée et à promouvoir une économie circulaire. Cela peut inclure des exigences de durabilité des produits, des incitations fiscales pour la réparation et le recyclage, ainsi que des mesures visant à accroître la transparence de l'industrie sur la durée de vie et la réparabilité des smartphones.

En adoptant ces mesures, il est possible de réduire l'impact de l'obsolescence programmée et du renouvellement fréquent des smartphones sur l'empreinte carbone. Une approche plus durable favorise une utilisation plus longue des appareils, réduit la demande de nouveaux smartphones et encourage le recyclage approprié des anciens appareils. Cela contribue à la préservation des ressources naturelles, à la réduction des émissions de gaz à effet de serre et à une utilisation plus responsable des smartphones.

Gestion des déchets électroniques et recyclage des smartphones

La gestion des déchets électroniques et le recyclage des smartphones sont des aspects essentiels de la durabilité des appareils mobiles. Les smartphones contiennent de nombreux composants, y compris des métaux précieux et des matériaux potentiellement dangereux, qui nécessitent une gestion appropriée en fin de vie afin de réduire leur impact sur l'environnement.

La gestion des déchets électroniques implique la collecte, le traitement et l'élimination sécurisée des smartphones en fin de vie. Malheureusement, de nombreux smartphones sont encore jetés dans les décharges ordinaires, ce qui entraîne une perte de ressources précieuses et une pollution environnementale due aux substances toxiques qu'ils contiennent.

Le recyclage des smartphones permet de récupérer les matériaux et les composants réutilisables, réduisant ainsi la nécessité d'extraire de nouvelles ressources. Les smartphones recyclés peuvent être démontés, triés et traités dans des installations spécialisées. Les métaux précieux tels que l'or, l'argent et le cuivre peuvent être récupérés, tout comme d'autres matériaux tels que le plastique et le verre. Ces matériaux peuvent ensuite être réutilisés dans la fabrication de nouveaux produits, réduisant ainsi la demande de ressources vierges et les émissions de gaz à effet de serre associées.

Pour faciliter la gestion des déchets électroniques et le recyclage des smartphones, plusieurs mesures peuvent être prises :

Mise en place de systèmes de collecte
Il est important d'établir des systèmes de collecte efficaces pour les smartphones en fin de vie. Cela peut inclure des points de collecte dédiés dans les magasins, les centres de recyclage ou les lieux publics, ainsi que des programmes de reprise ou de retour des anciens appareils par les fabricants.

Sensibilisation et éducation
Informer les consommateurs sur l'importance du recyclage des smartphones et les inciter à participer aux programmes de recyclage est essentiel. Des campagnes de sensibilisation peuvent être menées pour informer les utilisateurs sur les options de recyclage disponibles, les avantages environnementaux et les conséquences néfastes de l'élimination incorrecte des smartphones.

Collaboration avec les fabricants
Les fabricants de smartphones peuvent jouer un rôle clé en facilitant le recyclage de leurs produits. Ils peuvent concevoir des appareils plus faciles à démonter et à

recycler, fournir des informations sur les matériaux utilisés dans leurs smartphones pour faciliter le tri et le traitement appropriés, et établir des partenariats avec des entreprises de recyclage certifiées.

Législation et réglementation

Les gouvernements peuvent mettre en place des réglementations sur la gestion des déchets électroniques, notamment des lois sur le recyclage obligatoire des smartphones, des normes environnementales pour les entreprises de recyclage et des incitations financières pour promouvoir le recyclage et la réutilisation.

En encourageant une gestion adéquate des déchets électroniques et en favorisant le recyclage des smartphones, nous pouvons réduire l'impact environnemental de ces appareils et préserver les ressources naturelles. Il est essentiel que les consommateurs, les fabricants et les gouvernements collaborent pour mettre en place des systèmes efficaces de gestion des déchets électroniques et promouvoir le recyclage comme une pratique courante pour les smartphones en fin de vie.

Utilisation de composants non durables et toxiques

L'utilisation de composants non durables et toxiques dans la fabrication des smartphones est un sujet préoccupant en matière de durabilité. Les smartphones sont composés de divers matériaux et substances, certains pouvant être nocifs pour l'environnement et la santé humaine.

L'un des problèmes majeurs est l'utilisation de métaux rares dans la fabrication des smartphones, tels que le tungstène, le tantale, l'étain et l'or. L'extraction de ces métaux peut entraîner des problèmes environnementaux, tels que la déforestation, la pollution de l'eau et la destruction des habitats naturels. De plus, leur extraction est souvent associée à des conflits armés dans certaines régions du monde, ce qui soulève des préoccupations éthiques.

Par ailleurs, certains composants électroniques des smartphones peuvent contenir des substances toxiques telles que le plomb, le mercure, le cadmium et le brome. Ces substances peuvent être dangereuses pour l'environnement lorsqu'elles sont mal gérées en fin de vie des appareils, entraînant une pollution des sols et des eaux.

Pour faire face à ces défis, il est essentiel de promouvoir l'utilisation de composants durables et écologiquement responsables dans la fabrication des smartphones. Cela peut inclure l'utilisation de matériaux recyclés ou renouvelables, ainsi que la réduction de la quantité de substances toxiques utilisées.

Les fabricants de smartphones ont un rôle clé à jouer en adoptant des pratiques de conception respectueuses de l'environnement. Ils peuvent travailler à la conception de smartphones modulaires, permettant aux utilisateurs de remplacer facilement les composants défectueux ou obsolètes plutôt que de devoir acheter un nouvel appareil complet. De plus, l'éco-conception peut inclure la réduction de la consommation d'énergie, l'utilisation de matériaux recyclables et la facilité de démontage pour le recyclage en fin de vie.

La réglementation et les normes environnementales peuvent également jouer un rôle important dans la promotion de l'utilisation de composants durables et non toxiques. Les gouvernements peuvent imposer des exigences strictes en matière de gestion des substances dangereuses, de recyclage et de conformité environnementale pour les fabricants de smartphones.

Enfin, les consommateurs peuvent également jouer un rôle en faisant des choix éclairés lors de l'achat de smartphones. Ils peuvent opter pour des marques qui ont adopté des pratiques de durabilité et de responsabilité environnementale, et privilégier les appareils certifiés comme étant respectueux de l'environnement.

En résumé, la réduction de l'utilisation de composants non durables et toxiques dans les smartphones est essentielle pour améliorer leur durabilité et réduire leur impact sur l'environnement. Cela nécessite une collaboration entre les fabricants, les gouvernements et les consommateurs pour promouvoir l'utilisation de matériaux durables, le recyclage adéquat et la conformité aux normes environnementales.

9.4 Les initiatives pour réduire l'empreinte carbone des smartphones

L'éco-conception des smartphones

L'éco-conception des smartphones joue un rôle crucial dans la réduction de leur empreinte carbone. En repensant le processus de conception, les fabricants peuvent créer des smartphones plus durables, réparables et modulaires, ce qui contribue à prolonger leur durée de vie et à réduire la quantité de déchets électroniques générés.

Voici quelques aspects clés de l'éco-conception des smartphones :

Durabilité

Les smartphones conçus pour être durables sont fabriqués avec des matériaux de haute qualité et résistants, ce qui les rend plus robustes et moins susceptibles de se détériorer rapidement. Cela inclut l'utilisation de matériaux tels que l'aluminium, le verre renforcé et les plastiques durables. En optant pour des matériaux durables, les fabricants peuvent réduire la fréquence de remplacement des smartphones, ce qui a un impact positif sur l'environnement.

Réparabilité

Les smartphones éco-conçus sont conçus de manière à faciliter leur réparation. Cela comprend l'utilisation de vis standardisées, l'accessibilité des composants internes et la fourniture de manuels de réparation ou de tutoriels en ligne. En rendant les smartphones plus réparables, les utilisateurs ont la possibilité de remplacer facilement les pièces défectueuses plutôt que de jeter tout l'appareil. Cela permet de prolonger la durée de vie du smartphone et de réduire la quantité de déchets électroniques.

Modularité

Les smartphones modulaires sont conçus de manière à ce que les différents composants puissent être facilement interchangeables. Par exemple, la batterie, l'appareil photo, l'écran ou d'autres modules peuvent être détachés et remplacés indépendamment les uns des autres. Cela permet aux utilisateurs de mettre à niveau ou de remplacer uniquement les composants nécessaires, plutôt que de devoir acheter un tout nouvel appareil. La modularité favorise la réutilisation des composants et réduit ainsi l'empreinte carbone associée à la production de nouveaux smartphones.

Certification environnementale

Les certifications environnementales, telles que l'écolabel ou la certification de conformité à des normes spécifiques, peuvent aider à identifier les smartphones éco-conçus. Ces certifications garantissent que les fabricants respectent des critères environnementaux stricts tout au long du cycle de vie du produit, de la conception à la fabrication, en passant par l'utilisation et la fin de vie.

L'éco-conception des smartphones contribue à une utilisation plus responsable de ces appareils en réduisant leur impact sur l'environnement. En optant pour des smartphones durables, réparables et modulaires, les consommateurs peuvent prolonger la durée de vie de leurs appareils, réduire la quantité de déchets électroniques et contribuer à la préservation des ressources naturelles. Les fabricants ont un rôle essentiel à jouer en intégrant ces principes d'éco-conception dans leurs stratégies de développement de produits, ce qui permettra de créer une industrie des smartphones plus durable à l'avenir.

Utilisation d'énergies renouvelables dans la fabrication et la charge des smartphones

L'utilisation d'énergies renouvelables dans la fabrication et la charge des smartphones est une pratique essentielle pour réduire leur empreinte carbone. Les smartphones sont des appareils qui nécessitent une quantité considérable d'énergie tout au long de leur cycle de vie, de la production des composants à leur utilisation quotidienne.

Voici comment l'utilisation d'énergies renouvelables peut contribuer à atténuer leur impact environnemental :

Fabrication
La fabrication des smartphones implique l'utilisation de nombreuses ressources et d'équipements énergivores. En intégrant des sources d'énergies renouvelables, telles que l'énergie solaire ou éolienne, dans les processus de production, les fabricants peuvent réduire l'empreinte carbone liée à cette étape. L'installation de panneaux solaires sur les toits des usines, par exemple, permet de générer de l'électricité propre pour alimenter les lignes de production. De plus, l'utilisation d'équipements de fabrication écoénergétiques contribue également à réduire la consommation d'énergie.

Charge des smartphones
La charge des smartphones représente une part importante de leur consommation énergétique. En utilisant des sources d'énergie renouvelable pour alimenter les chargeurs, tels que des prises électriques alimentées par des énergies solaires ou éoliennes, on peut réduire l'impact environnemental de la recharge des smartphones. De plus, l'utilisation de batteries externes solaires permet de recharger les smartphones en utilisant l'énergie solaire, ce qui est particulièrement utile lorsqu'on se trouve à l'extérieur ou dans des régions où l'accès à l'électricité est limité.

Sensibilisation des consommateurs
Outre l'utilisation d'énergies renouvelables dans la fabrication et la charge des smartphones, il est également important de sensibiliser les consommateurs à l'impact environnemental de leurs habitudes de charge. Encourager l'utilisation de chargeurs à haut rendement énergétique et l'adoption de pratiques de charge intelligentes, telles que l'utilisation de charge rapide uniquement lorsque nécessaire, permet de réduire la consommation d'électricité et d'optimiser l'efficacité énergétique des smartphones.

L'utilisation d'énergies renouvelables dans la fabrication et la charge des smartphones contribue à réduire les émissions de gaz à effet de serre et à diminuer la dépendance aux sources d'énergie fossiles. Les fabricants de smartphones ont un rôle clé à jouer en investissant dans des installations de production alimentées par des énergies renouvelables et en offrant des options de charge respectueuses de l'environnement. De plus, les consommateurs peuvent également faire des choix responsables en optant pour des chargeurs solaires ou en utilisant des sources d'énergie renouvelable pour alimenter leurs smartphones. Ensemble, ces efforts permettront de favoriser une utilisation plus durable et respectueuse de l'environnement des smartphones.

9.5 Les bonnes pratiques pour une utilisation responsable des smartphones

Pour une utilisation responsable des smartphones, il est important de mettre en pratique certaines bonnes pratiques qui contribuent à réduire leur impact environnemental. Voici quelques exemples de bonnes pratiques pour une utilisation responsable des smartphones :

Optimisation de l'efficacité énergétique

L'optimisation de l'efficacité énergétique des smartphones est un aspect crucial pour réduire leur empreinte carbone.

Voici quelques mesures pour optimiser l'efficacité énergétique :

Gestion des applications
Les smartphones sont souvent dotés de nombreuses applications qui s'exécutent en arrière-plan, consommant ainsi de l'énergie même lorsque vous ne les utilisez pas activement. Il est essentiel de fermer les applications inutilisées et de limiter le nombre d'applications actives en même temps. Cela peut être réalisé en accédant au gestionnaire des tâches ou en utilisant des applications de gestion des applications. En fermant les applications en arrière-plan, vous économiserez de l'énergie et prolongerez la durée de vie de la batterie.

Désactivation des notifications inutiles
Les notifications constantes provenant de diverses applications peuvent être distrayantes et consommer de l'énergie. Il est recommandé de désactiver les notifications pour les applications non essentielles ou de les limiter uniquement aux applications importantes. Cela permettra de réduire les interruptions et de préserver la batterie.

Ajustement de la luminosité de l'écran

L'écran est l'un des principaux consommateurs d'énergie sur un smartphone. Réduire la luminosité de l'écran à un niveau confortable mais inférieur peut considérablement réduire la consommation d'énergie. Il est également conseillé d'activer la fonction de luminosité automatique, qui ajuste automatiquement la luminosité en fonction des conditions d'éclairage ambiant.

Activation des modes d'économie d'énergie

La plupart des smartphones offrent des modes d'économie d'énergie qui limitent certaines fonctionnalités pour réduire la consommation d'énergie. Ces modes désactivent généralement les connexions sans fil, réduisent la vitesse du processeur et ajustent d'autres paramètres pour économiser la batterie. Il est recommandé d'activer ces modes lorsque vous n'avez pas besoin de toutes les fonctionnalités avancées de votre téléphone.

Utilisation de fonds d'écran sombres

Les smartphones dotés d'écrans OLED ou AMOLED peuvent économiser de l'énergie en utilisant des fonds d'écran sombres. Ces types d'écrans n'allument que les pixels nécessaires pour afficher le contenu, ce qui signifie que les zones noires ou sombres consomment moins d'énergie que les zones lumineuses. En optant pour des fonds d'écran sombres, vous pouvez réduire la consommation d'énergie de votre écran.

En adoptant ces pratiques d'optimisation de l'efficacité énergétique, les utilisateurs de smartphones peuvent prolonger la durée de vie de la batterie, réduire la consommation d'énergie et contribuer à une utilisation plus durable des appareils mobiles. Cela permet de minimiser l'impact environnemental associé à la production et à l'utilisation des smartphones tout en offrant une expérience utilisateur efficace et pratique.

Réduction de la consommation de données

La réduction de la consommation de données est une pratique essentielle pour réduire l'empreinte carbone des smartphones. La transmission et le traitement des données nécessitent une quantité considérable d'énergie, ce qui a un impact sur l'environnement.

Voici quelques stratégies pour réduire la consommation de données :

Utilisation du Wi-Fi

Lorsque vous êtes à la maison, au bureau ou dans des lieux publics équipés d'un réseau Wi-Fi, il est préférable d'utiliser cette connexion plutôt que les données mobiles. Le Wi-Fi est généralement plus rapide et plus stable, ce qui permet de réduire la quantité de données utilisées.

Compression des données

De nombreuses applications et services proposent des options de compression des données. En activant cette fonction, les données transférées sont compressées, ce qui réduit leur taille et, par conséquent, la quantité de données consommées. Cela est particulièrement utile pour les applications de messagerie, les réseaux sociaux et la navigation web.

Limitation du streaming vidéo

Le streaming vidéo est l'une des activités qui consomment le plus de données. Pour réduire la consommation de données liée au visionnage de vidéos, il est recommandé de limiter la qualité de la vidéo en ajustant les paramètres de streaming. Opter pour une qualité inférieure ou utiliser des fonctionnalités telles que la mise en mémoire tampon préalable peuvent contribuer à réduire la quantité de données nécessaires pour regarder des vidéos.

Gestion des applications

Certaines applications peuvent consommer de grandes quantités de données en arrière-plan, même lorsque vous ne les utilisez pas activement. Il est important de vérifier régulièrement les paramètres des applications et de désactiver les autorisations d'accès aux données lorsque cela n'est pas nécessaire. De plus, fermer les applications en arrière-plan lorsque vous ne les utilisez pas permet d'économiser de la batterie et de réduire la consommation de données.

Limitation des téléchargements automatiques

Les smartphones sont souvent configurés pour télécharger automatiquement les mises à jour des applications, les fichiers multimédias et d'autres contenus. Cela peut entraîner une consommation importante de données sans que l'utilisateur en soit conscient. Il est préférable de désactiver les téléchargements automatiques et de choisir de télécharger uniquement lorsque vous êtes connecté à un réseau Wi-Fi.

En mettant en pratique ces stratégies, les utilisateurs de smartphones peuvent réduire leur consommation de données, ce qui contribue à la réduction de l'empreinte carbone des appareils mobiles. Ces actions simples permettent de préserver les ressources énergétiques et de minimiser l'impact environnemental associé à la transmission et au traitement des données.

Durée de vie prolongée des smartphones

Pour prolonger la durée de vie des smartphones et réduire leur empreinte carbone, voici quelques pratiques recommandées :

Prendre soin de l'appareil
Une manipulation appropriée et une protection adéquate de votre smartphone peuvent prévenir les dommages physiques et prolonger sa durée de vie. Utilisez des étuis de protection pour éviter les chutes et les rayures, et manipulez l'appareil avec précaution.

Mises à jour logicielles régulières
Les fabricants de smartphones publient régulièrement des mises à jour logicielles qui apportent des améliorations de performances, des correctifs de sécurité et de nouvelles fonctionnalités. Il est important de maintenir votre smartphone à jour en installant ces mises à jour. Cela garantit non seulement une expérience utilisateur optimale, mais permet également de résoudre les vulnérabilités de sécurité et d'optimiser l'efficacité énergétique de l'appareil.

Réparation au lieu de remplacement
Lorsque des problèmes surviennent, il est préférable de privilégier la réparation plutôt que l'achat d'un nouvel appareil. De nombreux problèmes courants tels que les écrans fissurés, les batteries défectueuses ou les boutons défectueux peuvent être réparés à moindre coût par des professionnels du secteur. La réparation permet de prolonger la durée de vie de l'appareil, d'économiser des ressources et de réduire les déchets électroniques.

Donner, revendre ou recycler
Si vous décidez de vous séparer de votre smartphone, envisagez de le donner à quelqu'un qui en a besoin, de le revendre sur le marché de l'occasion ou de le recycler de manière responsable. Les smartphones en bon état peuvent être utiles à d'autres personnes, réduisant ainsi la demande de nouveaux appareils. Si votre smartphone est en fin de vie, assurez-vous de le recycler dans des points de collecte appropriés pour récupérer les matériaux et minimiser l'impact environnemental.

En adoptant ces bonnes pratiques, vous pouvez prolonger la durée de vie de votre smartphone, réduire la demande de nouveaux appareils et contribuer à la durabilité de la technologie mobile. Une utilisation responsable et une gestion efficace des smartphones sont essentielles pour réduire leur impact environnemental et favoriser un avenir plus durable.

Intégration de technologies plus durables dans la fabrication de smartphones

La recherche et le développement de technologies plus durables sont au cœur des perspectives d'avenir pour réduire l'empreinte carbone des smartphones. Les fabricants de smartphones travaillent activement à l'intégration de matériaux et de procédés de fabrication plus respectueux de l'environnement.

L'une des avancées majeures est l'utilisation de matériaux recyclés dans la fabrication des smartphones. Des efforts sont déployés pour recycler les anciens smartphones et récupérer les matériaux précieux, tels que les métaux rares, pour les réutiliser dans la production de nouveaux appareils. Cela permet de réduire la dépendance aux ressources naturelles vierges et de limiter l'extraction de nouvelles matières premières.

De plus, la recherche se concentre sur le développement de matériaux plus durables et respectueux de l'environnement pour les composants des smartphones. Par exemple, des efforts sont faits pour remplacer les plastiques traditionnels par des matériaux biodégradables ou recyclables. De nouvelles technologies d'impression 3D sont également explorées pour fabriquer des composants sur mesure, réduisant ainsi les déchets et les besoins en énergie.

L'essor des smartphones reconditionnés et de l'économie circulaire

Une autre perspective d'avenir prometteuse est l'essor des smartphones reconditionnés et l'économie circulaire. Les smartphones reconditionnés sont des appareils d'occasion qui ont été remis à neuf et vérifiés pour assurer leur bon fonctionnement. Ils offrent une alternative plus durable à l'achat de nouveaux smartphones.

L'économie circulaire vise à prolonger la durée de vie des produits en favorisant leur réutilisation et leur réparation. Dans le cas des smartphones, cela implique la mise en place de programmes de reprise et de recyclage des appareils en fin de vie. Les fabricants et les opérateurs de téléphonie mobile peuvent proposer des programmes de rachat où les utilisateurs peuvent échanger leurs anciens smartphones contre des réductions sur l'achat de nouveaux appareils ou recevoir des incitations pour les recycler correctement.

Cette approche permet de réduire la demande de nouveaux smartphones, d'économiser des ressources et d'éviter l'accumulation de déchets électroniques.

De plus, l'essor des smartphones reconditionnés favorise l'accès à la technologie pour un plus grand nombre de personnes, notamment dans les régions où l'achat de nouveaux appareils peut être coûteux.

En conclusion, les perspectives d'avenir pour réduire l'empreinte carbone des smartphones sont encouragées par l'intégration de technologies plus durables dans leur fabrication et par l'essor des smartphones reconditionnés et de l'économie circulaire. Ces développements promettent une utilisation plus responsable des smartphones, une réduction des déchets électroniques et une préservation des ressources naturelles. Il est essentiel que les fabricants, les consommateurs et les gouvernements continuent à travailler ensemble pour promouvoir ces perspectives d'avenir et atteindre des objectifs de durabilité dans le secteur des smartphones.

Développement de modèles économiques circulaires pour les smartphones

Dans le contexte de la durabilité et de la réduction de l'empreinte carbone des smartphones, le développement de modèles économiques circulaires joue un rôle essentiel. Ces modèles remettent en question le schéma traditionnel de production, d'utilisation et d'élimination des smartphones, et encouragent une approche plus circulaire basée sur la réutilisation, la réparation et le recyclage des appareils.

La location et le leasing de smartphones

Une approche innovante dans le développement de modèles économiques circulaires est la location ou le leasing de smartphones. Au lieu d'acheter un nouvel appareil, les consommateurs peuvent louer un smartphone pendant une période déterminée, puis le restituer à la fin du contrat. Cela permet de prolonger la durée de vie des appareils, car ils peuvent être réutilisés par d'autres utilisateurs. De plus, les fabricants ont un intérêt financier à produire des smartphones durables et réparables, car ils restent en circulation plus longtemps.

La vente de smartphones reconditionnés

Une autre approche circulaire consiste à encourager la vente de smartphones reconditionnés. Les smartphones reconditionnés sont des appareils d'occasion qui ont été réparés, remis à neuf et testés pour assurer leur bon fonctionnement. En promouvant la vente de smartphones reconditionnés, les fabricants et les distributeurs contribuent à prolonger la durée de vie des appareils et à réduire la demande de nouveaux produits. Cela permet également aux consommateurs d'accéder à des smartphones de qualité à un prix plus abordable.

Les programmes de reprise et de recyclage
Les programmes de reprise et de recyclage des smartphones sont une composante clé des modèles économiques circulaires. Ces programmes permettent aux consommateurs de retourner leurs anciens smartphones en fin de vie, en échange de réductions sur l'achat de nouveaux appareils ou d'autres incitations. Les smartphones retournés sont ensuite reconditionnés, réparés ou recyclés pour récupérer les matériaux précieux. Cela permet de réduire les déchets électroniques et de maximiser la valeur des smartphones tout au long de leur cycle de vie.

La sensibilisation et l'éducation des consommateurs
Pour soutenir le développement de modèles économiques circulaires, il est essentiel de sensibiliser et d'éduquer les consommateurs sur les avantages de l'économie circulaire et de l'utilisation responsable des smartphones. Les consommateurs doivent être informés sur les alternatives disponibles, telles que la location, l'achat de smartphones reconditionnés et la participation aux programmes de reprise et de recyclage. En comprenant les impacts environnementaux de leurs choix, les consommateurs peuvent prendre des décisions éclairées et contribuer à la transition vers une économie plus circulaire.

En conclusion, le développement de modèles économiques circulaires pour les smartphones offre des opportunités significatives pour réduire l'empreinte carbone de cette industrie. La location et le leasing de smartphones, la vente de smartphones reconditionnés, les programmes de reprise et de recyclage, ainsi que la sensibilisation des consommateurs, sont autant d'initiatives qui favorisent une utilisation plus responsable des smartphones et contribuent à la préservation des ressources naturelles. Il est essentiel que les fabricants, les distributeurs, les consommateurs et les gouvernements collaborent pour promouvoir ces modèles économiques circulaires et créer un avenir durable pour l'industrie des smartphones.

9.7 Conclusions

Les smartphones et la technologie mobile ont un impact significatif sur l'empreinte carbone. Tout au long de ce chapitre, nous avons exploré les différentes dimensions de cet impact environnemental et les défis associés. La fabrication et l'extraction des matériaux nécessaires à la production de smartphones entraînent une consommation d'énergie élevée, des émissions de gaz à effet de serre et l'extraction de ressources naturelles. Le cycle de vie des smartphones, de la production à l'utilisation et à la fin de vie, génère également des émissions de CO2 dues à la consommation d'énergie et aux activités de communication.

Nous avons également examiné les défis auxquels sont confrontés les smartphones en termes de durabilité. L'obsolescence programmée et le renouvellement fréquent des appareils contribuent à une surconsommation et à une augmentation des déchets électroniques. De plus, l'utilisation de composants non durables et toxiques soulève des préoccupations en matière de santé et d'environnement.

Cependant, il est important de souligner qu'il existe des initiatives et des bonnes pratiques pour réduire l'empreinte carbone des smartphones. L'éco-conception favorise la conception de smartphones plus durables, réparables et modulaires. L'utilisation d'énergies renouvelables dans la fabrication et la charge des smartphones contribue à réduire les émissions de gaz à effet de serre. Le recyclage et la revalorisation des smartphones en fin de vie permettent de récupérer les matériaux précieux et de réduire les déchets électroniques. De plus, la sensibilisation des consommateurs à l'impact environnemental des smartphones et l'adoption de pratiques durables sont essentielles pour promouvoir une utilisation responsable de cette technologie.

En conclusion, pour réduire l'empreinte carbone des smartphones, il est nécessaire de mettre en place des mesures à différents niveaux. Les fabricants doivent continuer à innover dans le domaine de l'éco-conception et de l'utilisation de matériaux durables. Les consommateurs doivent être conscients de l'impact environnemental de leurs choix et adopter des pratiques telles que la réduction de la consommation de données, l'optimisation de l'efficacité énergétique et la prolongation de la durée de vie des smartphones. Les gouvernements et les organismes de réglementation ont un rôle important à jouer en encourageant les initiatives de durabilité, en promouvant le recyclage et en soutenant le développement de modèles économiques circulaires.

Des initiatives et des bonnes pratiques émergent pour réduire cet impact environnemental des smartphones et de la technologie mobile. Les fabricants de smartphones sont de plus en plus conscients de la nécessité de concevoir des produits durables et écoresponsables. Ils intègrent des critères de durabilité dans leurs processus de conception, en utilisant des matériaux recyclés, en favorisant la réparabilité et en réduisant l'utilisation de composants toxiques.

De plus, des programmes de recyclage des smartphones se développent, permettant aux consommateurs de rapporter leurs anciens appareils pour qu'ils soient correctement recyclés. Certains fabricants proposent même des programmes de reprise, où les utilisateurs peuvent échanger leur ancien smartphone contre un nouveau, favorisant ainsi la réutilisation et la réduction des déchets électroniques.

Les organismes de réglementation jouent également un rôle crucial dans la promotion de pratiques durables. Ils mettent en place des normes environnementales plus strictes, incitent à la réduction de la consommation d'énergie et encouragent les fabricants à adopter des pratiques plus respectueuses de l'environnement.

Parallèlement, les consommateurs prennent de plus en plus conscience de leur responsabilité dans la réduction de l'empreinte carbone des smartphones. Ils sont encouragés à adopter des pratiques d'utilisation plus responsables, telles que la gestion de l'énergie, la réduction de la consommation de données, l'utilisation d'applications économes en énergie et le choix de modes de communication moins gourmands en ressources.

Les initiatives se multiplient également pour sensibiliser les consommateurs à l'impact environnemental des smartphones. Des campagnes de communication et des programmes éducatifs mettent en avant les enjeux de durabilité et encouragent l'adoption de comportements responsables, tels que la réparation plutôt que le remplacement des appareils en panne.

En conclusion, il est encourageant de constater que des initiatives et des bonnes pratiques émergent pour réduire l'impact environnemental des smartphones. En intégrant la durabilité dans la conception, l'utilisation et la fin de vie des appareils, nous pouvons progressivement réduire l'empreinte carbone de cette technologie. Il est essentiel que les fabricants, les consommateurs et les organismes de réglementation collaborent pour promouvoir des solutions durables et contribuer à la préservation de l'environnement.

Chapitre 10. Intelligence artificielle et développement durable.

10.1 Introduction à l'intelligence artificielle et au développement durable

Dans ce chapitre, nous introduisons l'importance de l'intelligence artificielle (IA) dans le contexte du développement durable et nous explorons ses applications potentielles pour une informatique plus verte.

L'IA est une discipline qui permet aux machines de simuler certaines capacités intellectuelles humaines, telles que l'apprentissage, la résolution de problèmes et la prise de décision. Elle joue un rôle crucial dans la résolution des défis environnementaux et sociaux auxquels nous sommes confrontés.

Dans le domaine du développement durable, cette discipline offre des opportunités pour optimiser les ressources, améliorer l'efficacité énergétique, réduire les émissions de gaz à effet de serre, gérer les déchets de manière responsable, soutenir l'agriculture durable, surveiller l'environnement, entre autres.

Par exemple, elle peut être utilisée pour prédire et optimiser la consommation d'énergie, en ajustant dynamiquement les systèmes pour minimiser les pertes et maximiser l'efficacité. De même, elle peut être appliquée à la gestion des transports, en optimisant les itinéraires et en réduisant les émissions en temps réel.

Dans le domaine de la gestion des déchets, elle peut faciliter le tri et le recyclage en utilisant des algorithmes sophistiqués pour reconnaître et trier les matériaux de manière efficace. De plus, elle peut aider à surveiller l'environnement et à prévoir les changements, en utilisant des modèles prédictifs basés sur des données.

Il est essentiel de souligner que son utilisation dans le contexte du développement durable doit être guidée par des principes éthiques, tels que la transparence, la responsabilité et la prise en compte des considérations sociales. Cela permettra de maximiser les avantages tout en minimisant les risques potentiels.

En résumé, ce premier point introduit l'importance de l'intelligence artificielle dans le développement durable et met en évidence ses applications potentielles pour une informatique plus verte. Dans les points suivants, nous explorerons en détail les différentes utilisations dans des domaines spécifiques tels que la gestion de l'énergie, les transports durables, la gestion des déchets, l'agriculture durable, la surveillance de l'environnement, ainsi que les défis et les considérations éthiques associés à son utilisation dans le contexte du développement durable.

10.2 L'IA pour la gestion de l'énergie

Dans ce point, nous explorons l'utilisation de l'intelligence artificielle (IA) pour la gestion de l'énergie, en mettant l'accent sur son rôle dans l'optimisation de la consommation d'énergie, la prédiction des demandes énergétiques et la facilitation de la transition vers des sources d'énergie renouvelable.

L'IA peut être exploitée pour optimiser la consommation d'énergie en analysant les données sur la consommation passée et en identifiant les modèles et les facteurs qui influencent la demande énergétique. Les algorithmes d'apprentissage automatique peuvent aider à prédire les pics de demande et à ajuster de manière dynamique la production et la distribution de l'énergie en conséquence.

De plus, elle peut jouer un rôle clé dans la transition vers des sources d'énergie renouvelable. En analysant les données météorologiques, les modèles de production d'énergie et les facteurs environnementaux, cette technologie peut optimiser la gestion des réseaux d'énergie intelligents en intégrant de manière efficace les sources d'énergie renouvelable, telles que l'énergie solaire et éolienne.

Son utilisation dans la gestion de l'énergie permet également d'améliorer l'efficacité des bâtiments et des infrastructures. Des systèmes de contrôle intelligents basés sur cette technologie peuvent surveiller en temps réel la consommation d'énergie, ajuster les paramètres de manière automatique et fournir des recommandations pour réduire la consommation énergétique et les émissions.

En adoptant l'IA pour la gestion de l'énergie, nous pouvons obtenir une utilisation plus efficace des ressources, une meilleure planification énergétique, une réduction des coûts et une diminution de l'impact environnemental. Cependant, il est essentiel de garantir la fiabilité des données, la sécurité des systèmes et de prendre en compte les considérations éthiques lors de son utilisation dans ce contexte.

10.3 L'IA pour la gestion des transports durables

Dans ce point, nous discutons de l'application de l'intelligence artificielle (IA) dans la gestion des transports durables, en mettant l'accent sur la gestion du trafic, l'optimisation des itinéraires, la promotion des transports en commun et la réduction des émissions de gaz à effet de serre.

L'IA peut jouer un rôle essentiel dans la gestion du trafic en analysant en temps réel les données provenant de capteurs de circulation, de systèmes de navigation et d'autres sources d'information. En utilisant ces données, les algorithmes d'IA peuvent optimiser les feux de signalisation, proposer des itinéraires alternatifs et réduire les congestions routières, ce qui entraîne une diminution des émissions et une meilleure fluidité du trafic.

De plus, l'IA peut contribuer à l'optimisation des itinéraires en tenant compte de plusieurs facteurs tels que la distance, le trafic, les préférences des utilisateurs et les contraintes environnementales. Cela permet de proposer des trajets plus efficaces, réduisant ainsi la consommation de carburant et les émissions de gaz à effet de serre.

Dans le domaine des transports en commun, l'IA peut être utilisée pour améliorer la planification des horaires, optimiser les itinéraires des véhicules et fournir des informations en temps réel aux usagers. Cela facilite l'utilisation des transports en commun, encourageant ainsi une transition vers des modes de déplacement plus durables et réduisant la dépendance aux véhicules individuels.

En outre, l'IA peut être utilisée pour faciliter la gestion des flottes de véhicules électriques, en optimisant la répartition des ressources, la localisation des bornes de recharge et la prévision de la demande. Cela contribue à la promotion de véhicules plus propres et à une réduction des émissions de gaz à effet de serre. Cependant, il est important de prendre en compte les enjeux éthiques, tels que la protection des données personnelles et l'équité dans l'accès aux systèmes de transport basés sur l'IA. Il est également nécessaire de garantir la fiabilité et la sécurité des systèmes pour assurer une gestion des transports efficace et durable.

10.4 L'IA pour la gestion des déchets et le recyclage

L'IA peut être utilisée pour optimiser les processus de tri des déchets en analysant les images et en identifiant automatiquement les matériaux présents dans les déchets. Grâce à des algorithmes d'apprentissage automatique, l'IA peut reconnaître différents types de déchets, facilitant ainsi le tri précis et efficace.

De plus, l'IA peut être appliquée pour améliorer les systèmes de recyclage. En analysant les données sur les matériaux recyclables, les taux de recyclage, les conditions du marché et les infrastructures disponibles, l'IA peut aider à optimiser les processus de recyclage, en identifiant les meilleures stratégies pour réduire le gaspillage et maximiser le taux de recyclage.

L'IA peut également contribuer à la gestion intelligente des déchets, en optimisant les itinéraires de collecte des déchets, en planifiant les calendriers de ramassage et en ajustant les ressources en fonction des besoins réels. Cela permet de réduire les coûts de transport, d'optimiser l'utilisation des véhicules et de minimiser l'impact environnemental de la collecte des déchets.

En outre, l'IA peut aider à lutter contre les déchets électroniques en identifiant les appareils électroniques obsolètes ou endommagés qui nécessitent une gestion spécifique. Elle peut également proposer des solutions de revalorisation des composants électroniques pour prolonger leur durée de vie utile, réduisant ainsi la demande de nouvelles ressources.

Cependant, il est important de relever les défis liés à la collecte de données précises, à la sensibilisation des consommateurs et à l'éducation sur les bonnes pratiques de gestion des déchets. L'IA doit également être utilisée de manière éthique et responsable, en respectant la vie privée des individus et en garantissant une gestion transparente et équitable des déchets.

10.5 L'IA pour l'agriculture durable

Dans ce point, nous explorons les applications de l'intelligence artificielle (IA) dans l'agriculture pour optimiser l'utilisation des ressources, améliorer les rendements, minimiser les intrants chimiques et favoriser des pratiques agricoles durables.

L'IA peut être utilisée pour analyser les données climatiques, les sols et les cultures afin de fournir des recommandations précises aux agriculteurs. En utilisant des algorithmes d'apprentissage automatique, l'IA peut prédire les conditions optimales de croissance des cultures, les besoins en eau et en nutriments, ainsi que les périodes de plantation et de récolte les plus favorables.

De plus, l'IA peut contribuer à l'optimisation de l'utilisation des ressources agricoles. Elle peut aider à surveiller l'irrigation, en ajustant les quantités d'eau fournies en fonction des besoins réels des cultures, ce qui permet de réduire les gaspillages et de préserver les ressources en eau.

L'IA peut également aider à minimiser l'utilisation d'intrants chimiques, tels que les pesticides et les engrais, en identifiant les zones précises où ils sont nécessaires et en adaptant les quantités en conséquence. Cela permet de réduire la pollution de l'environnement et de promouvoir des pratiques agricoles plus durables.

Dans le domaine de la gestion des cultures, l'IA peut détecter les maladies et les ravageurs précocement, en permettant une intervention rapide et ciblée. Elle peut également fournir des informations sur l'état de santé des cultures, en permettant aux agriculteurs de prendre des décisions éclairées pour optimiser les rendements.

L'utilisation de l'IA dans l'agriculture durable peut contribuer à une production alimentaire plus efficace, à une utilisation plus rationnelle des ressources et à une réduction de l'impact environnemental. Cependant, il est important de prendre en compte les aspects sociaux et économiques, en garantissant un accès équitable à ces technologies pour les agriculteurs de toutes les régions et en assurant une transition harmonieuse vers des pratiques agricoles durables.

10.6 L'IA pour la surveillance de l'environnement

Dans ce point, nous discutons de l'utilisation de l'intelligence artificielle (IA) pour surveiller et prévoir les changements environnementaux, contribuant ainsi à la protection des écosystèmes fragiles et à la conservation de la biodiversité.
L'IA peut être utilisée pour l'analyse des données satellitaires, des images aériennes et des données recueillies sur le terrain afin de surveiller les écosystèmes naturels. En utilisant des algorithmes d'apprentissage automatique, l'IA peut identifier et suivre les changements environnementaux tels que la déforestation, la fragmentation des habitats, la pollution des cours d'eau et la disparition des espèces.

De plus, l'IA peut aider à prédire les impacts futurs sur l'environnement en analysant les données historiques et en utilisant des modèles prédictifs. Cela permet de prendre des mesures préventives pour préserver les écosystèmes fragiles et de mieux planifier les actions de conservation.

L'IA peut également contribuer à la surveillance de la biodiversité en identifiant automatiquement les espèces animales et végétales à partir de photos ou d'enregistrements sonores. Cela facilite la collecte de données sur la répartition des espèces, leur nombre et leur comportement, ce qui est essentiel pour les études de conservation.

En outre, l'IA peut être utilisée pour la détection des catastrophes naturelles telles que les incendies de forêt, les inondations et les sécheresses. Elle permet une réponse rapide en fournissant des alertes précoces, en aidant à la gestion des situations d'urgence et en contribuant à la réduction des pertes humaines et matérielles.

Cependant, il est important de relever les défis liés à l'accès aux données environnementales, à leur qualité et à leur disponibilité. L'IA doit être utilisée en complément des expertises humaines et des connaissances locales pour garantir une compréhension globale et contextuelle des changements environnementaux.

En résumé, ce point a discuté de l'utilisation de l'intelligence artificielle pour la surveillance de l'environnement. L'IA permet de surveiller les changements environnementaux, de prédire les impacts futurs, de surveiller la biodiversité et de détecter les catastrophes naturelles, contribuant ainsi à la protection des écosystèmes fragiles et à la conservation de la biodiversité.

10.7 Défis et considérations éthiques de l'utilisation de l'IA pour le développement durable

Dans ce point, nous examinons les défis liés à l'utilisation de l'intelligence artificielle (IA) dans le contexte du développement durable, ainsi que les considérations éthiques qui doivent être prises en compte.

Un défi majeur est celui des biais algorithmiques. Les systèmes d'IA peuvent reproduire et amplifier les biais existants dans les données utilisées pour leur entraînement, ce qui peut entraîner des discriminations et des inégalités. Il est essentiel de garantir des jeux de données équilibrés et représentatifs pour éviter ces biais et de mettre en place des mécanismes de transparence et de responsabilité pour détecter et corriger les biais.

La confidentialité des données est une autre préoccupation importante. L'utilisation de l'IA implique souvent la collecte et l'analyse de grandes quantités de données personnelles. Il est essentiel de mettre en place des mesures de sécurité et de confidentialité appropriées pour protéger les données des utilisateurs, tout en garantissant leur consentement éclairé et leur contrôle sur l'utilisation de leurs données.

L'équité sociale est également une considération essentielle. L'IA ne doit pas aggraver les inégalités existantes, mais plutôt favoriser l'accès équitable aux avantages qu'elle offre. Cela implique de prendre en compte les différences culturelles, économiques et sociales dans la conception et l'application des systèmes d'IA, et de garantir que les décisions basées sur l'IA sont transparentes, explicables et redevables.

De plus, il est important de considérer l'impact environnemental de l'IA elle-même. Les modèles d'IA complexes nécessitent une puissance de calcul importante, ce qui peut entraîner une consommation d'énergie élevée et des émissions de gaz à effet de serre. Il est donc nécessaire de promouvoir des pratiques d'IA éco-responsables, telles que l'optimisation des ressources, l'utilisation d'infrastructures durables et l'évaluation du cycle de vie des systèmes d'IA.

L'intelligence artificielle (IA) a un impact environnemental considérable sur plusieurs niveaux. Voici les principaux aspects de cet impact.

Consommation d'énergie
Les ordinateurs et serveurs nécessaires pour faire fonctionner les algorithmes d'IA consomment une grande quantité d'énergie. Ce n'est pas seulement l'énergie nécessaire pour exécuter les calculs, mais aussi pour le refroidissement des datacenters qui hébergent ces machines. Par exemple, la formation d'un seul modèle d'IA peut générer autant de CO_2 qu'une voiture au cours de sa vie entière, y compris sa fabrication.

Ressources matérielles
Les infrastructures informatiques nécessaires pour soutenir l'IA nécessitent une quantité importante de ressources pour leur construction. Ces ressources comprennent les métaux rares utilisés dans la fabrication des composants électroniques, qui sont souvent extraits dans des conditions non durables et ont un impact significatif sur l'environnement. De plus, le rythme de l'innovation en IA

E-waste
Les déchets électroniques (e-waste) constituent un autre aspect important de l'impact environnemental de l'IA. Lorsque les composants électroniques sont mis au rebut, ils finissent souvent dans des décharges où ils peuvent libérer des substances toxiques dans l'environnement.

Réchauffement climatique
Comme mentionné précédemment, les serveurs et les datacenters qui alimentent l'IA consomment de grandes quantités d'énergie, contribuant ainsi aux émissions de gaz à effet de serre qui provoquent le réchauffement climatique.

Dépendance énergétique
L'IA est une technologie qui dépend fortement de l'électricité. Dans les régions où l'électricité est principalement produite à partir de sources non renouvelables, l'IA peut contribuer de manière significative à la pollution et au réchauffement climatique.

Pour atténuer ces impacts, des efforts sont en cours pour rendre l'IA plus respectueuse de l'environnement. Par exemple, l'utilisation d'algorithmes plus efficaces, l'utilisation d'énergie renouvelable pour alimenter les datacenters, l'amélioration de l'efficacité énergétique des serveurs et l'augmentation de la durée de vie du matériel peuvent tous contribuer à réduire l'empreinte écologique de l'IA. Il est également crucial d'implémenter des politiques de gestion des déchets électroniques pour minimiser l'impact de l'e-waste.

Enfin, il est crucial de promouvoir une réflexion éthique et une gouvernance responsable de l'utilisation de l'IA dans le contexte du développement durable. Cela implique d'impliquer les parties prenantes, y compris les communautés locales, les experts en IA, les décideurs politiques et la société civile, dans les discussions sur l'utilisation de l'IA pour le développement durable, afin de garantir une prise de décision inclusive et éclairée.

En résumé, ce point a souligné les défis et les considérations éthiques liés à l'utilisation de l'intelligence artificielle pour le développement durable. Il est crucial de faire face aux biais algorithmiques, de protéger la confidentialité des données, de promouvoir l'équité sociale, de réduire l'impact environnemental de l'IA et de promouvoir une réflexion éthique et une gouvernance responsable.

10.8 Initiatives et politiques pour une utilisation responsable de l'IA dans le développement durable

De nombreuses organisations et gouvernements ont lancé des initiatives pour encourager l'utilisation responsable de l'IA dans le développement durable. Par exemple, des consortiums industriels, des groupes de recherche et des organisations non gouvernementales collaborent pour développer des lignes directrices et des normes éthiques pour l'utilisation de l'IA dans le contexte du développement durable. Ces initiatives visent à garantir que l'IA est utilisée de manière responsable, transparente et respectueuse des droits humains et de l'environnement.

Certaines politiques et réglementations ont été mises en place pour encadrer l'utilisation de l'IA dans le développement durable. Par exemple, des lois sur la protection des données personnelles peuvent exiger le consentement des individus pour l'utilisation de leurs données dans des applications d'IA. De plus, des politiques de durabilité environnementale peuvent promouvoir l'utilisation de l'IA pour la réduction des émissions de gaz à effet de serre, la gestion des ressources naturelles et la conservation de la biodiversité.

Des collaborations entre les acteurs de l'industrie, les gouvernements et la société civile sont essentielles pour promouvoir une utilisation responsable de l'IA dans le développement durable. Ces collaborations permettent de partager les meilleures pratiques, de coordonner les efforts et d'élaborer des politiques et des initiatives conjointes pour relever les défis éthiques, environnementaux et sociaux posés par l'utilisation de l'IA.

Il est également important de promouvoir la sensibilisation et l'éducation sur l'utilisation responsable de l'IA dans le développement durable. Cela implique de former les professionnels de l'IA et les décideurs politiques aux enjeux éthiques et durables, de sensibiliser le grand public aux bénéfices et aux risques de l'IA, et d'encourager la participation du public dans les discussions sur l'utilisation de l'IA dans le développement durable.

Chapitre 11. RSE et Green IT : informatique éthique-durable.

11.1   Introduction à la responsabilité sociale des entreprises (RSE) et au Green IT

La responsabilité sociale des entreprises (RSE) désigne l'engagement volontaire des entreprises à prendre en compte les enjeux sociaux, environnementaux et éthiques dans leurs activités et à contribuer au bien-être de la société. Cela inclut la gestion responsable des ressources, la protection de l'environnement, le respect des droits humains et des normes éthiques, ainsi que la promotion du développement durable.

Le Green IT fait référence à l'utilisation des technologies de l'information et de la communication (TIC) pour réduire l'impact environnemental de l'informatique. Il vise à optimiser la consommation d'énergie, à minimiser les déchets électroniques et à favoriser l'utilisation de sources d'énergie renouvelable dans les infrastructures informatiques.

Dans le domaine de l'informatique et de la technologie, la RSE et le Green IT revêtent une importance croissante. Les entreprises du secteur ont un rôle clé à jouer dans la transition vers des pratiques durables et éthiques. En adoptant une approche responsable, elles peuvent contribuer à la lutte contre le changement climatique, à la préservation des ressources naturelles et à l'amélioration des conditions sociales.

La RSE et le Green IT offrent également des opportunités d'innovation et de différenciation sur le marché. Les entreprises qui intègrent des pratiques durables et éthiques dans leur stratégie sont susceptibles de gagner la confiance des consommateurs et des parties prenantes, tout en renforçant leur réputation et leur performance financière à long terme.

En résumé, ce point a présenté les concepts de la responsabilité sociale des entreprises (RSE) et du Green IT, soulignant leur importance dans le domaine de l'informatique et de la technologie. La RSE et le Green IT offrent des opportunités de promouvoir des pratiques durables, d'innover et de renforcer la confiance des parties prenantes, tout en contribuant aux enjeux sociaux et environnementaux actuels.

11.2   Les enjeux de la responsabilité sociale des entreprises dans le contexte du Green IT

Les enjeux environnementaux auxquels les entreprises font face comprennent la consommation croissante d'énergie, la production de déchets électroniques, l'émission de gaz à effet de serre et l'impact sur la biodiversité. Ces facteurs contribuent au changement climatique et à l'épuisement des ressources naturelles. Il est essentiel pour les entreprises de prendre en compte ces enjeux et de s'engager dans des pratiques durables pour minimiser leur impact sur l'environnement.

Les enjeux sociaux sont également importants, car les entreprises ont la responsabilité de respecter les droits humains, d'assurer des conditions de travail équitables, de promouvoir la diversité et l'inclusion, et de contribuer au développement des communautés locales. Cela implique de prendre en compte les aspects sociaux tout au long de la chaîne d'approvisionnement et de s'assurer que les partenaires commerciaux respectent également ces principes.

Le Green IT et la RSE sont étroitement liés pour répondre à ces enjeux. La RSE encourage les entreprises à intégrer des pratiques durables et éthiques dans leurs opérations, tandis que le Green IT offre des solutions technologiques pour réduire l'impact environnemental de l'informatique. Les entreprises peuvent adopter des politiques d'achat responsables, privilégier les équipements économes en énergie, favoriser la réduction et le recyclage des déchets électroniques, et promouvoir l'utilisation de sources d'énergie renouvelable dans leurs infrastructures informatiques.

En combinant la RSE et le Green IT, les entreprises peuvent non seulement réduire leur empreinte environnementale, mais aussi améliorer leur image de marque, attirer et fidéliser les clients soucieux de l'environnement, et renforcer leur relation avec les parties prenantes. De plus, ces pratiques peuvent stimuler l'innovation en encourageant le développement de technologies plus durables.

Dans ce point, nous explorons les différentes stratégies permettant aux entreprises d'intégrer le Green IT dans leur démarche de responsabilité sociale des entreprises (RSE). Nous présentons également des exemples concrets de bonnes pratiques d'entreprises engagées dans cette transition.

Évaluation de l'empreinte environnementale

Les entreprises peuvent commencer par évaluer leur empreinte environnementale liée aux technologies de l'information. Cela implique d'identifier les principaux contributeurs à la consommation d'énergie, aux émissions de gaz à effet de serre et aux déchets électroniques. Une évaluation complète permet de comprendre l'ampleur de l'impact environnemental et de cibler les domaines d'amélioration.

Politiques d'achat responsables

Les entreprises peuvent adopter des politiques d'achat responsables en privilégiant l'achat d'équipements économes en énergie et respectueux de l'environnement. Elles peuvent également demander aux fournisseurs de respecter des normes environnementales et sociales strictes tout au long de la chaîne d'approvisionnement.

Optimisation de l'infrastructure IT

Une autre stratégie consiste à optimiser l'infrastructure informatique en utilisant des techniques telles que la virtualisation, la consolidation des serveurs et le cloud computing. Ces approches permettent de réduire la consommation d'énergie, de minimiser l'espace physique requis et d'améliorer l'efficacité opérationnelle.

Gestion des déchets électroniques

Les entreprises peuvent mettre en place des systèmes de gestion des déchets électroniques pour assurer le recyclage et la réutilisation appropriés des équipements obsolètes. Elles peuvent s'engager avec des partenaires spécialisés dans le recyclage des déchets électroniques et favoriser des pratiques de recyclage responsables.

Sensibilisation et formation des employés

Une stratégie clé est de sensibiliser et de former les employés aux pratiques durables liées au Green IT. Cela peut inclure des sessions de sensibilisation, des formations sur l'efficacité énergétique, la gestion des données et les bonnes pratiques environnementales.

Partenariats et collaborations
Les entreprises peuvent établir des partenariats avec des organisations, des institutions académiques et des acteurs de l'industrie pour partager les meilleures pratiques, les recherches et les solutions innovantes en matière de Green IT. Ces collaborations permettent de renforcer les initiatives de RSE et d'accélérer la transition vers une informatique plus durable.

Des exemples concrets de bonnes pratiques incluent des entreprises qui ont mis en place des politiques d'achat responsables, optimisé leurs centres de données pour une meilleure efficacité énergétique, adopté des programmes de recyclage des déchets électroniques et encouragé l'utilisation de solutions de cloud computing à faible empreinte environnementale. Ces entreprises sont des leaders dans leur secteur et ont démontré qu'il est possible d'intégrer le Green IT de manière efficace et rentable dans leur démarche de RSE.

En adoptant ces stratégies, les entreprises peuvent non seulement améliorer leur performance environnementale, mais aussi renforcer leur réputation, attirer de nouveaux clients sensibles aux enjeux sociaux et environnementaux, et créer de la valeur à long terme. Intégrer le Green IT dans la RSE est une étape importante vers une transition vers une informatique plus responsable, durable et éthique.

11.4 Les avantages économiques et compétitifs de la RSE et du Green IT.

Dans ce point, nous abordons les bénéfices financiers et concurrentiels pour les entreprises qui adoptent des pratiques éthiques et durables, en mettant l'accent sur la responsabilité sociale des entreprises (RSE) et le Green IT.

Réduction des coûts
La mise en place de pratiques durables, telles que l'optimisation de la consommation d'énergie et la réduction des déchets, peut permettre aux entreprises de réaliser des économies significatives à long terme. En réduisant la consommation d'énergie et en optimisant l'utilisation des ressources, les coûts d'exploitation peuvent être réduits, ce qui se traduit par une amélioration de la rentabilité.

Gestion des risques

Les entreprises qui intègrent la RSE et le Green IT dans leur stratégie sont mieux préparées à faire face aux risques environnementaux, sociaux et de gouvernance. En identifiant et en atténuant ces risques, les entreprises peuvent éviter les impacts négatifs sur leur réputation, leurs opérations et leur image de marque, ce qui peut se traduire par une meilleure résilience et une plus grande confiance des parties prenantes.

Accès à de nouveaux marchés

De plus en plus de consommateurs et d'entreprises sont sensibles aux enjeux sociaux et environnementaux. En adoptant des pratiques durables, les entreprises peuvent accéder à de nouveaux marchés et attirer des clients qui valorisent les produits et services respectueux de l'environnement. Cela peut ouvrir des opportunités de croissance et de différenciation sur le marché.

Attraction et rétention des talents

Les entreprises engagées dans la RSE et le Green IT peuvent attirer et fidéliser des talents de haut niveau. Les employés sont de plus en plus attirés par les entreprises qui ont une mission sociale et environnementale claire. En offrant un environnement de travail éthique et durable, les entreprises peuvent stimuler l'engagement des employés, favoriser la créativité et la collaboration, et se distinguer en tant qu'employeur de choix.

Image de marque et réputation

L'adoption de pratiques durables renforce l'image de marque et la réputation d'une entreprise. Être reconnu comme une entreprise socialement et environnementalement responsable peut renforcer la confiance des clients, des investisseurs et des partenaires commerciaux. Cela peut également servir de différenciateur concurrentiel, en donnant à l'entreprise un avantage sur les marchés où les valeurs éthiques et durables sont de plus en plus prisées.

Plusieurs études de cas d'entreprises ayant réussi à concilier performance économique et responsabilité sociale et environnementale illustrent ces avantages. Par exemple, des entreprises technologiques ont adopté des pratiques de Green IT, réduisant ainsi leurs coûts d'exploitation et renforçant leur position concurrentielle. D'autres entreprises ont utilisé leur engagement envers la RSE pour attirer des investisseurs soucieux de l'impact social et environnemental.

En résumé, ce point met en évidence les avantages économiques et compétitifs pour les entreprises qui intègrent la RSE et le Green IT dans leur stratégie. Ces avantages comprennent la réduction des coûts, la gestion des risques, l'accès à de nouveaux marchés, l'attraction et la rétention des talents, ainsi que l'amélioration de l'image de marque et de la réputation.

En adoptant des pratiques durables, les entreprises peuvent améliorer leur rentabilité à long terme en réduisant les coûts d'exploitation, en évitant les risques liés à l'environnement et à la gouvernance, et en accédant à de nouveaux segments de marché. De plus, elles peuvent attirer et fidéliser des employés talentueux qui partagent les mêmes valeurs et renforcer leur image de marque en tant qu'entreprise responsable et engagée.

En conclusion, les entreprises qui intègrent la RSE et le Green IT dans leur stratégie sont mieux positionnées pour prospérer à long terme en répondant aux attentes croissantes des parties prenantes, en saisissant de nouvelles opportunités commerciales et en renforçant leur avantage concurrentiel. La responsabilité sociale des entreprises et le Green IT sont des éléments essentiels de la transition vers une informatique éthique et durable.

11.5 Les défis et obstacles à la mise en œuvre de la RSE et du Green IT.

Dans ce point, nous abordons les principaux défis auxquels les entreprises sont confrontées lors de la transition vers une informatique éthique et durable, en mettant l'accent sur la responsabilité sociale des entreprises (RSE) et le Green IT.

Résistance au changement
L'un des principaux défis est la résistance au changement au sein de l'organisation. Certaines parties prenantes peuvent être réticentes à l'adoption de nouvelles pratiques ou à la modification des processus existants. Il est essentiel de sensibiliser et de mobiliser les employés à tous les niveaux pour garantir une transition en douceur.

Manque de compétences et de connaissances
La mise en œuvre de la RSE et du Green IT nécessite des compétences spécialisées et une connaissance approfondie des pratiques durables. Les entreprises peuvent être confrontées à des lacunes en matière de compétences internes et doivent

investir dans la formation et le développement des talents pour combler ces écarts.

Coûts initiaux
Certaines initiatives liées à la RSE et au Green IT peuvent entraîner des coûts initiaux plus élevés, tels que l'adoption de technologies plus durables ou l'implémentation de systèmes de suivi et de reporting. Les entreprises doivent évaluer attentivement les coûts et les bénéfices à long terme pour prendre des décisions éclairées.

Complexité des chaînes d'approvisionnement
Dans un contexte mondialisé, les entreprises peuvent être confrontées à des défis liés à la gestion des chaînes d'approvisionnement complexes. Il peut être difficile de s'assurer que les fournisseurs respectent les normes éthiques et environnementales, ce qui nécessite une surveillance et une transparence accrues.

Contraintes réglementaires
Les entreprises opèrent dans un cadre réglementaire qui peut varier d'un pays à l'autre. Les normes environnementales et les réglementations en matière de responsabilité sociale peuvent créer des défis supplémentaires, nécessitant une gestion proactive de la conformité.

Complexité de la mesure de l'impact
La mesure de l'impact réel de la RSE et du Green IT peut être complexe. Il est important de développer des indicateurs pertinents et de mettre en place des systèmes de suivi et de reporting pour évaluer de manière précise les progrès réalisés et communiquer de manière transparente les résultats.

Pour surmonter ces défis, les entreprises doivent adopter une approche stratégique et engager un processus continu d'amélioration. Cela implique la sensibilisation et l'engagement de toutes les parties prenantes, la formation et le développement des compétences, la collaboration avec les fournisseurs et les partenaires, et l'alignement des objectifs commerciaux avec les enjeux sociaux et environnementaux.

En résumé, la mise en œuvre de la RSE et du Green IT peut être confrontée à divers défis, allant de la résistance au changement à la complexité des chaînes d'approvisionnement et aux contraintes réglementaires. Cependant, en surmontant ces obstacles, les entreprises peuvent accéder à de nombreux avantages, tels que l'amélioration de leur réputation, la réduction des coûts opérationnels à long terme, l'accès à de nouveaux marchés, et la fidélisation des employés et des clients.

Pour surmonter ces défis, il est essentiel d'adopter une approche stratégique en intégrant la RSE et le Green IT dans la culture organisationnelle et les pratiques de gouvernance. Il est également important de former et de sensibiliser les employés à ces enjeux, de collaborer avec les fournisseurs pour assurer la transparence de la chaîne d'approvisionnement, et de se conformer aux réglementations en vigueur.

De plus, il est recommandé de mesurer et de communiquer de manière transparente les progrès réalisés dans la mise en œuvre de la RSE et du Green IT, afin de renforcer la confiance des parties prenantes et de stimuler l'engagement continu.

En conclusion, malgré les défis et les obstacles, les entreprises peuvent tirer de nombreux avantages de l'intégration de la RSE et du Green IT. En adoptant une approche proactive et en investissant dans des pratiques durables, elles peuvent renforcer leur position concurrentielle, améliorer leur réputation et contribuer à un avenir plus durable. La responsabilité sociale des entreprises et le Green IT sont des composantes essentielles de la transition vers une informatique éthique et durable.

11.6 Les politiques et réglementations RSE et Green IT.

Dans ce point, nous abordons le rôle des politiques et réglementations dans la promotion de la responsabilité sociale des entreprises (RSE) et du Green IT. Nous mettons en évidence les initiatives gouvernementales visant à inciter les entreprises à adopter des pratiques durables et responsables.

Politiques gouvernementales en faveur de la RSE et du Green IT
De nombreux gouvernements reconnaissent l'importance de la RSE et du Green IT pour la durabilité et l'économie. Ils mettent en place des politiques et des programmes visant à encourager les entreprises à intégrer ces pratiques dans leur stratégie. Cela peut inclure des incitations fiscales, des subventions, des programmes de formation et de sensibilisation, ainsi que des initiatives de certification et de labellisation.

Réglementations environnementales

Les gouvernements mettent en place des réglementations environnementales pour promouvoir la durabilité et réduire l'impact négatif des entreprises sur l'environnement. Cela peut inclure des normes de consommation d'énergie, des objectifs de réduction des émissions de gaz à effet de serre, des réglementations sur la gestion des déchets électroniques, etc. Les entreprises doivent se conformer à ces réglementations pour éviter des sanctions et contribuer à la préservation de l'environnement.

Transparence et divulgation

De plus en plus de pays exigent une divulgation transparente des pratiques RSE et environnementales des entreprises. Cela permet aux parties prenantes, y compris les investisseurs, les consommateurs et les ONG, de prendre des décisions éclairées et d'évaluer l'engagement des entreprises envers la durabilité. Les réglementations sur la divulgation peuvent inclure des rapports annuels sur la durabilité, des audits environnementaux et des mesures de transparence financière.

Partenariats public-privé

Les gouvernements collaborent de plus en plus avec les entreprises pour promouvoir la RSE et le Green IT. Ces partenariats permettent d'échanger des connaissances, de partager des ressources et de développer des initiatives conjointes pour résoudre des problèmes sociaux et environnementaux. Les gouvernements peuvent également travailler avec les entreprises pour élaborer des politiques et des réglementations plus efficaces et adaptées aux besoins du secteur.

La mise en place de politiques et de réglementations liées à la RSE et au Green IT joue un rôle crucial dans l'incitation des entreprises à adopter des pratiques durables. En créant un cadre favorable, les gouvernements encouragent l'innovation, la responsabilité et la compétitivité des entreprises, tout en contribuant à la réalisation des objectifs de développement durable.

En conclusion, les politiques et réglementations liées à la RSE et au Green IT sont des outils essentiels pour inciter les entreprises à adopter des pratiques durables. Les gouvernements jouent un rôle clé dans la création d'un environnement propice à la durabilité et à la responsabilité sociale des entreprises. En travaillant en collaboration avec le secteur privé, ils peuvent stimuler l'innovation, encourager la transparence et favoriser la transition vers une économie plus verte et éthique. Les politiques gouvernementales visent à encourager les entreprises à intégrer la RSE et le Green IT dans leur stratégie, en offrant des incitations financières, des programmes de soutien et des réglementations environnementales.

Ces politiques favorisent la prise de conscience et l'engagement des entreprises envers la durabilité, en les incitant à adopter des pratiques plus responsables sur le plan social, environnemental et éthique. Elles encouragent également la collaboration entre les acteurs publics et privés pour développer des initiatives conjointes, partager des meilleures pratiques et mettre en place des normes communes.

Cependant, il est important de souligner que les politiques et réglementations seuls ne suffisent pas. Les entreprises doivent également prendre des initiatives volontaires pour aller au-delà des exigences réglementaires et s'engager activement dans la transition vers une informatique plus éthique et durable. Cela nécessite un leadership fort, une culture d'entreprise axée sur la durabilité et l'adoption de mesures concrètes pour réduire leur impact environnemental, promouvoir l'inclusion sociale et respecter les droits de l'homme.

En résumé, les politiques et réglementations liées à la RSE et au Green IT sont des outils importants pour encourager les entreprises à adopter des pratiques durables. Elles créent un cadre propice à l'innovation et à la responsabilité sociale, tout en contribuant à la réalisation des objectifs de développement durable. Cependant, les entreprises doivent également prendre des mesures proactives pour intégrer la durabilité dans leur stratégie et faire preuve d'un réel engagement envers la responsabilité sociale et environnementale.

11.7 La communication de la RSE et du Green IT

Dans ce point, nous abordons l'importance de la communication transparente et authentique des initiatives de responsabilité sociale des entreprises (RSE) et du Green IT. Nous mettons en évidence les bonnes pratiques en matière de communication pour renforcer la confiance des parties prenantes et promouvoir l'engagement envers ces initiatives.

Transparence et crédibilité
La communication transparente est essentielle pour établir la crédibilité et la confiance. Les entreprises doivent communiquer de manière honnête et ouverte sur leurs engagements en matière de RSE et de Green IT, en mettant en évidence

leurs objectifs, leurs progrès et leurs défis. La transparence permet aux parties prenantes de comprendre les efforts entrepris et d'évaluer l'impact réel des initiatives.

Authenticité et alignement

La communication doit refléter l'engagement authentique de l'entreprise envers la RSE et le Green IT. Il est important de démontrer un véritable alignement entre les valeurs de l'entreprise, ses actions concrètes et ses messages de communication. Cela renforce la confiance des parties prenantes et évite les accusations de greenwashing ou de pratiques de communication trompeuses.

Engagement des parties prenantes

La communication de la RSE et du Green IT doit être interactive et favoriser l'engagement des parties prenantes. Les entreprises peuvent impliquer les employés, les clients, les fournisseurs, les investisseurs et les communautés locales dans les initiatives, en les informant, en les écoutant et en sollicitant leurs idées et leurs réactions. Cela renforce l'adhésion et permet d'améliorer les pratiques grâce à un dialogue ouvert.

Utilisation de divers canaux de communication

Les entreprises doivent utiliser une variété de canaux de communication pour atteindre différentes parties prenantes. Cela peut inclure des rapports annuels de durabilité, des sites web dédiés, des médias sociaux, des événements communautaires, des partenariats médiatiques, etc. L'utilisation de divers canaux permet d'atteindre un large public et de diffuser efficacement les messages clés.

Mesure de l'impact et communication des résultats

Il est important de mesurer et de communiquer de manière transparente les résultats et l'impact des initiatives de RSE et du Green IT. Cela peut inclure des indicateurs de performance clés, des rapports de suivi, des études de cas, des témoignages de parties prenantes, etc. La communication des résultats permet de démontrer l'efficacité des initiatives et de renforcer la confiance des parties prenantes.

En conclusion, la communication transparente et authentique des initiatives de RSE et du Green IT est essentielle pour renforcer la confiance des parties prenantes et promouvoir l'engagement envers ces pratiques durables. En adoptant des pratiques de communication transparentes, crédibles et engagées, les entreprises peuvent renforcer leur réputation, inspirer d'autres acteurs du secteur et contribuer à un avenir plus durable.

11.8 L'évaluation et la mesure de l'impact de la RSE et du Green IT

L'évaluation et la mesure de l'impact de la responsabilité sociale des entreprises (RSE) et du Green IT sont des aspects essentiels pour évaluer l'efficacité des initiatives et démontrer les résultats tangibles. Dans ce point, nous présentons les outils et les méthodologies utilisés pour évaluer et mesurer l'impact de la RSE et du Green IT, ainsi que les indicateurs clés de performance (KPI) pertinents pour suivre les progrès réalisés.

Méthodologies d'évaluation
Il existe différentes méthodologies d'évaluation utilisées pour mesurer l'impact de la RSE et du Green IT. Certaines approches couramment utilisées incluent l'analyse du cycle de vie (ACV), l'évaluation de l'empreinte carbone, l'analyse du retour sur investissement (ROI) et l'évaluation de l'impact social. Ces méthodologies permettent de quantifier les effets environnementaux, sociaux et économiques des initiatives et d'identifier les domaines d'amélioration.

Indicateurs clés de performance (KPI)
Les KPI sont des mesures quantifiables utilisées pour évaluer les progrès réalisés par les entreprises dans la réalisation de leurs objectifs de RSE et de Green IT. Ces indicateurs peuvent inclure la consommation d'énergie, les émissions de gaz à effet de serre, la réduction des déchets électroniques, l'utilisation de ressources renouvelables, l'engagement des employés, la satisfaction des clients, etc. Les KPI permettent de suivre les performances, de comparer les résultats au fil du temps et d'ajuster les stratégies en conséquence.

Outils de suivi et de gestion des données
Pour faciliter l'évaluation et la mesure de l'impact, il existe des outils spécifiques qui aident les entreprises à collecter, gérer et analyser les données pertinentes. Ces outils comprennent des logiciels de suivi des émissions, des plateformes de gestion de la durabilité, des systèmes de gestion de l'énergie, des systèmes de gestion des déchets, etc. Ils permettent une gestion efficace des données et facilitent la création de rapports transparents sur les performances.

Normes et cadres de reporting
De nombreuses normes et cadres de reporting ont été développés pour guider les entreprises dans l'évaluation et la communication de leur impact environnemental et social. Parmi les plus connus, on trouve les lignes directrices du Global Reporting Initiative (GRI), les normes ISO 14000 sur la gestion environnementale et les normes ISO 26000 sur la responsabilité sociétale des organisations. Ces normes fournissent des directives et des cadres pour la collecte, la mesure et la communication des informations de RSE et de Green IT de manière cohérente et transparente.

En résumé, l'évaluation et la mesure de l'impact de la RSE et du Green IT sont essentielles pour évaluer l'efficacité des initiatives et démontrer les résultats concrets. En utilisant des méthodologies d'évaluation appropriées, des KPI pertinents, des outils de suivi des données et en se référant à des normes et des cadres de reporting, les entreprises peuvent évaluer leur performance, suivre les progrès réalisés et améliorer leurs pratiques en matière de RSE et de Green IT.

L'évaluation et la mesure de l'impact permettent de quantifier les bénéfices environnementaux, sociaux et économiques, d'identifier les domaines d'amélioration et de prendre des décisions éclairées pour une gestion plus durable. En adoptant des outils et des méthodologies adaptés, ainsi que des KPI pertinents, les entreprises peuvent suivre leurs progrès, démontrer leur engagement envers la durabilité et communiquer de manière transparente avec leurs parties prenantes. Ces mesures contribuent à renforcer la crédibilité de l'entreprise, à favoriser l'innovation et à stimuler une performance responsable et durable à long terme.

11.9 La collaboration et les partenariats pour une informatique éthique et durable

La collaboration et les partenariats jouent un rôle essentiel dans la promotion de l'informatique éthique et durable. Dans ce point, nous soulignons l'importance de la collaboration entre les acteurs du secteur privé, les organismes gouvernementaux, les organisations de la société civile et les consommateurs pour stimuler le changement positif. Nous présentons également des exemples de partenariats réussis dans la promotion de l'informatique éthique et durable.

Collaboration multi-acteurs
Les problématiques liées à l'éthique et à la durabilité nécessitent une approche collaborative impliquant tous les acteurs de l'écosystème. Les entreprises, les gouvernements, les organisations non gouvernementales et les consommateurs doivent travailler ensemble pour développer des normes, des réglementations et des initiatives qui favorisent une informatique plus éthique et durable. La collaboration multi-acteurs permet de partager les connaissances, les ressources et les meilleures pratiques, ainsi que de créer des synergies pour un impact plus significatif.

Partenariats public-privé
Les partenariats entre les secteurs public et privé sont essentiels pour promouvoir une informatique éthique et durable. Les gouvernements peuvent jouer un rôle de facilitateur en élaborant des politiques et des réglementations favorables, tandis que les entreprises peuvent apporter leur expertise technique et leurs ressources pour mettre en œuvre des solutions durables. Ces partenariats permettent de combiner les compétences, les ressources et les perspectives complémentaires pour promouvoir l'innovation et catalyser le changement.

Initiatives sectorielles
De nombreuses industries et secteurs d'activité ont mis en place des initiatives sectorielles visant à promouvoir une informatique éthique et durable. Ces initiatives réunissent des entreprises et des organisations du même secteur pour développer des normes communes, partager les meilleures pratiques et collaborer sur des projets spécifiques. Par exemple, des initiatives telles que le Sustainable Apparel Coalition dans l'industrie de la mode et l'Electronic Industry Citizenship Coalition (EICC) dans l'industrie électronique promeuvent des pratiques durables et éthiques au sein de leurs secteurs respectifs.

Coalition des consommateurs et des organisations de la société civile
Les consommateurs et les organisations de la société civile jouent un rôle clé dans la promotion de l'informatique éthique et durable en faisant pression sur les entreprises et les gouvernements pour adopter des pratiques plus responsables. Les coalitions de consommateurs et les organisations de défense des droits travaillent ensemble pour sensibiliser les consommateurs, promouvoir la transparence et la responsabilité des entreprises, et encourager l'adoption de normes et de réglementations plus strictes.

En conclusion, la collaboration et les partenariats sont indispensables pour promouvoir une informatique éthique et durable. En travaillant ensemble, les acteurs du secteur privé, les organismes gouvernementaux, les organisations de la société civile et les consommateurs peuvent développer des solutions novatrices, partager les meilleures pratiques et créer des normes et des réglementations pour un avenir numérique plus responsable.

Quelques exemples de partenariats réussis démontrent l'importance de la coopération intersectorielle pour générer un impact significatif. Par exemple, des partenariats entre des entreprises technologiques et des ONG peuvent faciliter la sensibilisation des consommateurs et l'éducation aux enjeux de l'informatique éthique. De même, la collaboration entre les gouvernements et les entreprises peut conduire à l'adoption de politiques et de réglementations favorables à une informatique plus durable. Les partenariats réussis mettent en évidence la force de la diversité des perspectives, des compétences et des ressources dans la promotion de l'informatique éthique et durable.

Ces collaborations permettent également de partager les coûts et les risques, de maximiser l'impact et de favoriser l'innovation. Les partenariats peuvent se concrétiser par la création de coalitions, d'alliances et de programmes conjoints qui favorisent le partage des connaissances, des ressources et des meilleures pratiques. Par exemple, des coalitions d'entreprises peuvent travailler ensemble pour développer des normes de durabilité, partager des outils et des ressources, et collaborer sur des projets de recherche et développement. Les partenariats peuvent également impliquer des collaborations avec des universités, des centres de recherche et des organisations internationales pour stimuler l'innovation et l'échange de connaissances.

En somme, la collaboration et les partenariats sont des leviers puissants pour promouvoir une informatique éthique et durable. En réunissant les différentes parties prenantes autour d'objectifs communs, ils permettent de renforcer les efforts collectifs, de catalyser le changement et de créer un impact durable. La responsabilité sociale des entreprises et le Green IT nécessitent une approche collaborative et intégrée pour relever les défis environnementaux et sociaux de notre époque.

11.10   Conclusion et perspectives

Ce chapitre a mis en évidence l'importance de la responsabilité sociale des entreprises (RSE) et du Green IT dans la transition vers une informatique éthique et durable. Nous avons examiné les enjeux environnementaux et sociaux auxquels les entreprises sont confrontées, ainsi que les stratégies d'intégration du Green IT dans la RSE.

Nous avons également discuté des avantages économiques et compétitifs de la RSE et du Green IT, ainsi que des défis et obstacles à leur mise en œuvre. Les politiques et réglementations liées à la RSE et au Green IT ont été abordées, ainsi que l'importance de la communication transparente des initiatives de RSE et du Green IT.

En outre, nous avons souligné l'importance de la collaboration et des partenariats pour promouvoir une informatique éthique et durable. En résumé, en intégrant la RSE et le Green IT, les entreprises peuvent contribuer à un avenir numérique plus responsable.

Pour l'avenir, il est essentiel de continuer à intégrer la RSE et le Green IT dans les stratégies globales des entreprises, en adoptant des pratiques éthiques et durables tout au long de leur chaîne de valeur. Une collaboration plus étroite entre les acteurs du secteur privé, les organismes gouvernementaux, les organisations de la société civile et les consommateurs est également nécessaire pour accélérer la transition vers une informatique plus responsable.

Enfin, les avancées technologiques futures offriront de nouvelles opportunités pour améliorer l'efficacité énergétique, réduire l'empreinte environnementale et favoriser une utilisation responsable des ressources dans le domaine de l'informatique. En conclusion, la responsabilité sociale des entreprises et le Green IT sont des éléments clés pour façonner un avenir numérique durable et éthique.

Chapitre 12. Rôle gouvernemental dans la promotion du Green IT.

12.1 Introduction

Ce point met en évidence l'importance du rôle des gouvernements dans la promotion de pratiques durables dans le secteur de l'informatique. Les gouvernements jouent un rôle crucial en fixant des objectifs, en élaborant des politiques et en mettant en place des mesures incitatives pour encourager les entreprises et les particuliers à adopter des pratiques plus respectueuses de l'environnement.

L'intervention gouvernementale dans le domaine du Green IT est motivée par plusieurs facteurs. Tout d'abord, la protection de l'environnement est une préoccupation majeure dans un contexte de changement climatique et de dégradation de l'écosystème. Les gouvernements reconnaissent l'importance de réduire l'empreinte environnementale de l'industrie informatique pour préserver les ressources naturelles et limiter les émissions de gaz à effet de serre.

De plus, la promotion du Green IT s'inscrit dans une volonté de réduire la dépendance aux énergies fossiles et de favoriser l'adoption de sources d'énergie renouvelable. Les gouvernements cherchent à stimuler l'innovation technologique dans le secteur de l'informatique en encourageant le développement de solutions écoénergétiques et durables.

Enfin, l'intervention gouvernementale vise également à favoriser la compétitivité économique en encourageant les entreprises à adopter des pratiques de Green IT. Les gouvernements reconnaissent que la durabilité peut être un facteur différenciant sur le marché et peut favoriser la croissance économique tout en créant des emplois dans le secteur des technologies vertes.

Dans l'ensemble, le rôle du gouvernement dans la promotion du Green IT est essentiel pour créer un environnement propice à l'adoption de pratiques durables dans le secteur de l'informatique. Les motivations telles que la protection de l'environnement, la réduction des émissions de gaz à effet de serre et la stimulation de l'innovation technologique soulignent l'importance de l'intervention gouvernementale pour soutenir la transition vers une informatique plus verte.

Les réglementations et les normes mises en place par les gouvernements pour encadrer les pratiques de Green IT visent à promouvoir l'adoption de pratiques durables dans le secteur de l'informatique et à garantir la conformité des entreprises aux objectifs environnementaux.

Un exemple de réglementation courante est celle sur l'efficacité énergétique des équipements informatiques. Les gouvernements établissent des normes minimales de consommation d'énergie pour les appareils informatiques tels que les ordinateurs, les serveurs et les équipements réseau. Ces réglementations obligent les fabricants à concevoir des produits plus économes en énergie, ce qui contribue à réduire la consommation globale d'énergie du secteur informatique.

De plus, les réglementations portent souvent sur la gestion des déchets électroniques. Elles imposent aux entreprises de collecter, de recycler ou de traiter de manière responsable leurs équipements informatiques en fin de vie, afin de minimiser l'impact environnemental des déchets électroniques. Ces réglementations encouragent la mise en place de programmes de recyclage et de réutilisation, favorisant ainsi la réduction des déchets et la préservation des ressources.

Enfin, les gouvernements promulguent également des réglementations visant à réduire l'empreinte carbone de l'industrie informatique. Cela peut inclure des incitations fiscales pour les entreprises qui adoptent des pratiques de Green IT, des programmes de compensation carbone ou des exigences de rapport sur les émissions de gaz à effet de serre. Ces réglementations contribuent à la transition vers une informatique plus respectueuse du climat et encouragent les entreprises à prendre des mesures pour réduire leurs émissions de CO2.

En somme, les réglementations et normes liées au Green IT sont essentielles pour encadrer les pratiques durables dans le secteur de l'informatique. Elles visent à promouvoir l'efficacité énergétique, la gestion responsable des déchets électroniques et la réduction de l'empreinte carbone. Ces mesures gouvernementales jouent un rôle clé dans la création d'un cadre réglementaire favorable à l'adoption de pratiques de Green IT et à la transition vers une informatique plus verte.

12.3   Incitations fiscales et économiques

Les mesures incitatives mises en place par les gouvernements pour encourager les entreprises à adopter des pratiques de Green IT visent à récompenser les entreprises qui investissent dans des technologies et des pratiques respectueuses de l'environnement, tout en stimulant la croissance économique dans le domaine du Green IT.

Un exemple d'incitation fiscale est l'octroi de crédits d'impôt pour l'achat d'équipements écoénergétiques. Les gouvernements peuvent offrir des avantages fiscaux aux entreprises qui investissent dans des serveurs, des dispositifs de refroidissement ou d'autres équipements informatiques économes en énergie. Cela encourage les entreprises à opter pour des solutions plus respectueuses de l'environnement, tout en réduisant leurs coûts énergétiques à long terme.

En outre, les gouvernements peuvent également offrir des subventions ou des incitations économiques pour la mise en place de centres de données écologiques. Cela peut prendre la forme de subventions pour la construction de centres de données respectueux de l'environnement, l'utilisation de sources d'énergie renouvelable ou la mise en œuvre de pratiques de refroidissement efficaces. Ces incitations économiques encouragent les entreprises à investir dans des infrastructures informatiques durables et à réduire leur impact environnemental.

Il est également possible que les gouvernements soutiennent financièrement la recherche et le développement dans le domaine du Green IT, en fournissant des subventions ou des aides financières aux entreprises qui développent des technologies innovantes et durables.

En résumé, les incitations fiscales et économiques offertes par les gouvernements jouent un rôle essentiel dans la promotion du Green IT. Elles encouragent les entreprises à adopter des pratiques respectueuses de l'environnement en offrant des avantages financiers, ce qui favorise à la fois la transition vers une informatique plus verte et la croissance économique dans le secteur du Green IT.

Les gouvernements peuvent allouer des fonds publics à la recherche et au développement de technologies de Green IT. Cela peut inclure le soutien à la recherche fondamentale sur les énergies renouvelables, l'efficacité énergétique des infrastructures informatiques, les méthodes de gestion des déchets électroniques, ou encore l'intelligence artificielle et ses applications pour une informatique plus durable. Ces investissements financiers contribuent à la création de nouvelles solutions et de nouvelles connaissances qui favorisent la transition vers une informatique plus verte.

De plus, les gouvernements peuvent lancer des initiatives de financement public pour encourager l'adoption de pratiques durables dans le secteur de l'informatique. Cela peut prendre la forme de subventions, de prêts à taux préférentiel ou de fonds d'investissement destinés spécifiquement aux entreprises qui développent des solutions de Green IT. Ces initiatives de financement public stimulent l'innovation et facilitent la mise en œuvre de projets durables, en soutenant financièrement les entreprises engagées dans cette transition.

Il est également possible que les gouvernements établissent des partenariats avec des organismes de recherche, des universités ou des entreprises privées pour collaborer à la recherche et au développement de solutions de Green IT. Ces collaborations favorisent l'échange de connaissances, la coopération technologique et l'accélération de l'adoption de pratiques durables dans le secteur de l'informatique.

En résumé, les investissements publics dans la recherche et le développement du Green IT jouent un rôle clé dans la promotion de l'innovation et de l'adoption de pratiques durables dans le secteur de l'informatique. Ils permettent de soutenir financièrement la recherche fondamentale et appliquée, d'encourager l'adoption de solutions durables et de stimuler la collaboration entre les acteurs publics et privés. Ces investissements contribuent à accélérer la transition vers une informatique plus éthique et durable.

Les initiatives gouvernementales visant à sensibiliser et à éduquer le public sur les enjeux du Green IT sont essentielles pour encourager les individus à adopter des comportements et des choix informatiques plus durables.

Les gouvernements peuvent mettre en place des campagnes de sensibilisation à grande échelle pour informer le public sur les impacts environnementaux de l'informatique et les avantages du Green IT. Ces campagnes peuvent inclure des médias traditionnels, des médias sociaux, des événements communautaires et des partenariats avec des organisations de la société civile. L'objectif est de sensibiliser les individus aux actions qu'ils peuvent entreprendre pour réduire leur empreinte écologique numérique.

De plus, les gouvernements peuvent développer des programmes d'éducation sur le Green IT dans les écoles, les universités et les centres de formation. Ces programmes visent à intégrer les principes de durabilité dans les programmes d'études, à former les étudiants aux pratiques informatiques responsables et à encourager l'adoption de technologies plus économes en énergie. En éduquant les générations futures, les gouvernements contribuent à créer une culture de l'informatique durable.

Les gouvernements peuvent également promouvoir des initiatives de certification ou de labellisation pour les produits et services respectueux de l'environnement, facilitant ainsi les choix informatiques éco-responsables pour les consommateurs. Ces certifications et labels permettent aux consommateurs de prendre des décisions éclairées en faveur du Green IT, tout en favorisant la demande pour des produits et services durables.

En résumé, les initiatives de sensibilisation et d'éducation du public jouent un rôle clé dans la promotion du Green IT. Les gouvernements peuvent mettre en œuvre des campagnes de sensibilisation, développer des programmes d'éducation et promouvoir des certifications pour encourager les individus à adopter des comportements et des choix informatiques plus durables. En éduquant le public, les gouvernements contribuent à créer une prise de conscience collective et à favoriser la transition vers une informatique plus verte.

Dans un monde de plus en plus interconnecté, les défis environnementaux liés à l'informatique ne connaissent pas de frontières. Par conséquent, il est essentiel que les gouvernements collaborent et établissent des accords multilatéraux pour promouvoir des normes communes et faciliter l'échange de connaissances et de bonnes pratiques.

Les accords multilatéraux sur le Green IT permettent aux gouvernements de travailler ensemble pour définir des objectifs communs et élaborer des politiques et des réglementations cohérentes. Ces accords peuvent concerner des domaines tels que l'efficacité énergétique des équipements informatiques, la gestion des déchets électroniques et la réduction des émissions de gaz à effet de serre. En collaborant, les gouvernements peuvent renforcer leur impact et favoriser une transition plus rapide et plus cohérente vers une informatique durable.

De plus, la collaboration internationale facilite l'échange de connaissances et de bonnes pratiques entre les gouvernements. Les expériences réussies et les leçons apprises d'un pays peuvent être partagées avec d'autres nations, favorisant ainsi l'adoption de pratiques plus durables dans le domaine de l'informatique. Ces échanges permettent également d'identifier les défis communs et de trouver des solutions collaboratives.

Les partenariats entre les gouvernements, les organisations internationales, les entreprises et la société civile sont également essentiels pour promouvoir le Green IT à l'échelle mondiale. Ces partenariats facilitent la coordination des efforts, le partage des ressources et la mise en œuvre de projets conjoints. Ils permettent également d'associer l'expertise technique, les ressources financières et les connaissances locales pour relever les défis du Green IT de manière plus efficace et inclusive.

En résumé, la collaboration internationale et les accords multilatéraux jouent un rôle crucial dans la promotion du Green IT. Ces initiatives facilitent la définition de normes communes, l'échange de connaissances et de bonnes pratiques, et favorisent la mise en place de partenariats pour une action collective. En travaillant ensemble, les gouvernements peuvent renforcer leur impact et contribuer à une transition mondiale vers une informatique plus éthique et durable.

L'évaluation des politiques de Green IT implique la collecte de données pertinentes et fiables sur les performances environnementales des entreprises, les progrès réalisés dans l'adoption de pratiques durables et les impacts sur l'empreinte carbone et la consommation d'énergie. Ces données permettent aux gouvernements d'évaluer l'efficacité de leurs politiques, d'identifier les domaines nécessitant des améliorations et de prendre des décisions éclairées pour orienter les actions futures.

Le suivi des politiques de Green IT consiste à mettre en place des mécanismes de surveillance régulière pour évaluer la mise en œuvre des politiques et mesurer les résultats obtenus. Cela peut inclure la création d'indicateurs de performance clés (KPI) spécifiques, la réalisation d'audits et d'évaluations périodiques, ainsi que la consultation des parties prenantes pour recueillir des commentaires et des suggestions d'amélioration.

L'évaluation et le suivi des politiques de Green IT sont essentiels pour garantir leur efficacité et leur pertinence à long terme. Ces mécanismes permettent aux gouvernements de prendre des décisions éclairées basées sur des données tangibles, d'ajuster les politiques en fonction des résultats obtenus et d'adapter leurs approches pour maximiser leur impact.

En conclusion, l'évaluation et le suivi des politiques de Green IT jouent un rôle clé dans l'efficacité et la réussite des initiatives gouvernementales visant à promouvoir une informatique éthique et durable. Ces mécanismes permettent aux gouvernements de collecter des données, de mesurer les résultats, d'identifier les domaines d'amélioration et d'apporter des modifications nécessaires pour soutenir la transition vers une informatique plus verte.

12.8   Défis et perspectives du rôle du gouvernement dans la promotion du Green IT

Parmi les défis, on trouve la coordination des politiques de Green IT au sein des différentes agences gouvernementales et entre les gouvernements nationaux et régionaux. Il est essentiel d'assurer une approche cohérente et harmonisée pour maximiser l'efficacité des mesures mises en place.

La conformité est également un défi, car il est nécessaire de veiller à ce que les entreprises respectent les réglementations et les normes liées au Green IT. Cela nécessite des mécanismes de surveillance et de sanction efficaces pour garantir une conformité adéquate.

L'adaptation aux évolutions technologiques représente un autre défi, car le Green IT est un domaine en constante évolution. Les gouvernements doivent rester à jour sur les avancées technologiques et être prêts à ajuster leurs politiques pour répondre aux nouvelles tendances et aux innovations émergentes.

En ce qui concerne les perspectives d'évolution du rôle du gouvernement, il est probable que celui-ci continuera à jouer un rôle clé dans la promotion du Green IT. Avec les enjeux environnementaux de plus en plus pressants, les gouvernements seront incités à renforcer leurs politiques et leurs incitations en faveur d'une informatique plus verte.

Les avancées technologiques telles que l'intelligence artificielle, l'Internet des objets et les énergies renouvelables offrent également de nouvelles opportunités pour le gouvernement de jouer un rôle actif dans la promotion du Green IT. Ces technologies peuvent être utilisées pour optimiser la consommation d'énergie, gérer les ressources de manière plus efficace et favoriser des pratiques durables dans le secteur de l'informatique.

En conclusion, le rôle du gouvernement dans la promotion du Green IT est confronté à des défis tels que la coordination, la conformité et l'adaptation aux évolutions technologiques. Cependant, il existe également des perspectives d'évolution prometteuses, avec des opportunités pour renforcer les politiques, les incitations et la collaboration internationale. Les gouvernements joueront un rôle crucial dans la création d'un environnement propice à une informatique plus éthique, durable et respectueuse de l'environnement.

12.9 Études de cas de gouvernements pionniers dans la promotion du Green IT

Dans cette section, nous présenterons plusieurs études de cas de gouvernements qui ont mis en place des politiques et des initiatives novatrices pour favoriser une informatique plus verte.

Plusieurs gouvernements à travers le monde sont devenus des pionniers dans la promotion du Green IT, adoptant des mesures pour encourager l'utilisation durable de la technologie. En voici quelques exemples :

L'Union Européenne
L'UE a été un leader mondial dans la promotion du Green IT, mettant en œuvre des directives comme le Code de Conduite sur l'efficacité énergétique des centres de données, qui encourage l'adoption de technologies et de pratiques d'efficacité énergétique dans les centres de données. De plus, le Green Deal de l'UE vise à faire de l'Europe le premier continent climatiquement neutre d'ici 2050, avec une stratégie numérique qui inclut des initiatives spécifiques liées au Green IT.

Le Japon
Le Japon a mis en place le "Green IT Project" en 2008, visant à promouvoir une société à faible émission de carbone grâce à l'utilisation de technologies de l'information. Le Japon a également mis en place des normes d'efficacité énergétique strictes pour l'équipement informatique.

La Suède
La Suède a été l'un des premiers pays à imposer une taxe sur le CO2 et continue d'être un leader en matière de durabilité. Le pays abrite de nombreux centres de données alimentés par des énergies renouvelables, et le gouvernement encourage activement l'innovation dans le domaine du Green IT.

Singapour
Singapour a mis en œuvre le Green IT Programme sous la direction de son Info-communications Media Development Authority. Ce programme vise à encourager les entreprises à adopter des pratiques de TI écologiques et à développer des solutions de TI écologiques.

La France
La France a également été proactive dans la promotion du Green IT, avec des initiatives comme le Grenelle de l'environnement, qui a introduit des réglementations pour promouvoir l'efficacité énergétique et la durabilité dans divers secteurs, y compris les TI.

Ces initiatives gouvernementales constituent des étapes importantes pour promouvoir l'adoption de pratiques informatiques durables et aider à atténuer l'impact environnemental de l'industrie technologique.

La Suisse, connue pour son engagement en faveur de la durabilité et de la protection de l'environnement, a également pris des initiatives en faveur du Green IT.

Efforts du secteur privé
De nombreuses entreprises suisses de technologie et de services financiers, parmi d'autres secteurs, ont pris des engagements significatifs pour réduire leur empreinte carbone et promouvoir l'efficacité énergétique. Ces efforts sont souvent soutenus par des incitations gouvernementales ou réglementaires.

Efficacité énergétique des centres de données
La Suisse est reconnue pour sa gestion durable des centres de données, grâce à plusieurs facteurs :

Climat favorable : La Suisse bénéficie d'un climat tempéré qui est idéal pour le refroidissement naturel. Certaines entreprises utilisent l'air extérieur pour refroidir leurs centres de données, réduisant ainsi leur dépendance à l'égard de la climatisation alimentée par l'énergie.

Efficacité énergétique : Les centres de données suisses sont connus pour leur haute efficacité énergétique. Ils utilisent des technologies avancées pour minimiser leur consommation d'énergie, telles que le refroidissement par immersion, les systèmes de gestion de l'énergie basés sur l'IA et l'utilisation de l'énergie renouvelable.

Utilisation de l'énergie renouvelable : De nombreux centres de données en Suisse sont alimentés par de l'énergie hydroélectrique, une source d'énergie renouvelable. L'utilisation de l'énergie renouvelable aide à réduire l'empreinte carbone de ces centres.

Refroidissement par l'eau des lacs : Certains centres de données en Suisse, notamment à Genève, utilisent l'eau froide des lacs pour refroidir leurs installations. Cette méthode de refroidissement est non seulement économe en énergie, mais elle a également un faible impact environnemental.

Infrastructure robuste : La Suisse a une infrastructure de réseau électrique très fiable, ce qui réduit le besoin d'utiliser des générateurs diesel pour la sauvegarde, contribuant ainsi à une moindre pollution.

<u>*Législation favorable*</u> *: Les politiques gouvernementales en Suisse favorisent également le développement de centres de données écologiques. Par exemple, il existe des incitations pour l'utilisation d'énergies renouvelables et l'efficacité énergétique.*

<u>*Politiques d'énergie renouvelable*</u>

La Suisse a mis en place plusieurs politiques visant à promouvoir les énergies renouvelables et l'efficacité énergétique. Ces mesures peuvent aider les entreprises de technologie, y compris les fournisseurs de services informatiques, à réduire leur empreinte carbone. En voici quelques-unes :

<u>*Stratégie énergétique 2050*</u> *: La stratégie énergétique 2050, adoptée par le gouvernement suisse, est un plan à long terme visant à augmenter l'efficacité énergétique et à promouvoir les énergies renouvelables. Le plan prévoit une réduction progressive de la dépendance à l'égard des combustibles fossiles et de l'énergie nucléaire, et encourage l'utilisation de sources d'énergie renouvelables comme le solaire, l'éolien, la géothermie et l'hydraulique.*

<u>*Réseaux intelligents (Smart Grids)*</u> *: La Suisse promeut l'adoption de réseaux intelligents qui permettent une meilleure intégration des sources d'énergie renouvelable. Ces réseaux peuvent aider les centres de données et autres infrastructures informatiques à gérer leur consommation d'énergie de manière plus efficace et à s'adapter aux fluctuations de l'approvisionnement en énergie renouvelable.*

<u>*Soutien financier et fiscal*</u> *: Le gouvernement suisse propose des incitations financières et fiscales pour encourager l'adoption des énergies renouvelables et de l'efficacité énergétique. Par exemple, il offre des subventions et des prêts à taux réduit pour les projets d'énergie renouvelable et l'installation de systèmes d'efficacité énergétique.*

<u>*Normes d'efficacité énergétique*</u> *: La Suisse a mis en place des normes d'efficacité énergétique pour divers secteurs, y compris l'industrie de la technologie. Ces normes peuvent encourager les entreprises à adopter des pratiques plus économes en énergie et à utiliser des sources d'énergie renouvelable.*

Ces études de cas mettent en évidence les impacts positifs de politiques et d'initiatives gouvernementales dans la promotion du Green IT. Elles montrent également les leçons apprises, telles que l'importance de la collaboration entre les parties prenantes, la nécessité de fixer des objectifs clairs et mesurables, ainsi que l'importance de la sensibilisation et de l'éducation du public.

En conclusion, ces exemples de gouvernements pionniers démontrent l'importance d'un engagement fort des gouvernements dans la promotion du Green IT. Leurs politiques et initiatives ont permis de stimuler l'adoption de pratiques plus durables dans le secteur de l'informatique, avec des résultats positifs en termes de réduction des émissions de gaz à effet de serre et de promotion de l'efficacité énergétique. Ces études de cas servent d'inspiration et de modèles pour d'autres gouvernements cherchant à promouvoir une informatique plus verte.

Le chapitre sur le rôle du gouvernement dans la promotion du Green IT met en évidence l'importance cruciale de l'intervention gouvernementale pour encourager et soutenir des pratiques informatiques durables. Les gouvernements jouent un rôle clé dans la mise en place de réglementations et de normes qui encadrent les pratiques environnementales dans le secteur de l'informatique. Ils peuvent également proposer des incitations fiscales et économiques pour encourager les entreprises à adopter des solutions Green IT.

De plus, les gouvernements peuvent soutenir la recherche et le développement dans le domaine du Green IT, favorisant ainsi l'innovation technologique et la mise en place de solutions durables. Ils ont également un rôle essentiel dans la sensibilisation et l'éducation du public sur les enjeux environnementaux liés à l'informatique et peuvent promouvoir des campagnes de sensibilisation.

La collaboration internationale et les accords multilatéraux sont également des éléments importants. En travaillant ensemble, les gouvernements peuvent partager les meilleures pratiques, renforcer les normes communes et faciliter l'échange de connaissances.

Les recommandations pour les gouvernements incluent le renforcement des réglementations et des incitations pour promouvoir une informatique plus verte, le soutien à la recherche et à l'éducation dans le domaine du Green IT, ainsi que la collaboration étroite avec les entreprises et la société civile pour accélérer la transition vers une informatique plus durable.

Chapitre 13. Évaluation de l'empreinte carbone des TIC.

13.1 Introduction à l'évaluation de l'empreinte carbone

L'évaluation de l'empreinte carbone des technologies de l'information et de la communication (TIC) est devenue une préoccupation majeure dans le domaine du Green IT. L'empreinte carbone représente la quantité de gaz à effet de serre émise directement ou indirectement par une activité, un produit ou un service. Dans le contexte des TIC, il s'agit de mesurer et de comprendre l'impact environnemental des infrastructures informatiques, des équipements, des réseaux, des logiciels et des applications.

L'objectif de ce chapitre est de présenter les méthodologies, les outils et les approches utilisés pour évaluer l'empreinte carbone des TIC. Nous examinerons les différentes composantes qui contribuent aux émissions de gaz à effet de serre, ainsi que les stratégies et les initiatives visant à réduire cette empreinte.

Au cours de ce chapitre, nous aborderons les principaux aspects suivants :

Méthodologies et outils pour évaluer l'empreinte carbone des TIC
Nous explorerons les différentes approches utilisées pour évaluer l'empreinte carbone, notamment les méthodologies de comptabilisation des émissions, les normes internationales et les outils de calcul de l'empreinte carbone.

L'impact des infrastructures informatiques sur les émissions de gaz à effet de serre
Nous examinerons en détail l'impact environnemental des infrastructures informatiques, telles que les centres de données, les serveurs, les systèmes de refroidissement et les réseaux de communication.

L'empreinte carbone des équipements informatiques
Nous analyserons l'empreinte carbone des équipements tels que les ordinateurs, les smartphones, les tablettes et les périphériques, en mettant l'accent sur les phases de fabrication, d'utilisation et de fin de vie.

L'empreinte carbone des réseaux et des télécommunications
Nous étudierons l'impact environnemental des réseaux de télécommunications, y compris les réseaux fixes et mobiles, les infrastructures de transmission de données et les centres de commutation.

L'empreinte carbone des logiciels et des applications
Nous évaluerons l'impact environnemental des logiciels et des applications, en examinant les aspects tels que l'efficacité énergétique, l'optimisation des ressources et les bonnes pratiques de développement.

Les stratégies pour réduire l'empreinte carbone des TIC
Nous présenterons les différentes stratégies et approches visant à réduire l'empreinte carbone des TIC, telles que l'efficacité énergétique, la virtualisation, la gestion du cycle de vie des équipements et la promotion de comportements éco-responsables.

Les initiatives et les bonnes pratiques pour une utilisation plus durable des TIC
Nous mettrons en évidence les initiatives et les bonnes pratiques développées par les acteurs de l'industrie, les gouvernements et les organisations internationales pour promouvoir une utilisation plus durable des TIC.

Les défis et les perspectives de l'évaluation de l'empreinte carbone des TIC
Nous discuterons des défis auxquels nous sommes confrontés lors de l'évaluation de l'empreinte carbone des TIC, tels que la collecte de données, la complexité des systèmes et les incertitudes associées. Nous aborderons également les perspectives d'avenir et les opportunités d'innovation pour réduire davantage l'empreinte carbone des TIC.

En comprenant l'empreinte carbone des TIC et en adoptant des pratiques plus durables, nous pouvons contribuer à atténuer les impacts environnementaux de l'industrie informatique. Ce chapitre vise à sensibiliser à l'importance de l'évaluation de l'empreinte carbone et à fournir des outils et des connaissances pour promouvoir une utilisation plus responsable et plus durable des technologies de l'information et de la communication.

L'évaluation de l'empreinte carbone des technologies de l'information et de la communication (TIC) nécessite l'utilisation de méthodologies et d'outils spécifiques pour quantifier les émissions de gaz à effet de serre associées à ces activités. Cette section présente les principales approches utilisées dans le domaine de l'évaluation de l'empreinte carbone des TIC, ainsi que les outils et les normes disponibles.

Méthodologies de comptabilisation des émissions

Plusieurs méthodologies de comptabilisation des émissions de gaz à effet de serre ont été développées pour évaluer l'empreinte carbone des TIC de manière cohérente et comparable. Parmi les plus couramment utilisées, on trouve :

Le Bilan Carbone®
Cette méthode développée par l'ADEME (Agence de l'Environnement et de la Maîtrise de l'Énergie) en France permet d'évaluer les émissions de gaz à effet de serre d'une organisation ou d'un produit en prenant en compte l'ensemble de son cycle de vie, depuis l'extraction des matières premières jusqu'à la fin de vie.

Le GHG Protocol
Il s'agit d'un standard international développé par le World Resources Institute (WRI) et le World Business Council for Sustainable Development (WBCSD). Il propose des lignes directrices pour la comptabilisation et le reporting des émissions de gaz à effet de serre, y compris pour les activités liées aux TIC.

ISO 14064
Cette norme internationale fournit des lignes directrices pour la quantification, la vérification et le reporting des émissions de gaz à effet de serre. Elle peut être utilisée pour évaluer l'empreinte carbone des TIC, en accordant une attention particulière à la norme ISO 14064-2, qui traite spécifiquement de la quantification des émissions liées aux activités organisationnelles.

Ces méthodologies fournissent un cadre structuré pour évaluer les émissions de gaz à effet de serre des TIC, en prenant en compte à la fois les émissions directes (scope 1), les émissions indirectes liées à l'électricité consommée (scope 2) et les émissions indirectes liées aux activités en amont et en aval (scope 3).

Outils de calcul de l'empreinte carbone

Pour faciliter l'évaluation de l'empreinte carbone des TIC, plusieurs outils de calcul spécifiques ont été développés. Ces outils permettent de collecter et de traiter les données nécessaires pour estimer les émissions de gaz à effet de serre associées aux activités informatiques. Parmi les outils les plus utilisés, on peut citer :

L'outil Carbon Footprint
Il s'agit d'un logiciel développé pour évaluer l'empreinte carbone des centres de données. Il prend en compte des paramètres tels que la consommation d'énergie, les équipements utilisés, la gestion du refroidissement, etc.

L'outil Greenhouse Gas Protocol
Il offre un ensemble d'outils et de ressources pour aider les organisations à calculer et à gérer leurs émissions de gaz à effet de serre, y compris celles liées aux activités informatiques.

L'outil EcoIndex
Développé en France, cet outil permet d'évaluer l'empreinte carbone des sites web et des applications mobiles. Il prend en compte des critères tels que la consommation d'énergie, le transport des données, etc.

Ces outils facilitent la collecte des données nécessaires à l'évaluation de l'empreinte carbone des TIC, et ils permettent d'obtenir des résultats plus précis et comparables.

En utilisant ces méthodologies et ces outils, il est possible d'évaluer de manière cohérente et précise l'empreinte carbone des technologies de l'information et de la communication. Cela permet aux organisations et aux entreprises d'identifier les principaux contributeurs aux émissions de gaz à effet de serre, d'orienter leurs efforts vers les actions les plus efficaces et de surveiller leurs progrès dans la réduction de leur empreinte carbone.

13.3 L'impact des infrastructures informatiques sur les émissions de gaz à effet de serre

Dans ce chapitre, nous examinerons en détail l'impact environnemental des infrastructures informatiques sur les émissions de gaz à effet de serre. Nous nous pencherons sur différents éléments tels que les centres de données, les serveurs, les systèmes de refroidissement et les réseaux de communication.

Consommation d'énergie des centres de données

Les centres de données, qui abritent les serveurs et les équipements informatiques, sont des consommateurs massifs d'énergie. Ils nécessitent une alimentation électrique constante pour assurer le fonctionnement des équipements ainsi que le refroidissement des salles serveurs. Leur fonctionnement 24 heures sur 24 et 7 jours sur 7 entraîne une consommation énergétique continue.

Efficacité énergétique des infrastructures informatiques

Pour réduire l'impact environnemental des infrastructures informatiques sur les émissions de gaz à effet de serre, il est essentiel d'améliorer leur efficacité énergétique. Cela peut être réalisé en mettant en œuvre des pratiques telles que la virtualisation, l'optimisation de la gestion de l'alimentation, l'utilisation de matériels économes en énergie et l'adoption de systèmes de refroidissement plus efficaces.

Émissions de gaz à effet de serre liées à la fabrication des équipements

La fabrication des équipements informatiques, tels que les serveurs, les ordinateurs et les périphériques, génère également des émissions de gaz à effet de serre. Les processus de fabrication requièrent de l'énergie et des ressources, contribuant ainsi à ces émissions. De plus, l'extraction des matières premières nécessaires à la production de ces équipements peut avoir des conséquences environnementales néfastes.

Gestion des déchets électroniques

La gestion des déchets électroniques provenant des infrastructures informatiques est une préoccupation majeure en termes d'impact sur les émissions de gaz à effet de serre. Lorsque les équipements sont mis au rebut, ils peuvent libérer des substances nocives dans l'environnement si leur traitement n'est pas adéquat. De plus, la production et la gestion des déchets électroniques nécessitent également de l'énergie, contribuant ainsi aux émissions de gaz à effet de serre.

Solutions pour réduire l'impact des infrastructures informatiques

Pour réduire l'impact environnemental des infrastructures informatiques sur les émissions de gaz à effet de serre, il est nécessaire de mettre en place des solutions telles que l'adoption de pratiques d'efficacité énergétique, la gestion responsable des déchets électroniques et l'utilisation de technologies plus durables. Cela implique également de favoriser l'utilisation de sources d'énergie renouvelable et d'optimiser les infrastructures de communication pour réduire la consommation d'énergie.

L'impact des infrastructures informatiques sur les émissions de gaz à effet de serre est un sujet crucial dans le contexte de la durabilité environnementale. En comprenant les différents aspects de cet impact, nous pouvons mettre en place des mesures efficaces pour réduire ces émissions et favoriser une transition vers des infrastructures informatiques plus respectueuses de l'environnement.

13.4 L'empreinte carbone des équipements informatiques

L'empreinte carbone des équipements informatiques est un aspect important à prendre en compte lors de l'évaluation de leur impact environnemental. Les équipements informatiques, tels que les ordinateurs, les serveurs, les périphériques et les dispositifs de stockage, contribuent à la fois à la consommation d'énergie et aux émissions de gaz à effet de serre tout au long de leur cycle de vie, de la production à l'élimination.

Fabrication et distribution des équipements informatiques
La fabrication des équipements informatiques nécessite l'utilisation de matières premières, d'énergie et de processus industriels, ce qui entraîne des émissions de gaz à effet de serre. De plus, la distribution de ces équipements implique souvent des transports qui contribuent également aux émissions de gaz à effet de serre. Il est donc essentiel de prendre en compte ces aspects dans l'évaluation de l'empreinte carbone des équipements informatiques.

Consommation d'énergie des équipements informatiques
La consommation d'énergie des équipements informatiques pendant leur utilisation est un facteur clé de leur empreinte carbone. Les ordinateurs, les serveurs et autres dispositifs nécessitent de l'électricité pour fonctionner, et cette consommation d'énergie est généralement alimentée par des sources d'énergie qui peuvent être plus ou moins émettrices de gaz à effet de serre. Il est donc important de prendre en compte l'efficacité énergétique des équipements et de promouvoir l'utilisation de sources d'énergie renouvelable pour réduire leur impact environnemental.

Gestion des déchets électroniques

La gestion des déchets électroniques issus des équipements informatiques est un autre aspect crucial de leur empreinte carbone. Lorsque ces équipements atteignent la fin de leur vie utile, leur élimination ou leur recyclage peut avoir un impact significatif sur les émissions de gaz à effet de serre. Une gestion appropriée des déchets électroniques, notamment le recyclage et la réutilisation des composants, peut contribuer à réduire l'empreinte carbone des équipements informatiques.

Durée de vie et obsolescence des équipements informatiques

La durée de vie des équipements informatiques et l'obsolescence technologique sont des facteurs à prendre en compte dans l'évaluation de leur empreinte carbone. Des cycles de renouvellement fréquents peuvent entraîner une surproduction d'équipements, une augmentation des déchets électroniques et une consommation d'énergie supplémentaire pour la fabrication de nouveaux équipements. Promouvoir l'utilisation durable des équipements informatiques et encourager les pratiques telles que la réparation, la mise à niveau et le prolongement de la durée de vie peuvent contribuer à réduire leur empreinte carbone.

Solutions pour réduire l'empreinte carbone des équipements informatiques

Pour réduire l'empreinte carbone des équipements informatiques, il est essentiel de mettre en place des solutions telles que l'adoption de pratiques d'efficacité énergétique, la promotion de l'utilisation de sources d'énergie renouvelable, la gestion responsable des déchets électroniques et la sensibilisation à l'obsolescence programmée. De plus, encourager la conception éco-responsable des équipements, notamment en favorisant l'utilisation de matériaux durables et recyclables, peut contribuer à réduire leur impact environnemental.

En conclusion, l'empreinte carbone des équipements informatiques est un enjeu majeur en matière de durabilité. Il est essentiel de prendre en compte tous les aspects du cycle de vie des équipements, de la fabrication à l'élimination, afin de réduire leur impact sur les émissions de gaz à effet de serre. En adoptant des pratiques et des solutions visant à améliorer l'efficacité énergétique, à promouvoir l'utilisation de sources d'énergie renouvelable et à gérer de manière responsable les déchets électroniques, nous pouvons contribuer à une informatique plus verte et durable.

L'empreinte carbone des réseaux et des télécommunications est un aspect important à prendre en compte dans l'évaluation de l'impact environnemental de l'industrie des technologies de l'information et de la communication (TIC). Les réseaux de télécommunications, les infrastructures de télécommunication et les équipements associés contribuent à la consommation d'énergie et aux émissions de gaz à effet de serre, notamment en raison de leur fonctionnement, de leur déploiement et de leur maintenance.

Consommation d'énergie des réseaux de télécommunications

Les réseaux de télécommunications nécessitent une quantité considérable d'énergie pour leur fonctionnement, notamment pour alimenter les équipements de transmission, les commutateurs, les routeurs et les antennes. Cette consommation d'énergie est généralement alimentée par des sources d'énergie qui peuvent être plus ou moins émettrices de gaz à effet de serre. Il est donc crucial de promouvoir l'efficacité énergétique des réseaux de télécommunications et d'encourager l'utilisation de sources d'énergie renouvelable pour réduire leur empreinte carbone.

Déploiement et maintenance des infrastructures de télécommunication

Le déploiement et la maintenance des infrastructures de télécommunication, tels que les tours et les antennes, peuvent avoir un impact significatif sur l'empreinte carbone. Cela inclut l'utilisation de matériaux de construction, les émissions liées aux travaux de construction et de maintenance, ainsi que les déplacements des techniciens. Il est important de prendre en compte ces facteurs lors de l'évaluation de l'empreinte carbone des réseaux et des télécommunications, et de promouvoir des pratiques de déploiement durables, telles que l'utilisation de matériaux recyclables et la minimisation des déplacements.

Technologies émergentes et empreinte carbone

L'introduction de nouvelles technologies dans les réseaux et les télécommunications, telles que la 5G, l'internet des objets (IoT) et le cloud computing, peut avoir un impact sur l'empreinte carbone. Ces technologies nécessitent souvent des infrastructures et des équipements supplémentaires, ce qui peut entraîner une augmentation de la consommation d'énergie et des émissions de gaz à effet de serre. Il est essentiel de mener des études d'impact environnemental et de promouvoir l'adoption de technologies plus durables pour réduire leur empreinte carbone.

Gestion des données et des communications

La gestion des données et des communications dans les réseaux et les télécommunications peut également avoir un impact sur l'empreinte carbone. La transmission, le stockage et le traitement des données nécessitent des ressources informatiques et énergétiques, ce qui peut entraîner des émissions de gaz à effet de serre. Il est important de promouvoir des pratiques de gestion efficace des données, telles que la compression des données, l'utilisation de centres de données efficaces sur le plan énergétique et la virtualisation, pour réduire l'empreinte carbone des réseaux et des télécommunications.

En conclusion, l'empreinte carbone des réseaux et des télécommunications est un défi majeur dans la recherche de la durabilité dans le domaine des TIC. Il est essentiel de promouvoir l'efficacité énergétique, l'utilisation de sources d'énergie renouvelable, les pratiques de déploiement durables et la gestion efficace des données pour réduire l'empreinte carbone de ces infrastructures. En adoptant des mesures d'atténuation appropriées, nous pouvons contribuer à un secteur des télécommunications plus respectueux de l'environnement et à une réduction significative des émissions de gaz à effet de serre.

13.6 L'empreinte carbone des logiciels et des applications

L'empreinte carbone des logiciels et des applications est un aspect souvent négligé mais important à prendre en compte dans l'évaluation de l'impact environnemental de l'industrie des technologies de l'information et de la communication (TIC). Les logiciels et les applications informatiques peuvent avoir un impact significatif sur la consommation d'énergie, les émissions de gaz à effet de serre et la gestion des ressources. Voici quelques points clés à considérer :

Efficacité énergétique et optimisation des ressources

Les logiciels et les applications bien conçus peuvent contribuer à réduire la consommation d'énergie des systèmes informatiques. Cela peut être réalisé grâce à une programmation efficace, une utilisation optimisée des ressources matérielles, une gestion efficace de la mémoire et une réduction de l'empreinte des données. L'optimisation des performances des logiciels peut réduire la charge sur les serveurs et les dispositifs de stockage, ce qui entraîne une réduction de la consommation d'énergie et des émissions de gaz à effet de serre.

Virtualisation et cloud computing

Le recours à la virtualisation et au cloud computing peut contribuer à réduire l'empreinte carbone des logiciels et des applications. Ces technologies permettent de consolider les ressources informatiques, d'optimiser l'utilisation des serveurs et de réduire la nécessité de matériel physique supplémentaire. Cela se traduit par une réduction de la consommation d'énergie, des émissions de gaz à effet de serre et des besoins en refroidissement.

Durée de vie et obsolescence des logiciels

La durée de vie des logiciels et des applications a également un impact sur leur empreinte carbone. Les mises à jour fréquentes, les versions obsolètes et les logiciels abandonnés peuvent conduire à une surconsommation de ressources et à une augmentation des émissions de gaz à effet de serre. Il est important de promouvoir la durabilité des logiciels en encourageant des mises à jour raisonnées, la réutilisation de code et le choix de logiciels durables.

Analyse du cycle de vie des logiciels

Une évaluation complète de l'empreinte carbone des logiciels nécessite une analyse du cycle de vie, qui prend en compte toutes les étapes, de la conception à l'utilisation et à la fin de vie.

Cela inclut l'évaluation de l'impact environnemental des matériaux utilisés, du développement du logiciel, de son utilisation, de sa maintenance et de sa désinstallation. L'analyse du cycle de vie permet d'identifier les opportunités d'amélioration et de minimiser l'empreinte carbone tout au long du cycle de vie du logiciel.

En conclusion, l'empreinte carbone des logiciels et des applications peut être réduite grâce à des pratiques de développement durable, à l'optimisation des ressources, à l'utilisation de technologies efficaces sur le plan énergétique et à une gestion responsable tout au long du cycle de vie des logiciels. En adoptant une approche holistique, nous pouvons favoriser une informatique plus verte et contribuer à la réduction des émissions de gaz à effet de serre dans le domaine des TIC.

13.7 Les stratégies pour réduire l'empreinte carbone des TIC

La réduction de l'empreinte carbone des technologies de l'information et de la communication (TIC) est un enjeu majeur dans la transition vers une société plus durable. Voici quelques stratégies clés pour réduire l'empreinte carbone des TIC :

Virtualisation et consolidation des serveurs

La virtualisation permet de consolider plusieurs serveurs physiques sur un seul serveur physique ou sur une infrastructure partagée. Cela réduit la consommation d'énergie, l'espace requis et les émissions de gaz à effet de serre associées à la gestion de nombreux serveurs.

Optimisation de l'efficacité énergétique

Les entreprises peuvent mettre en œuvre des mesures d'efficacité énergétique telles que l'utilisation de matériel informatique économe en énergie, l'optimisation des systèmes de refroidissement, la gestion intelligente de l'alimentation et la mise en veille des équipements lorsque cela est possible.

Utilisation de sources d'énergie renouvelable

La transition vers l'utilisation de sources d'énergie renouvelable pour alimenter les infrastructures informatiques permet de réduire considérablement les émissions de gaz à effet de serre. L'utilisation de l'énergie solaire, éolienne ou hydraulique pour alimenter les centres de données et les installations informatiques contribue à une empreinte carbone réduite.

Dématérialisation et optimisation des processus

La réduction de la consommation de papier et la numérisation des processus et des documents contribuent à réduire l'empreinte carbone des TIC. L'utilisation de solutions de gestion électronique des documents, de signature électronique et de collaboration en ligne réduit la consommation de ressources et les émissions associées au papier et au transport physique.

Recyclage et gestion responsable des déchets électroniques

La gestion responsable des déchets électroniques est essentielle pour réduire l'empreinte carbone des TIC. Le recyclage approprié des équipements informatiques en fin de vie permet de récupérer des matériaux précieux et de réduire les émissions associées à la production de nouveaux équipements.

Sensibilisation et formation

La sensibilisation et la formation des utilisateurs et des professionnels des TIC sont indispensables pour encourager des pratiques éco-responsables. En éduquant les utilisateurs sur l'impact environnemental de leurs actions et en leur fournissant des conseils pour une utilisation éco-efficace des TIC, il est possible de réduire significativement l'empreinte carbone.

Collaboration et partenariats

La collaboration entre les différentes parties prenantes, y compris les fabricants, les fournisseurs de services, les organisations environnementales et les gouvernements, est essentielle pour développer des solutions innovantes et pour promouvoir une approche collective de la réduction de l'empreinte carbone des TIC.

En adoptant ces stratégies, les entreprises et les utilisateurs des TIC peuvent contribuer de manière significative à la réduction de l'empreinte carbone et à la construction d'un avenir plus durable. La combinaison de pratiques éco-responsables, de technologies efficaces sur le plan énergétique et d'une sensibilisation accrue peut ouvrir la voie à une utilisation plus durable des TIC.

13.8 Les initiatives et les bonnes pratiques pour une utilisation plus durable des TIC

La transition vers une utilisation plus durable des technologies de l'information et de la communication (TIC) nécessite la mise en place d'initiatives et de bonnes pratiques.

Voici quelques exemples d'initiatives et de mesures qui favorisent une utilisation plus durable des TIC :

Certification et labels environnementaux

Les certifications et les labels environnementaux spécifiques aux TIC permettent aux entreprises et aux consommateurs de choisir des produits et services qui répondent à des critères environnementaux stricts. Par exemple, la certification Energy Star identifie les équipements économes en énergie, tandis que le label EPEAT évalue la durabilité des ordinateurs et des périphériques.

Gestion du cycle de vie
Une approche responsable de la gestion du cycle de vie des équipements informatiques est essentielle. Cela comprend la conception éco-conçue des produits, l'achat responsable en privilégiant les produits durables et économes en énergie, l'utilisation efficace des équipements tout au long de leur durée de vie, et la gestion appropriée des déchets électroniques en fin de vie.

Sensibilisation et formation
La sensibilisation des utilisateurs aux enjeux environnementaux liés aux TIC est cruciale. Des programmes de sensibilisation et de formation peuvent être mis en place pour informer les utilisateurs sur les bonnes pratiques, telles que l'économie d'énergie, la gestion des déchets électroniques, et l'utilisation responsable des ressources.

Économie circulaire
La transition vers une économie circulaire encourage la réutilisation, la réparation et le recyclage des équipements informatiques. Des initiatives de reconditionnement des appareils, de collecte sélective des déchets électroniques, et de récupération des matériaux précieux permettent de prolonger la durée de vie des équipements et de réduire la quantité de déchets générés.

Virtualisation et cloud computing
La virtualisation des serveurs et le cloud computing permettent de maximiser l'utilisation des ressources matérielles, réduisant ainsi la consommation d'énergie et les émissions de gaz à effet de serre. En partageant les ressources de manière efficace, il est possible de minimiser l'empreinte carbone des infrastructures informatiques.

Éco-conception des logiciels
L'éco-conception des logiciels vise à optimiser leur efficacité énergétique en réduisant la consommation de ressources matérielles et en améliorant les

performances. Cela inclut l'optimisation des algorithmes, la minimisation de l'utilisation des ressources système et la prise en compte des critères environnementaux lors du développement des logiciels.

Collaboration et partenariats
La collaboration entre les acteurs de l'industrie des TIC, les gouvernements, les organisations environnementales et les utilisateurs est essentielle pour promouvoir une utilisation plus durable des TIC. Des partenariats peuvent être établis pour développer des normes, des réglementations et des initiatives communes visant à réduire l'impact environnemental des TIC.

En mettant en œuvre ces initiatives et en adoptant ces bonnes pratiques, il est possible de progresser vers une utilisation plus durable des technologies de l'information et de la communication. Il est important que les entreprises, les gouvernements et les utilisateurs individuels s'engagent activement dans cette transition pour préserver notre environnement et construire un avenir plus durable.

13.9 Les défis et les perspectives de l'évaluation de l'empreinte carbone des TIC

L'évaluation de l'empreinte carbone des technologies de l'information et de la communication (TIC) présente certains défis, mais offre également des perspectives prometteuses pour promouvoir la durabilité. Voici quelques défis et perspectives clés liées à cette évaluation :

Les défis

Collecte de données précises
L'évaluation de l'empreinte carbone des TIC nécessite la collecte de données précises sur la consommation d'énergie, les émissions de gaz à effet de serre et d'autres facteurs liés aux équipements, aux réseaux et aux logiciels. Il est essentiel de développer des méthodologies de collecte de données fiables et standardisées pour garantir des évaluations cohérentes et comparables.

Complexité des systèmes TIC
Les infrastructures informatiques et les réseaux de télécommunications sont souvent complexes, avec de nombreux composants interconnectés. L'évaluation

de l'empreinte carbone doit prendre en compte ces interactions complexes pour éviter les lacunes et les doubles comptes dans les estimations. Des modèles et des outils d'évaluation avancés sont nécessaires pour aborder cette complexité.

Prise en compte du cycle de vie complet
Pour une évaluation complète de l'empreinte carbone des TIC, il est essentiel de prendre en compte l'ensemble du cycle de vie des équipements, des réseaux et des logiciels, y compris la production, l'utilisation et l'élimination finale. Cela nécessite une approche holistique et une collaboration étroite entre les fabricants, les fournisseurs de services et les utilisateurs finaux.

Évolution rapide des technologies
Les technologies de l'information et de la communication évoluent rapidement, ce qui rend l'évaluation de leur empreinte carbone un défi continu. De nouvelles technologies telles que l'intelligence artificielle, l'informatique quantique et l'Internet des objets émergent, ce qui nécessite une adaptation constante des méthodologies d'évaluation pour tenir compte de ces avancées technologiques.

Sensibilisation et adoption
Pour maximiser l'impact de l'évaluation de l'empreinte carbone des TIC, il est essentiel de sensibiliser les acteurs concernés, y compris les entreprises, les gouvernements et les utilisateurs finaux. Une meilleure compréhension des enjeux environnementaux liés aux TIC peut favoriser l'adoption de pratiques durables et encourager l'innovation dans ce domaine.

Les perspectives

Malgré les défis, l'évaluation de l'empreinte carbone des TIC ouvre des perspectives intéressantes pour promouvoir la durabilité. Voici quelques perspectives clés :

Optimisation de l'efficacité énergétique
En identifiant les sources les plus énergivores et les plus émettrices de gaz à effet de serre dans les infrastructures informatiques, il est possible de mettre en œuvre des mesures d'optimisation pour réduire la consommation d'énergie et les émissions.

Développement de technologies vertes
L'évaluation de l'empreinte carbone des TIC encourage le développement de technologies vertes, telles que les équipements économes en énergie, les réseaux

à faible émission de carbone et les logiciels optimisés. Cela favorise l'innovation dans le secteur et stimule la demande pour des solutions durables.

Collaboration et normes communes
L'évaluation de l'empreinte carbone des TIC nécessite une collaboration étroite entre les parties prenantes, y compris les fabricants, les fournisseurs de services, les organisations de normalisation et les gouvernements. Le développement de normes communes et de bonnes pratiques permet d'assurer des évaluations cohérentes et de faciliter la comparaison des performances environnementales.

Sensibilisation et responsabilité
L'évaluation de l'empreinte carbone des TIC contribue à sensibiliser les acteurs concernés à l'importance de la durabilité dans le domaine des technologies. Elle encourage également la responsabilité des entreprises et des utilisateurs finaux, en les incitant à adopter des pratiques plus durables et à prendre des décisions éclairées en matière d'achat et d'utilisation de technologies.

L'évaluation de l'empreinte carbone des technologies de l'information et de la communication est essentielle pour comprendre leur impact environnemental et promouvoir des pratiques plus durables. Malgré les défis techniques et conceptuels, elle offre des opportunités d'optimisation de l'efficacité énergétique, de développement de technologies vertes et de collaboration entre les parties prenantes. En travaillant ensemble et en adoptant des initiatives et des bonnes pratiques, nous pouvons progressivement réduire l'empreinte carbone des TIC et contribuer à la construction d'un avenir plus durable.

13.10 Conclusion

Dans le cadre de cette étude sur l'évaluation de l'empreinte carbone des technologies de l'information et de la communication (TIC), nous avons examiné l'impact environnemental des équipements informatiques, des réseaux et des logiciels, ainsi que les défis et les perspectives liés à cette évaluation.

Il est clair que les TIC ont un impact significatif sur les émissions de gaz à effet de serre et sur l'environnement en général. Les infrastructures informatiques, telles que les centres de données et les serveurs, consomment d'importantes quantités d'énergie et contribuent aux émissions de CO_2. Les réseaux de télécommunications et les logiciels ont également leur part de responsabilité dans l'empreinte carbone globale des TIC.

Cependant, il est encourageant de constater que des initiatives et des bonnes pratiques émergent pour une utilisation plus durable des TIC. Des stratégies telles que l'optimisation de l'efficacité énergétique, le développement de technologies vertes et la sensibilisation des acteurs concernés sont des moyens efficaces de réduire l'empreinte carbone des TIC.

Il est essentiel que toutes les parties prenantes, y compris les fabricants, les fournisseurs de services, les utilisateurs finaux et les gouvernements, collaborent pour atteindre cet objectif commun de durabilité des TIC. La sensibilisation et la responsabilisation sont des facteurs clés dans ce processus, car elles encouragent l'adoption de pratiques plus durables et incitent à la prise de décisions éclairées.

Pour l'avenir, il est crucial de poursuivre les efforts de recherche et de développement pour améliorer les méthodologies d'évaluation de l'empreinte carbone des TIC, en tenant compte des avancées technologiques constantes. Des normes communes et des bonnes pratiques doivent être établies pour garantir des évaluations cohérentes et comparables.

En conclusion, la réduction de l'empreinte carbone des TIC est un défi majeur, mais également une opportunité de créer un avenir plus durable. En adoptant des stratégies et des initiatives appropriées, nous pouvons progressivement atténuer l'impact environnemental des TIC et contribuer à la préservation de notre planète pour les générations futures.

Chapitre 14. La durabilité de l'impression

14.1 Introduction

L'impression est une pratique omniprésente dans notre vie quotidienne, que ce soit au travail, à l'école ou à la maison. Cependant, cette activité a un impact significatif sur l'environnement, ce qui en fait un sujet essentiel dans le contexte du Green IT. La durabilité de l'impression vise à réduire cet impact environnemental en adoptant des pratiques responsables et des solutions technologiques plus respectueuses de l'environnement.

L'importance de la durabilité de l'impression réside dans les conséquences écologiques de cette pratique. La consommation excessive de papier entraîne une déforestation accrue, une consommation d'eau importante et des émissions de gaz à effet de serre. De plus, les consommables d'impression tels que les cartouches d'encre et les toners contribuent à la production de déchets électroniques et à l'épuisement des ressources naturelles.

Dans le cadre du Green IT, il est essentiel de prendre en compte ces impacts environnementaux et de mettre en place des mesures visant à les réduire. Cela implique d'adopter des stratégies pour réduire la consommation de papier, optimiser l'utilisation des consommables d'impression et améliorer l'efficacité énergétique des appareils d'impression. De plus, la sensibilisation des utilisateurs et la mise en place de politiques d'impression durables sont également des éléments clés pour promouvoir un comportement responsable et une utilisation plus durable de l'impression.

Dans ce chapitre, nous explorerons les impacts environnementaux de l'impression, les stratégies pour une impression plus durable, ainsi que l'importance de la sensibilisation et du changement de comportement. En comprenant l'importance de la durabilité de l'impression dans le contexte du Green IT, nous pourrons prendre des mesures concrètes pour réduire notre empreinte écologique et promouvoir une utilisation plus responsable de cette pratique courante.

Présentation des enjeux environnementaux liés à l'impression

L'impression traditionnelle est une pratique qui comporte plusieurs enjeux environnementaux importants. Ces enjeux sont liés à la consommation de papier, à l'utilisation d'encre et de toner, ainsi qu'à la gestion des déchets générés. Il est essentiel de comprendre ces enjeux afin de mettre en place des mesures visant à réduire l'impact environnemental de l'impression.

Consommation de papier
L'un des principaux enjeux de l'impression est la consommation excessive de papier. La production de papier nécessite une quantité importante d'eau, d'énergie et de ressources naturelles, tout en contribuant à la déforestation. De plus, l'élimination des déchets de papier peut poser des problèmes environnementaux, notamment en termes de recyclage et de gestion des déchets.

Utilisation d'encre et de toner
Les consommables d'impression tels que les cartouches d'encre et les toners contiennent des substances chimiques potentiellement toxiques. Leur fabrication et leur élimination peuvent avoir un impact sur l'environnement, notamment en termes de pollution de l'eau et de la terre. De plus, l'utilisation excessive d'encre et de toner contribue à la demande de ces produits, ce qui a des répercussions sur les ressources naturelles utilisées pour leur production.

Gestion des déchets
L'impression génère également une quantité importante de déchets, notamment les cartouches d'encre vides et les papiers non utilisés. Ces déchets électroniques doivent être correctement gérés pour éviter leur accumulation dans les décharges et favoriser leur recyclage ou leur revalorisation.

Ces enjeux environnementaux soulignent la nécessité d'adopter des pratiques d'impression durables. Cela implique de réduire la consommation de papier en favorisant l'impression recto verso, en limitant l'impression de documents non essentiels et en encourageant l'utilisation de formats électroniques. De plus, il est important de choisir des consommables d'impression respectueux de l'environnement, tels que des cartouches d'encre rechargeables ou des toners recyclés. Enfin, la mise en place de politiques de gestion des déchets, telles que le recyclage des cartouches d'encre, est également essentielle pour réduire l'impact environnemental de l'impression.

Consommation de papier

La consommation de papier est l'un des principaux impacts environnementaux de l'impression. La production de papier nécessite la transformation des matières premières, telles que le bois, entraînant la déforestation et la perte d'habitats naturels. De plus, la fabrication du papier requiert une quantité considérable d'eau, contribuant ainsi à la pression sur les ressources en eau douce.

En outre, la consommation de papier a un impact significatif sur les émissions de gaz à effet de serre. Le processus de production du papier génère des émissions de dioxyde de carbone (CO2) provenant de la combustion de combustibles fossiles et de la consommation d'énergie. De plus, le transport et la gestion des déchets de papier contribuent également aux émissions de CO2.

La surutilisation du papier dans les environnements de bureau, où les impressions sont souvent réalisées sans réelle nécessité, aggrave encore ces impacts. Des documents sont souvent imprimés inutilement ou en plusieurs exemplaires, ce qui augmente la demande de papier et la quantité de déchets générés.

Il est donc essentiel d'adopter des pratiques d'impression durables pour réduire ces impacts environnementaux. Cela peut inclure la mise en œuvre de politiques de gestion du papier, telles que l'impression recto verso, la réduction de la taille des marges et l'utilisation de formats électroniques chaque fois que possible. De plus, encourager la sensibilisation des utilisateurs à l'importance de l'impression responsable et promouvoir l'utilisation de papier recyclé ou certifié peut contribuer à réduire l'empreinte écologique de l'impression.

Il est également crucial de mettre en place des systèmes de gestion des déchets de papier efficaces, tels que le recyclage du papier, afin de réduire la quantité de déchets envoyés en décharge. Le recyclage du papier permet de réduire la demande de nouvelles fibres de bois et d'économiser de l'énergie par rapport à la production de papier vierge.

En adoptant ces mesures, il est possible de réduire significativement les impacts environnementaux liés à la consommation de papier dans le contexte de l'impression, contribuant ainsi à la durabilité et à la préservation des ressources naturelles.

Consommables d'impression

Les consommables d'impression, tels que les cartouches d'encre et les toners, jouent un rôle essentiel dans le processus d'impression, mais ils ont également un impact significatif sur l'environnement tout au long de leur cycle de vie. Comprendre les enjeux environnementaux liés à ces consommables est essentiel pour adopter des pratiques d'impression durables.

Fabrication des consommables

La fabrication des cartouches d'encre et des toners nécessite l'extraction de matières premières telles que les métaux, les plastiques et les encres. L'extraction de ces ressources peut entraîner des dommages environnementaux importants, tels que la destruction des habitats naturels et la pollution des sols et des eaux.

De plus, le processus de fabrication des consommables d'impression consomme une quantité significative d'énergie et génère des émissions de gaz à effet de serre. Les procédés de production, tels que l'injection de plastique et la fabrication d'encre, nécessitent l'utilisation de machines et de processus énergivores, contribuant ainsi au changement climatique.

Utilisation des consommables

L'utilisation des consommables d'impression implique la consommation de ressources, principalement le papier. L'utilisation excessive de papier peut entraîner une déforestation accrue et une consommation excessive d'eau. De plus, l'utilisation de cartouches d'encre et de toners inefficaces peut augmenter la quantité de consommables nécessaires, ce qui aggrave leur impact environnemental.

Il est essentiel d'adopter des pratiques d'impression responsables pour réduire la consommation de papier et optimiser l'utilisation des consommables. Cela peut inclure l'impression recto-verso, la réduction de la taille des marges, l'utilisation de polices économes en encre, et la mise en place de politiques de gestion de l'impression au sein des organisations.

Fin de vie des consommables

Une fois utilisés, les consommables d'impression deviennent des déchets électroniques. Malheureusement, de nombreux consommables sont jetés dans les déchets ordinaires, ce qui entraîne une augmentation des déchets électroniques et une pollution de l'environnement. Les cartouches d'encre et les toners contiennent des substances toxiques telles que les métaux lourds, qui peuvent contaminer les sols et les eaux.

Le recyclage des consommables d'impression est une solution importante pour réduire leur impact environnemental. De nombreux fabricants et distributeurs proposent des programmes de collecte et de recyclage, où les consommables usagés peuvent être retournés pour être correctement traités. Le recyclage permet de récupérer les matériaux précieux et de réduire la quantité de déchets électroniques.

En conclusion, les consommables d'impression ont un impact significatif sur l'environnement tout au long de leur cycle de vie, de la fabrication à la fin de vie. Pour réduire cet impact, il est important d'opter pour des consommables durables et respectueux de l'environnement, de promouvoir des pratiques d'impression responsables et de participer activement au recyclage des consommables. En adoptant ces mesures, nous pouvons contribuer à une approche plus durable de l'impression et à la préservation de l'environnement.

Consommation d'énergie

La consommation d'énergie des appareils d'impression joue un rôle crucial dans l'empreinte environnementale de l'impression. Les imprimantes, photocopieuses et autres appareils d'impression utilisent de l'électricité à plusieurs étapes de leur fonctionnement, de la mise sous tension à l'impression elle-même. Voici quelques aspects importants à considérer en ce qui concerne la consommation d'énergie des appareils d'impression :

Veille et modes d'économie d'énergie
Les appareils d'impression sont souvent laissés en veille lorsqu'ils ne sont pas utilisés, ce qui consomme une quantité significative d'énergie inutilement. Il est essentiel de mettre en place des politiques de gestion de l'énergie pour les appareils d'impression, encourageant leur mise en veille automatique après une période d'inactivité. De plus, les modes d'économie d'énergie permettent de réduire la consommation d'énergie en ajustant les paramètres de mise en veille et en désactivant les fonctions inutilisées.

Choix des appareils écoénergétiques
Lors de l'acquisition de nouveaux appareils d'impression, il est important de choisir des modèles écoénergétiques. Les fabricants proposent désormais des

appareils avec des certifications énergétiques telles que ENERGY STAR, qui garantissent une consommation d'énergie réduite. Ces appareils sont conçus pour être plus efficaces et économiques en énergie, contribuant ainsi à une réduction de l'empreinte carbone de l'impression.

Optimisation des paramètres d'impression

Les paramètres d'impression peuvent avoir un impact significatif sur la consommation d'énergie. En ajustant les paramètres tels que la résolution d'impression, le mode d'impression (recto-verso ou recto simple), et la densité d'encre, il est possible de réduire la quantité d'énergie nécessaire pour chaque impression. Il est recommandé de configurer les paramètres par défaut de manière à favoriser une utilisation économe en énergie.

Gestion centralisée de l'impression

La gestion centralisée de l'impression permet de contrôler et d'optimiser l'utilisation des appareils d'impression dans un environnement professionnel. Cela inclut la mise en place de politiques d'impression, la consolidation des appareils pour réduire leur nombre et leur consommation d'énergie, ainsi que le suivi et l'analyse des données de consommation d'énergie. Une gestion efficace de l'impression peut conduire à des économies d'énergie significatives à l'échelle de l'organisation.

En résumé, la consommation d'énergie des appareils d'impression est un aspect important de la durabilité de l'impression. En mettant en œuvre des mesures visant à réduire la consommation d'énergie, comme la gestion de l'énergie, le choix d'appareils écoénergétiques, l'optimisation des paramètres d'impression et la gestion centralisée de l'impression, il est possible de réduire l'impact environnemental de l'impression tout en réalisant des économies d'énergie.

14.3 Stratégies pour une impression plus durable

Réduction de la consommation de papier

Pour réduire la consommation de papier, il est essentiel d'adopter des stratégies visant à optimiser son utilisation. Voici quelques mesures à prendre en compte :

Impression recto verso

L'une des façons les plus simples de réduire la consommation de papier est d'imprimer en recto verso, c'est-à-dire des deux côtés de la feuille. De nombreux appareils d'impression offrent cette fonctionnalité, qui permet de diviser par deux la quantité de papier utilisée.

Mise en page économe en papier

Une mise en page réfléchie peut également contribuer à réduire la quantité de papier utilisée. En ajustant les marges, les espacements entre les lignes et la taille de la police, il est possible d'optimiser l'espace sur la page et d'imprimer plus d'informations avec moins de papier.

Utilisation du mode brouillon

Lorsque la qualité d'impression n'est pas une priorité absolue, le mode brouillon peut être utilisé. Il utilise moins d'encre et permet d'économiser du papier en imprimant à une qualité inférieure. Cela peut être particulièrement utile pour les impressions internes ou les brouillons qui ne nécessitent pas une grande qualité d'impression.

Adoption de solutions numériques

De plus en plus de documents peuvent être partagés et consultés de manière électronique, évitant ainsi l'impression papier. Encourager l'utilisation d'outils numériques tels que les e-mails, les documents partagés en ligne, les signatures électroniques, et les plateformes de collaboration peut réduire considérablement la nécessité d'imprimer des documents.

Numérisation des documents

Plutôt que d'imprimer des documents papier, il est possible de les numériser et de les stocker sous forme électronique. Cela permet de réduire la consommation de papier et de faciliter la gestion et le partage des documents.

Promotion de l'utilisation des tablettes et des liseuses

Les tablettes et les liseuses offrent une alternative écologique à l'impression en permettant de lire des documents électroniques. Encourager l'utilisation de ces dispositifs peut réduire la demande de documents imprimés.

Gestion des impressions non essentielles

Politiques d'impression

La mise en place de politiques d'impression peut aider à rationaliser et à limiter les impressions non essentielles. Cela peut inclure l'obligation de justification avant chaque impression, l'utilisation de codes d'accès pour débloquer les impressions, ou la mise en place de quotas d'impression pour chaque utilisateur.

Sensibilisation et formation

Informer et sensibiliser les utilisateurs sur les enjeux environnementaux liés à l'impression et les encourager à adopter des pratiques responsables peut jouer un rôle essentiel. Des formations sur l'utilisation efficace des imprimantes et sur les alternatives à l'impression papier peuvent être proposées pour promouvoir une culture de l'impression durable.

En adoptant ces stratégies pour une impression plus durable, les organisations peuvent réduire significativement leur consommation de papier, minimiser les déchets, et contribuer à la préservation de l'environnement. La combinaison d'une gestion efficace du papier, de l'adoption de solutions numériques et de la sensibilisation des utilisateurs est essentielle pour promouvoir une approche durable de l'impression.

Utilisation de papier recyclé et certifié

Le papier recyclé est fabriqué à partir de fibres de papier récupérées à partir de produits déjà utilisés, tels que les journaux, les magazines ou les vieux papiers. Il est essentiel de comprendre les avantages environnementaux du papier recyclé. Premièrement, l'utilisation de papier recyclé réduit la demande de fibres vierges, ce qui contribue à la préservation des ressources naturelles, notamment les arbres. En évitant la déforestation, nous protégeons les habitats naturels, préservons la biodiversité et maintenons l'équilibre écologique. Deuxièmement, la fabrication de papier recyclé nécessite moins d'énergie et d'eau que la production de papier à partir de fibres vierges. Cela réduit la consommation de ressources naturelles et diminue les émissions de gaz à effet de serre.

Il existe des certifications de papier, telles que le Forest Stewardship Council (FSC) et le Programme for the Endorsement of Forest Certification (PEFC), qui garantissent que le papier est issu de sources responsables sur le plan environnemental et social. Ces certifications garantissent que le papier est produit à partir de forêts gérées de manière durable, respectant les normes de gestion forestière responsable, la conservation de la biodiversité et les droits des communautés locales. En choisissant du papier certifié, vous contribuez à la préservation des écosystèmes forestiers, à la protection de la faune et de la flore, ainsi qu'à la soutenabilité des communautés locales.

L'utilisation de papier recyclé et certifié présente de nombreux avantages environnementaux. Tout d'abord, comme mentionné précédemment, l'utilisation de papier recyclé réduit la déforestation et préserve les ressources naturelles. Cela permet également de diminuer les émissions de gaz à effet de serre, car la production de papier recyclé nécessite moins d'énergie et d'eau que celle de papier à partir de fibres vierges. De plus, en optant pour du papier certifié, vous soutenez une gestion forestière responsable, qui protège la biodiversité, préserve les écosystèmes et favorise la régénération des forêts.

Qualité et disponibilité

Le papier recyclé a considérablement évolué en termes de qualité et de disponibilité sur le marché. Auparavant, il était associé à une qualité inférieure et à des limitations en termes d'impression. Cependant, grâce aux avancées technologiques et aux améliorations des processus de fabrication, il est désormais possible de trouver du papier recyclé de haute qualité qui répond aux exigences d'impression les plus élevées. De plus, la demande croissante de papier recyclé a stimulé son développement, ce qui a conduit à une plus grande disponibilité et à une plus grande variété de choix en termes de grammage, de texture et de formats. Vous pouvez donc trouver du papier recyclé adapté à vos besoins spécifiques, sans compromettre la qualité de vos impressions.

Sensibilisation et éducation

La sensibilisation et l'éducation sont des éléments clés pour encourager l'utilisation de papier recyclé et certifié. Il est important de sensibiliser les employés et les utilisateurs finaux aux avantages environnementaux de l'utilisation de papier recyclé. Cela peut être réalisé par le biais de campagnes de sensibilisation, de formations et de communications internes. En fournissant des informations sur les avantages environnementaux du papier recyclé et certifié, vous pouvez encourager les utilisateurs à adopter cette pratique et à faire des choix plus durables. En outre, l'éducation peut également inclure des conseils pratiques sur l'achat et l'utilisation de papier recyclé, ainsi que des recommandations sur la gestion des déchets de papier.

L'utilisation de papier recyclé et certifié est un moyen concret de réduire l'impact environnemental de l'impression. Cela contribue à la préservation des ressources naturelles, à la réduction de la déforestation, à la diminution des émissions de gaz à effet de serre et à la promotion d'une gestion forestière responsable. En sensibilisant les acteurs concernés et en faisant des choix éclairés, nous pouvons tous contribuer à créer un avenir plus durable pour l'industrie de l'impression.

Encourager la dématérialisation et l'utilisation du numérique

La dématérialisation et l'utilisation du numérique sont des stratégies efficaces pour réduire l'impact environnemental de l'impression. Voici quelques points clés sur l'importance de ces pratiques :

Réduction de la consommation de papier

La dématérialisation permet d'éviter l'utilisation de papier en favorisant l'utilisation de documents numériques. Cela contribue à réduire la demande de papier, qui est une ressource naturelle précieuse. Moins de papier utilisé signifie moins d'arbres coupés, moins d'énergie et d'eau nécessaires pour la production de papier, ainsi que moins de déchets de papier générés.

Économies de coûts

La dématérialisation peut entraîner des économies significatives en termes de coûts d'impression, d'achat de fournitures de bureau et de gestion des documents physiques. Les entreprises peuvent réduire leurs dépenses liées à l'impression, tels que l'achat de papier, les cartouches d'encre et les coûts de maintenance des imprimantes. De plus, la gestion des documents numériques est souvent plus efficace et moins coûteuse que la gestion des documents physiques.

Réduction des émissions de gaz à effet de serre

L'utilisation du numérique permet de diminuer les émissions de gaz à effet de serre associées au transport de documents physiques. Les envois de courriers, les livraisons et les déplacements liés aux documents papier sont évités, ce qui réduit la consommation de carburant et les émissions de CO_2. De plus, la gestion électronique des documents permet de minimiser l'utilisation de l'énergie nécessaire à l'impression, à la numérisation et à la duplication des documents.

Gain d'espace de stockage

La dématérialisation permet de réduire la nécessité de stocker des documents physiques, ce qui libère de l'espace de bureau précieux. Les documents numériques peuvent être stockés de manière sécurisée et organisée dans des systèmes de gestion de documents électroniques, ce qui facilite leur recherche, leur partage et leur archivage. Cela contribue à une meilleure organisation et à une utilisation plus efficace de l'espace de travail.

Favoriser la collaboration et la communication

Le numérique offre des possibilités de collaboration et de communication à distance, ce qui permet de réduire les déplacements et les réunions en présentiel. Les outils numériques tels que les courriers électroniques, les plateformes de partage de fichiers et les vidéoconférences facilitent le travail d'équipe, même à distance. Cela non seulement réduit les émissions de CO_2 liées aux déplacements, mais favorise également une meilleure conciliation entre vie professionnelle et personnelle.

Encourager la dématérialisation et l'utilisation du numérique peut se faire par le biais de politiques internes, de formations et de sensibilisation des employés. Il est important d'expliquer les avantages de ces pratiques, de fournir des outils et des ressources numériques adaptés, ainsi que de faciliter la transition des processus physiques vers des processus numériques.

Optimisation des consommables d'impression

L'optimisation des consommables d'impression est une autre stratégie importante pour rendre l'impression plus durable. Voici des détails supplémentaires sur l'utilisation de cartouches d'encre et de toners éco-responsables :

Utilisation de cartouches d'encre et de toners recyclés

Collecte et remanufacturation
Les cartouches d'encre et les toners recyclés sont obtenus à partir de la collecte de cartouches vides. Ces cartouches sont ensuite soumises à un processus de remanufacturation, au cours duquel elles sont nettoyées, réparées et remplies à nouveau avec de l'encre ou de la poudre de toner de haute qualité. Ce processus permet de prolonger la durée de vie des cartouches et de réduire la demande de nouvelles cartouches.

Réduction des déchets électroniques
L'utilisation de cartouches d'encre et de toners recyclés contribue à la réduction des déchets électroniques. En évitant d'envoyer les cartouches vides à la décharge, on prévient la pollution de l'environnement et on économise les ressources nécessaires à la fabrication de nouvelles cartouches. Les cartouches recyclées sont une solution écologique qui permet de donner une seconde vie aux produits existants.

Qualité et performance
Les cartouches d'encre et les toners recyclés sont fabriqués selon des normes de qualité strictes pour garantir des résultats d'impression fiables et de haute qualité. Ils sont testés pour s'assurer qu'ils fonctionnent de manière optimale avec les imprimantes compatibles. Ainsi, les utilisateurs peuvent obtenir des résultats d'impression comparables à ceux des cartouches neuves, tout en contribuant à la durabilité de l'environnement.

Économies financières
L'utilisation de cartouches d'encre et de toners recyclés peut également être avantageuse d'un point de vue économique. En général, les cartouches recyclées

sont moins chères que les cartouches neuves, ce qui permet aux utilisateurs de réaliser des économies sur leurs dépenses d'impression. Cela peut être particulièrement bénéfique pour les entreprises qui ont un volume d'impression élevé.

Options de recyclage

De nombreux fabricants et fournisseurs de cartouches d'encre et de toners recyclés proposent des programmes de recyclage. Cela permet aux utilisateurs de retourner leurs cartouches vides pour qu'elles soient correctement recyclées ou remanufacturées. Certains programmes offrent même des incitations, comme des remises sur l'achat de nouvelles cartouches recyclées, encourageant ainsi une boucle de recyclage continue.

Choix de cartouches d'encre et de toners respectueux de l'environnement

Lors du choix de cartouches d'encre et de toners pour vos imprimantes, il est important de privilégier des options respectueuses de l'environnement. Voici quelques aspects à prendre en compte pour faire un choix éco-responsable :

Labels écologiques

Recherchez des cartouches d'encre et de toners portant des labels écologiques reconnus tels que l'Ecolabel européen ou le label FSC (Forest Stewardship Council) pour le papier d'impression. Ces labels garantissent que les produits répondent à des critères stricts en termes de durabilité environnementale.

Cartouches rechargeables

Optez pour des cartouches d'encre et des toners rechargeables. Ces cartouches peuvent être remplies avec de l'encre ou de la poudre de toner à partir de flacons spécifiques, réduisant ainsi la quantité de déchets générés par l'impression. Les cartouches rechargeables offrent une alternative économique et écologique aux cartouches jetables.

Encre ou toner compatible

Vérifiez la compatibilité des cartouches avec votre imprimante. Assurez-vous qu'elles sont spécifiquement conçues pour fonctionner avec votre modèle d'imprimante afin d'obtenir des résultats optimaux. Les cartouches compatibles sont souvent moins chères que les cartouches OEM (Original Equipment Manufacturer), tout en offrant des performances similaires.

Recyclage des cartouches vides

Renseignez-vous sur les programmes de recyclage proposés par les fabricants ou les revendeurs. Certains fournisseurs offrent des solutions de collecte et de recyclage des cartouches vides, vous permettant ainsi de les retourner pour qu'elles soient correctement traitées. Cette pratique permet de réduire les déchets et de favoriser la récupération des matériaux.

Évaluation des impacts environnementaux

Consultez les informations fournies par les fabricants sur les impacts environnementaux de leurs cartouches. Certains fabricants publient des rapports environnementaux détaillés qui vous permettent d'évaluer l'empreinte carbone, la consommation d'eau, les émissions de gaz à effet de serre, etc. associées à leurs produits.

En privilégiant des cartouches d'encre et de toners respectueux de l'environnement, vous contribuez à réduire l'impact environnemental de vos activités d'impression. Ces choix éco-responsables favorisent une utilisation plus durable des ressources et soutiennent les initiatives de développement durable dans le domaine de l'impression.

Recyclage des consommables vides

Le recyclage des consommables vides, tels que les cartouches d'encre et les toners, est essentiel pour réduire les déchets et favoriser une économie circulaire. Voici quelques informations importantes sur le recyclage des consommables vides :

Programme de recyclage du fabricant

Renseignez-vous auprès du fabricant de vos cartouches d'encre ou de toners pour savoir s'ils proposent un programme de recyclage. De nombreux fabricants ont mis en place des programmes de collecte et de recyclage des consommables vides. Ils fournissent des boîtes de collecte prépayées ou des points de dépôt où vous pouvez retourner vos consommables usagés.

Centres de recyclage spécialisés

Si vous ne trouvez pas de programme de recyclage spécifique au fabricant, vous pouvez vous tourner vers des centres de recyclage spécialisés. Ces centres acceptent généralement les cartouches d'encre et les toners vides, et les traitent de manière appropriée pour les revaloriser ou les recycler.

Points de collecte

De nombreux magasins et bureaux de fournitures de bureau proposent des points de collecte pour les consommables d'impression vides. Renseignez-vous auprès de ces établissements pour savoir s'ils acceptent les cartouches d'encre et les toners vides et comment les déposer de manière appropriée.

Organismes de recyclage spécialisés
Il existe également des organismes et des associations spécialisés dans le recyclage des consommables d'impression. Ils peuvent vous fournir des informations sur les options de recyclage disponibles dans votre région et vous guider dans le processus de recyclage.

Lorsque vous recyclez vos consommables vides, assurez-vous de les préparer correctement. Retirez les étiquettes ou les autocollants non recyclables, et placez les cartouches et les toners dans des sacs ou des boîtes appropriés pour éviter les fuites d'encre ou de poudre de toner.

Gestion des stocks pour éviter les gaspillages

La gestion des stocks est un aspect important pour éviter les gaspillages liés aux consommables d'impression. Voici quelques conseils pour une gestion efficace des stocks :

Analyse des besoins
Effectuez une analyse approfondie de vos besoins en consommables d'impression. Évaluez la quantité d'impressions que vous réalisez régulièrement et identifiez les types de consommables les plus utilisés. Cela vous permettra de déterminer les quantités nécessaires et d'éviter les commandes excessives.

Suivi et inventaires réguliers
Mettez en place un système de suivi et de gestion des stocks. Effectuez des inventaires réguliers pour connaître la quantité de consommables disponibles et anticiper les besoins futurs. Cela vous aidera à éviter les ruptures de stock inattendues et les commandes d'urgence.

Stockage adéquat
Assurez-vous de stocker vos consommables d'impression dans des conditions appropriées. Évitez les environnements humides, les températures extrêmes et les expositions à la lumière directe du soleil. Cela garantira la qualité et la durabilité des consommables, réduisant ainsi les risques de gaspillage.

Rotation des stocks
Mettez en place une politique de rotation des stocks pour éviter que les consommables n'expirent avant d'être utilisés. Utilisez les plus anciennes

cartouches d'encre ou toners en premier pour garantir une utilisation optimale et éviter les pertes liées à la péremption.

Collaboration avec les fournisseurs

Établissez une relation de collaboration avec vos fournisseurs de consommables d'impression. Informez-les de vos besoins et planifiez vos commandes en fonction de votre consommation réelle. Ils pourront vous conseiller sur les quantités appropriées à commander et vous aider à ajuster vos stocks en conséquence.

En mettant en place une gestion efficace des stocks, vous éviterez les gaspillages de consommables d'impression. Cela vous permettra non seulement de réduire les coûts, mais aussi de minimiser l'impact environnemental associé à la production et à l'élimination des consommables inutilisés.

Amélioration de l'efficacité énergétique des appareils d'impression

Choix d'appareils écoénergétiques

Le choix d'appareils d'impression écoénergétiques est un aspect crucial de l'amélioration de l'efficacité énergétique dans le cadre du green IT. Voici quelques éléments à prendre en compte lors de la sélection d'appareils d'impression écoénergétiques :

Certification et étiquetage énergétique

Vérifiez les certifications et les étiquettes énergétiques des appareils d'impression. Des organismes tels que ENERGY STAR fournissent des certifications aux appareils qui répondent à des critères stricts en termes d'efficacité énergétique. Recherchez les appareils portant ces labels pour vous assurer de leur faible consommation d'énergie.

Modes d'économie d'énergie

Assurez-vous que les appareils d'impression choisis disposent de modes d'économie d'énergie. Ces modes permettent aux appareils de réduire leur consommation d'énergie lorsqu'ils sont inactifs pendant une certaine période de temps. Des fonctionnalités telles que la mise en veille automatique et le mode d'économie d'énergie peuvent contribuer à une réduction significative de la consommation d'énergie.

Technologie d'impression efficace
Optez pour des appareils d'impression utilisant des technologies plus efficaces sur le plan énergétique. Par exemple, les imprimantes à jet d'encre ont tendance à consommer moins d'énergie que les imprimantes laser. De plus, certaines imprimantes sont équipées de systèmes de fusion instantanée, qui nécessitent moins de temps de préchauffage et réduisent ainsi la consommation d'énergie.

Fonctionnalités de gestion de l'alimentation
Recherchez des appareils dotés de fonctionnalités avancées de gestion de l'alimentation. Ces fonctionnalités permettent de programmer l'arrêt automatique des appareils pendant les périodes d'inactivité, de régler les délais de mise en veille et de contrôler la consommation d'énergie globale. Une gestion efficace de l'alimentation peut considérablement réduire la consommation d'énergie des appareils d'impression.

Analyse de la consommation d'énergie
¨Certains appareils d'impression offrent la possibilité d'analyser la consommation d'énergie en temps réel. Cela vous permet de surveiller et de mesurer l'impact énergétique de vos appareils d'impression, ce qui peut vous aider à identifier les zones d'amélioration et à prendre des mesures pour réduire la consommation d'énergie.

En choisissant des appareils d'impression écoénergétiques, vous contribuez à réduire la consommation d'énergie de votre environnement d'impression. Cela permet non seulement de réaliser des économies d'énergie et de réduire les coûts, mais aussi de minimiser l'impact environnemental associé à l'utilisation des appareils d'impression.

Mise en place de modes d'économie d'énergie

La mise en place de modes d'économie d'énergie sur les appareils d'impression est une stratégie efficace pour améliorer leur efficacité énergétique et réduire leur consommation d'énergie. Voici quelques modes d'économie d'énergie couramment disponibles sur les appareils d'impression :

Mode veille
Ce mode permet à l'appareil de passer automatiquement en mode veille lorsqu'il n'est pas utilisé pendant une certaine période de temps. Pendant le mode veille, l'appareil réduit sa consommation d'énergie tout en restant prêt à être utilisé. Il est important de régler la durée d'inactivité nécessaire pour que l'appareil passe en mode veille de manière optimale, en trouvant le bon équilibre entre économie d'énergie et disponibilité immédiate.

Mode économie d'énergie

Ce mode réduit davantage la consommation d'énergie de l'appareil en limitant certaines fonctionnalités ou en réduisant les performances. Par exemple, la vitesse d'impression peut être ralentie, l'intensité de l'éclairage de l'écran peut être réduite, ou certaines fonctionnalités avancées peuvent être désactivées. Ce mode est généralement activé pendant de longues périodes d'inactivité ou en dehors des heures de travail.

Programmation de l'alimentation

Certains appareils d'impression permettent de programmer l'allumage et l'extinction automatiques à des heures spécifiques. Cela est particulièrement utile dans les environnements de bureau où les périodes d'utilisation sont prévisibles. La programmation de l'alimentation permet de s'assurer que les appareils ne restent pas allumés inutilement en dehors des heures de travail, ce qui contribue à réduire la consommation d'énergie.

Détecteurs de présence

Certains appareils d'impression sont équipés de détecteurs de présence qui peuvent détecter si une personne se trouve à proximité de l'appareil. Lorsqu'aucune présence n'est détectée pendant une certaine période de temps, l'appareil passe automatiquement en mode économie d'énergie ou en mode veille. Cela permet d'économiser de l'énergie lorsque l'appareil n'est pas utilisé.

Notification de consommation d'énergie

Certains appareils d'impression fournissent des notifications ou des rapports sur la consommation d'énergie, ce qui permet aux utilisateurs de surveiller et d'analyser la consommation d'énergie de l'appareil. Ces informations peuvent aider à sensibiliser les utilisateurs à leur impact énergétique et à encourager des comportements plus éco-responsables.

La mise en place de modes d'économie d'énergie nécessite une configuration appropriée des appareils d'impression, en ajustant les paramètres de mise en veille, de mise hors tension et de programmation de l'alimentation. Il est également important de sensibiliser les utilisateurs à l'importance de ces modes et de les encourager à les utiliser activement.

Gestion centralisée de l'impression pour optimiser les ressources

La gestion centralisée de l'impression est une approche efficace pour optimiser les ressources et améliorer l'efficacité énergétique des appareils d'impression. Elle permet de centraliser la gestion et le contrôle des imprimantes au sein d'un système unique, offrant ainsi une meilleure visibilité et un contrôle plus précis sur l'utilisation des appareils d'impression. Voici quelques aspects clés de la gestion centralisée de l'impression pour optimiser les ressources :

Consolidation des appareils

La gestion centralisée permet d'identifier les besoins réels en termes d'impression dans une organisation et de rationaliser le nombre d'appareils d'impression. En éliminant les imprimantes superflues et en consolidant les fonctions d'impression sur un nombre réduit d'appareils, il est possible de réduire la consommation d'énergie, les coûts de maintenance et les déchets générés par les consommables.

Gestion des quotas d'impression

La mise en place de quotas d'impression permet de limiter la quantité d'impressions réalisées par chaque utilisateur ou service. Cela encourage une utilisation plus responsable des appareils d'impression et permet de réduire les gaspillages. En fixant des limites raisonnables et en sensibilisant les utilisateurs aux coûts environnementaux et financiers de l'impression excessive, la gestion centralisée peut inciter à une utilisation plus économe des ressources.

Suivi et analyse des données d'impression

La gestion centralisée permet de collecter des données précises sur les volumes d'impression, les types de documents imprimés et les habitudes d'utilisation. Ces informations peuvent être utilisées pour identifier les opportunités d'optimisation, détecter les utilisations abusives ou excessives de l'impression, et mettre en place des politiques ou des incitations appropriées pour encourager des pratiques d'impression durables.

Impression en mode recto verso

La gestion centralisée permet de configurer les appareils d'impression pour qu'ils impriment automatiquement en mode recto verso (impression des deux côtés de la feuille). Cette fonctionnalité permet de réduire la consommation de papier et de minimiser les déchets. En encourageant l'impression recto verso par défaut, les organisations peuvent réaliser des économies significatives de papier tout en réduisant leur impact environnemental.

Routage intelligent des impressions

La gestion centralisée permet de mettre en place des règles de routage intelligentes pour acheminer les impressions vers les appareils les plus appropriés en fonction des besoins spécifiques. Par exemple, les impressions en noir et blanc peuvent être dirigées vers les imprimantes monochromes, tandis que les impressions en couleur peuvent être redirigées vers les imprimantes couleur. Cela permet d'optimiser l'utilisation des ressources et de minimiser les gaspillages de consommables.

La gestion centralisée de l'impression nécessite l'utilisation de logiciels de gestion dédiés et la mise en place d'une infrastructure adaptée. Elle offre de nombreux avantages en termes d'optimisation des ressources, de réduction des coûts et d'amélioration de l'efficacité énergétique. En adoptant une approche centralisée, les organisations peuvent gérer de manière plus proactive leur parc d'imprimantes et promouvoir des pratiques d'impression durables, contribuant ainsi à la durabilité globale de leur environnement de travail.

14.4 Sensibilisation et changement de comportement

Formation et sensibilisation des utilisateurs

La sensibilisation et la formation des utilisateurs jouent un rôle essentiel dans l'amélioration de l'efficacité énergétique des appareils d'impression. Voici quelques points clés à considérer pour sensibiliser les utilisateurs et encourager un changement de comportement positif :

Éducation sur les enjeux environnementaux
Il est important de fournir aux utilisateurs des informations claires et concises sur les impacts environnementaux de l'impression excessive et non durable. Des sessions de formation peuvent être organisées pour expliquer les conséquences de la consommation excessive de papier, d'encre et d'énergie, ainsi que les avantages d'une utilisation plus responsable des appareils d'impression.

Communication des objectifs et des politiques internes
Les organisations peuvent établir des objectifs de durabilité et des politiques internes claires en matière d'impression responsable. Ces objectifs et politiques doivent être communiqués à l'ensemble du personnel de manière régulière et transparente. Cela permet de créer une culture de responsabilité et d'encourager les employés à adopter des pratiques d'impression plus durables.

Formation sur les bonnes pratiques d'impression
Les utilisateurs doivent être informés des bonnes pratiques d'impression, telles que l'utilisation du mode recto verso, la sélection du format d'impression

approprié, l'aperçu avant impression pour éviter les erreurs, etc. Des guides pratiques et des ressources peuvent être mis à leur disposition pour les aider à optimiser leur utilisation des appareils d'impression.

Encouragement de l'utilisation du numérique

Les utilisateurs doivent être encouragés à privilégier les formats numériques chaque fois que cela est possible. Cela peut inclure l'utilisation de la messagerie électronique, du partage de documents en ligne, des signatures électroniques, etc. L'objectif est de réduire autant que possible la dépendance à l'impression papier et de favoriser une transition vers des pratiques plus durables.

Suivi et rétroaction

Il est important de mettre en place des mécanismes de suivi et de rétroaction pour évaluer l'impact des initiatives de sensibilisation et encourager un changement de comportement durable. Cela peut se faire par le biais de sondages, d'évaluations périodiques ou de rapports sur l'utilisation des appareils d'impression. Les utilisateurs peuvent recevoir des retours personnalisés sur leur utilisation et être récompensés pour leurs efforts en matière d'impression responsable.

La sensibilisation et la formation des utilisateurs ne sont pas des actions ponctuelles, mais doivent être intégrées dans une approche globale de gestion durable de l'impression. En encourageant une culture de responsabilité et de sensibilisation, les organisations peuvent obtenir une réduction significative de l'empreinte environnementale liée à l'impression, tout en créant un environnement de travail plus durable et responsable.

Informer sur l'impact environnemental de l'impression

Il est essentiel d'informer les utilisateurs sur l'impact environnemental de l'impression afin de les sensibiliser aux enjeux et de les inciter à adopter des comportements plus responsables. Voici quelques stratégies pour informer les utilisateurs :

Campagnes de sensibilisation

Organiser des campagnes de sensibilisation sur les enjeux environnementaux liés à l'impression. Cela peut inclure la diffusion de messages clairs et percutants sur les émissions de gaz à effet de serre, la consommation d'eau, la déforestation, et d'autres conséquences négatives de l'impression non durable. Les campagnes peuvent utiliser divers médias tels que des affiches, des brochures, des vidéos et des courriels pour transmettre l'information de manière efficace.

Communications internes

Utiliser les canaux de communication internes tels que les bulletins d'information, les intranets ou les réunions pour informer les employés sur l'impact environnemental de l'impression. Cela peut inclure des statistiques sur la consommation de papier, d'encre et d'énergie, ainsi que des exemples concrets des conséquences environnementales de l'impression non durable. Les messages doivent être clairs, factuels et adaptés au public cible.

Ressources en ligne

Mettre à disposition des ressources en ligne, telles que des sites web ou des portails dédiés, qui fournissent des informations détaillées sur l'impact environnemental de l'impression. Ces ressources peuvent inclure des études de cas, des articles, des infographies et des guides pratiques sur la réduction de l'empreinte environnementale liée à l'impression. Les utilisateurs peuvent ainsi accéder à ces ressources à tout moment pour approfondir leurs connaissances et prendre des décisions éclairées.

Promouvoir les bonnes pratiques et les comportements responsables

Outre l'information, il est essentiel de promouvoir les bonnes pratiques et les comportements responsables en matière d'impression. Voici quelques stratégies pour encourager de tels comportements :

Guides et directives

Fournir des guides et des directives claires sur les bonnes pratiques d'impression, telles que l'utilisation du mode recto verso, l'impression en noir et blanc lorsque la couleur n'est pas nécessaire, l'aperçu avant impression pour éviter les erreurs, etc. Ces guides peuvent être distribués sous forme de documents imprimés, de fichiers PDF ou de supports en ligne accessibles à tous les utilisateurs.

Affiches et rappels visuels

Placer des affiches et des rappels visuels dans les espaces de travail pour rappeler aux utilisateurs les bonnes pratiques d'impression. Par exemple, des affiches près des imprimantes peuvent rappeler d'utiliser le mode recto verso ou de ne pas imprimer des courriels inutiles. Ces rappels visuels peuvent aider à renforcer les comportements responsables de manière subtile mais efficace.

Reconnaissance et récompenses

Mettre en place un système de reconnaissance et de récompenses pour les utilisateurs qui adoptent des comportements responsables en matière d'impression. Cela peut inclure des programmes de récompenses pour la réduction de la consommation de papier, des certificats de reconnaissance pour ceux qui suivent les bonnes pratiques d'impression, ou même des avantages tels que des jours de congé supplémentaires. Cela crée une motivation supplémentaire pour les utilisateurs et renforce l'engagement envers des pratiques d'impression durables.

En combinant l'information sur l'impact environnemental de l'impression avec la promotion active des bonnes pratiques et des comportements responsables, les organisations peuvent instaurer une culture de durabilité en matière d'impression. Cela permet de réduire l'empreinte environnementale, de réaliser des économies de coûts et de créer un environnement de travail plus respectueux de l'environnement.

Développement de politiques d'impression responsables

Le développement de politiques d'impression responsables est une étape essentielle pour promouvoir une utilisation durable des ressources et réduire l'impact environnemental de l'impression. Voici quelques éléments clés à prendre en compte lors de l'élaboration de telles politiques :

Limitation de l'impression
Établir des directives claires sur les situations où l'impression est réellement nécessaire. Encourager les utilisateurs à privilégier les formats électroniques, tels que les courriels, les documents partagés en ligne ou les signatures électroniques, chaque fois que cela est possible. Cela contribue à réduire la consommation de papier et d'encre.

Utilisation du recto verso
Encourager l'utilisation du mode recto verso (impression des deux côtés de la feuille) par défaut. Cette pratique simple permet de réduire de moitié la consommation de papier tout en maintenant la lisibilité des documents.

Impression en noir et blanc
Favoriser l'impression en noir et blanc plutôt qu'en couleur lorsque la couleur n'est pas nécessaire. Les cartouches d'encre couleur ont un impact environnemental plus important et coûtent généralement plus cher. En limitant l'impression couleur aux cas nécessaires, il est possible de réduire la consommation d'encre et de contribuer à la durabilité.

Utilisation de polices et de marges économes en encre
Encourager l'utilisation de polices de caractères plus fines et de marges plus étroites dans les documents imprimés. Cela permet d'économiser de l'encre et de réduire la quantité de papier utilisée.

Mise en veille automatique
Configurer les imprimantes pour qu'elles passent automatiquement en mode veille après une période d'inactivité. Cela permet de réduire la consommation d'énergie et de prolonger la durée de vie des appareils.

Utilisation de papier recyclé
Encourager l'utilisation de papier recyclé pour les impressions. Le papier recyclé réduit la dépendance aux ressources naturelles et contribue à la préservation des forêts. Il est également important de soutenir des pratiques d'approvisionnement responsable en choisissant des fournisseurs de papier certifiés.

Gestion des déchets d'impression
Mettre en place un système de collecte et de recyclage des déchets d'impression, y compris les cartouches d'encre et les toners vides. Travailler avec des prestataires de services de recyclage pour s'assurer que les déchets d'impression sont correctement traités et recyclés.

En mettant en place ces politiques d'impression responsables, les organisations peuvent promouvoir une utilisation plus durable des ressources, réduire les coûts liés à l'impression et contribuer à la préservation de l'environnement. Il est également important de communiquer ces politiques de manière claire et de fournir des formations régulières aux employés pour s'assurer qu'ils comprennent les directives et les mettent en pratique au quotidien.

Encourager l'utilisation de technologies d'impression éco-responsables

L'encouragement de l'utilisation de technologies d'impression éco-responsables est un autre aspect clé pour promouvoir la durabilité dans le domaine de l'impression. Voici quelques exemples de technologies d'impression éco-responsables à considérer :

Imprimantes écoénergétiques
Opter pour des imprimantes dotées de fonctionnalités spécifiques visant à réduire la consommation d'énergie. Ces imprimantes sont conçues pour fonctionner de

manière plus efficace, en utilisant moins d'électricité lors de l'impression et en passant automatiquement en mode veille lorsqu'elles ne sont pas utilisées. Certaines imprimantes sont également équipées de capteurs qui détectent l'absence de mouvement à proximité et réduisent leur consommation d'énergie en conséquence.

Impression recto verso automatique

Les imprimantes équipées de la fonctionnalité d'impression recto verso automatique permettent d'imprimer sur les deux faces d'une feuille de papier sans avoir à le retourner manuellement. Cela contribue à réduire la consommation de papier et peut entraîner des économies significatives sur le long terme.

Technologie d'encre écologique

Certaines imprimantes utilisent des encres écologiques qui sont fabriquées à partir de matériaux plus durables et contiennent moins de produits chimiques nocifs. Ces encres respectueuses de l'environnement offrent des performances d'impression de qualité tout en réduisant l'impact sur l'écosystème.

Impression sans fil

L'utilisation de technologies sans fil, telles que le Wi-Fi ou le Bluetooth, permet de réduire le besoin de câbles et de connexions physiques entre les appareils d'impression et les ordinateurs. Cela contribue à une utilisation plus efficace de l'espace de travail et réduit les déchets liés aux câbles.

Utilisation de matériaux d'emballage durables

Lors de l'achat d'imprimantes et de consommables d'impression, il est préférable de privilégier les produits qui sont emballés de manière durable, en utilisant des matériaux recyclés ou recyclables. Cela réduit la quantité de déchets générés par l'emballage et contribue à une approche plus responsable.

Technologie de gestion de l'impression

Les solutions de gestion de l'impression permettent de surveiller et de contrôler l'utilisation des appareils d'impression au sein d'une organisation. Ces solutions peuvent aider à réduire le gaspillage d'impression en mettant en place des règles d'impression, en surveillant les volumes d'impression et en identifiant les zones d'amélioration. Elles permettent également de gérer les droits d'accès à l'impression et de promouvoir des pratiques responsables.

En encourageant l'utilisation de ces technologies d'impression éco-responsables, les organisations peuvent réduire leur impact environnemental tout en réalisant des économies sur les coûts d'impression. Il est important de sensibiliser les utilisateurs aux avantages de ces technologies et de les accompagner dans leur adoption, en fournissant des formations et un support technique adéquats.

Chapitre 15. L'impact environnemental du streaming : défis et solutions

Importance de prendre en compte l'impact environnemental du streaming

Les services de streaming ont connu une croissance exponentielle ces dernières années, devenant ainsi une part intégrante de notre vie quotidienne. Cependant, cette augmentation rapide des activités de streaming suscite des préoccupations quant à leur impact environnemental significatif. Il est crucial de traiter cette question en raison de la consommation croissante d'énergie, des émissions de gaz à effet de serre et de la consommation de ressources associées aux services de streaming. En tant qu'utilisateurs, fournisseurs et décideurs politiques, nous avons une responsabilité collective de comprendre et de réduire les défis environnementaux posés par le streaming.

Aperçu du contenu du chapitre

Dans ce chapitre, nous explorerons les différents défis environnementaux posés par les services de streaming et examinerons les solutions potentielles pour atténuer leur impact. Nous commencerons par étudier la consommation d'énergie des services de streaming, y compris les centres de données et l'infrastructure nécessaire pour fournir du contenu aux utilisateurs. Nous analyserons les émissions de gaz à effet de serre générées tout au long du processus de streaming et la nature intensive en ressources des activités de streaming. De plus, nous discuterons des pratiques durables de streaming qui peuvent contribuer à réduire l'empreinte environnementale des services de streaming.

Le chapitre se concentrera également sur le rôle des techniques de compression et de codage vidéo dans l'optimisation de l'utilisation de la bande passante et la réduction de la consommation d'énergie. Nous explorerons l'importance des réseaux de diffusion de contenu (CDN) dans l'amélioration de l'efficacité du streaming et la réduction des distances de transfert de données. De plus, nous aborderons l'efficacité des centres de données et l'intégration de sources d'énergie renouvelable pour alimenter l'infrastructure de streaming.

Le comportement et l'engagement des utilisateurs jouent un rôle crucial dans la promotion de la durabilité dans le streaming. Nous discuterons de l'importance de la sensibilisation et de l'éducation des utilisateurs concernant l'impact environnemental du streaming, ainsi que des choix conscients qu'ils peuvent faire pour réduire leur empreinte carbone. Nous explorerons des stratégies pour gérer la qualité et la bande passante du streaming afin d'optimiser l'utilisation des ressources.

Enfin, nous examinerons les pratiques durables de création de contenu et leur potentiel pour réduire l'impact environnemental du streaming.

En explorant ces sujets, nous visons à fournir une compréhension complète des défis environnementaux associés aux services de streaming et à proposer des solutions pratiques qui peuvent contribuer à une industrie du streaming plus durable. Ensemble, nous pouvons travailler à minimiser l'empreinte environnementale du streaming tout en profitant des avantages de cette forme populaire de divertissement et de diffusion d'informations.

15.2 L'impact environnemental du streaming

Consommation d'énergie des services de streaming

Les plateformes de streaming et les centres de données associés ont un impact significatif sur la consommation d'énergie. Les serveurs qui hébergent les contenus en streaming nécessitent une alimentation constante pour répondre à la demande croissante de données et de diffusion en temps réel. Cela entraîne une consommation d'énergie considérable, principalement due aux équipements informatiques, aux systèmes de refroidissement et aux infrastructures réseau nécessaires pour maintenir la diffusion fluide des contenus.

Les centres de données, qui jouent un rôle crucial dans le fonctionnement des services de streaming, sont des installations complexes qui nécessitent une alimentation électrique constante et une climatisation pour maintenir les serveurs à des températures optimales. Ces infrastructures consomment une quantité importante d'énergie pour alimenter les équipements, faire fonctionner les systèmes de refroidissement et assurer la connectivité réseau.

Il est essentiel de noter que la consommation d'énergie des services de streaming peut varier en fonction de plusieurs facteurs, tels que le nombre d'utilisateurs actifs, le type de contenu diffusé, la qualité vidéo choisie et la disponibilité des serveurs. Les périodes de pointe, comme lors de la diffusion en direct d'événements populaires, peuvent entraîner une augmentation significative de la consommation d'énergie.

Afin de réduire l'impact environnemental de la consommation d'énergie liée au streaming, plusieurs mesures peuvent être prises. Les plateformes de streaming peuvent opter pour des centres de données plus efficaces sur le plan énergétique, en utilisant des équipements et des infrastructures de refroidissement plus économes en énergie. L'optimisation des flux de données et des protocoles de transmission peut également contribuer à réduire la consommation d'énergie.

Parallèlement, l'utilisation de sources d'énergie renouvelable pour alimenter les centres de données et les infrastructures de streaming est une stratégie essentielle pour réduire l'empreinte carbone de l'industrie du streaming. Les énergies renouvelables, telles que l'énergie solaire, éolienne ou hydraulique, permettent de réduire les émissions de gaz à effet de serre et de minimiser l'impact environnemental de la consommation d'énergie.

Il est également important de promouvoir une utilisation responsable de la technologie de streaming, en encourageant les utilisateurs à éteindre les appareils lorsqu'ils ne sont pas utilisés, à limiter la diffusion en continu en haute définition lorsque cela n'est pas nécessaire et à privilégier des services de streaming qui adoptent des pratiques durables.

En somme, la consommation d'énergie des services de streaming est un défi majeur en matière de durabilité environnementale. Cependant, grâce à des efforts concertés visant à améliorer l'efficacité énergétique, à adopter des sources d'énergie renouvelable et à encourager une utilisation responsable, il est possible de réduire l'impact environnemental de l'industrie du streaming.

Explication des sources d'énergie utilisées et de leur empreinte carbone

Lorsqu'il s'agit de la consommation d'énergie des services de streaming, il est important de comprendre les sources d'énergie utilisées et leur impact sur l'empreinte carbone. Les sources d'énergie couramment utilisées dans les centres de données et les infrastructures de streaming comprennent l'électricité provenant du réseau public et l'énergie générée par des groupes électrogènes de secours.

L'électricité provenant du réseau public peut provenir de différentes sources, telles que les combustibles fossiles (charbon, gaz naturel, pétrole), l'énergie nucléaire, l'énergie hydraulique, l'énergie éolienne et l'énergie solaire. Chaque source d'énergie a ses propres caractéristiques en termes de disponibilité, de coût et d'impact environnemental.

Les combustibles fossiles, tels que le charbon et le gaz naturel, sont encore largement utilisés dans de nombreux pays pour produire de l'électricité. Cependant, ces sources d'énergie sont responsables d'émissions importantes de gaz à effet de serre, contribuant ainsi au réchauffement climatique. L'utilisation de combustibles fossiles dans la production d'électricité pour alimenter les services de streaming entraîne donc une empreinte carbone significative.

L'énergie nucléaire, bien que ne générant pas directement de gaz à effet de serre, soulève des préoccupations en matière de sécurité et de gestion des déchets radioactifs.

En revanche, les énergies renouvelables, telles que l'énergie hydraulique, éolienne et solaire, sont des sources d'énergie plus durables et à faible émission de carbone. Elles permettent de réduire considérablement l'empreinte carbone associée à la consommation d'énergie des services de streaming. Les plateformes de streaming peuvent donc jouer un rôle clé en choisissant des fournisseurs d'électricité qui s'approvisionnent en énergies renouvelables, contribuant ainsi à la transition vers une énergie plus propre et à la réduction des émissions de gaz à effet de serre.

Il convient également de noter que l'efficacité énergétique des équipements utilisés dans les services de streaming, tels que les serveurs, les routeurs et les dispositifs de stockage, joue un rôle important dans la réduction de la consommation d'énergie. L'utilisation de matériel plus efficace sur le plan énergétique et la mise en œuvre de technologies de gestion de l'énergie peuvent contribuer à optimiser la consommation d'énergie et à réduire l'empreinte carbone des services de streaming.

En résumé, le choix des sources d'énergie utilisées dans les services de streaming et leur empreinte carbone sont des aspects cruciaux pour réduire l'impact environnemental de cette industrie. En optant pour des sources d'énergie renouvelable et en améliorant l'efficacité énergétique des équipements, il est possible de minimiser l'empreinte carbone associée à la consommation d'énergie des services de streaming et de favoriser une approche plus durable de l'industrie.

Émissions de gaz à effet de serre

Lorsque l'on aborde les émissions de gaz à effet de serre (GES) des services de streaming, il est important de prendre en compte à la fois les émissions directes et indirectes. Les émissions directes se réfèrent aux émissions produites par les activités spécifiques liées au fonctionnement des plateformes de streaming, tandis que les émissions indirectes concernent les émissions résultant des activités qui soutiennent l'infrastructure et l'utilisation des services de streaming.

Les émissions directes de GES dans le contexte du streaming sont principalement liées à la consommation d'électricité pour alimenter les serveurs, les équipements de réseau et les dispositifs de stockage. Comme mentionné précédemment, la source d'électricité utilisée aura un impact significatif sur ces émissions. Si l'électricité provient principalement de sources d'énergie fossile, les émissions de GES seront plus élevées par rapport à une utilisation d'énergie renouvelable.

De plus, les émissions indirectes peuvent être attribuées aux activités telles que la production et la maintenance des équipements de streaming, la fabrication des appareils utilisés par les utilisateurs finaux pour accéder aux services de streaming, ainsi que les activités de télécommunication nécessaires pour transmettre les données aux utilisateurs. Ces activités peuvent générer des émissions de GES tout au long de leur cycle de vie, depuis l'extraction des matières premières jusqu'à leur élimination en fin de vie.

Pour réduire les émissions de GES des services de streaming, plusieurs stratégies peuvent être mises en œuvre. Tout d'abord, l'utilisation de sources d'énergie renouvelable pour alimenter les infrastructures de streaming contribue à réduire les émissions directes de GES. En optant pour des fournisseurs d'électricité verts et en investissant dans des projets d'énergie renouvelable, les plateformes de streaming peuvent minimiser leur impact environnemental.

De plus, l'adoption de technologies d'encodage vidéo efficaces et de techniques de compression permet de réduire la taille des fichiers vidéo et audio, ce qui entraîne une réduction de la bande passante nécessaire pour diffuser le contenu. Cela contribue à une réduction indirecte des émissions de GES en réduisant la consommation d'énergie nécessaire pour transmettre les données.

En outre, une sensibilisation accrue des utilisateurs sur l'impact environnemental du streaming peut également jouer un rôle clé. En encourageant les bonnes pratiques telles que la limitation du streaming en haute définition lorsque cela n'est pas nécessaire, la préférence pour des appareils économes en énergie et le partage de comptes pour réduire le nombre de connexions actives, les utilisateurs peuvent contribuer à la réduction des émissions de GES.

En somme, l'analyse des émissions de gaz à effet de serre générées par les services de streaming révèle l'importance de prendre des mesures pour réduire cet impact environnemental. En combinant l'utilisation d'énergies renouvelables, l'adoption de technologies efficaces et la sensibilisation des utilisateurs, il est possible de minimiser les émissions de GES et de promouvoir un streaming plus durable.

Examen de l'empreinte carbone des différentes activités de streaming (vidéo, audio, streaming en direct, etc.)

Lorsque l'on évalue l'empreinte carbone des différentes activités de streaming, il est important de considérer les caractéristiques spécifiques de chaque type de contenu diffusé. Voici un examen de l'empreinte carbone des principales activités de streaming :

Streaming vidéo
Le streaming vidéo est généralement la forme de streaming la plus consommatrice en termes de bande passante et d'énergie. La diffusion de vidéos de haute qualité, telles que des vidéos en résolution 4K ou des vidéos en streaming en direct, nécessite une transmission de données plus importante, ce qui entraîne une consommation d'énergie plus élevée. Par conséquent, le streaming vidéo est souvent associé à une empreinte carbone plus importante que d'autres formes de streaming.

Streaming audio
Le streaming audio consomme moins de bande passante et d'énergie que le streaming vidéo, ce qui entraîne une empreinte carbone plus faible. Cependant, le streaming audio à grande échelle peut toujours avoir un impact environnemental significatif, notamment en raison du volume élevé de données transmises et des opérations nécessaires pour stocker et diffuser les fichiers audio.

Streaming en direct

Le streaming en direct, qu'il s'agisse de diffuser des événements sportifs, des concerts ou des émissions en direct, nécessite une bande passante élevée et une transmission de données en temps réel. Par conséquent, le streaming en direct peut avoir une empreinte carbone plus élevée que le streaming préenregistré en raison des exigences de traitement et de diffusion instantanés.

Jeux en streaming

Le streaming de jeux, également appelé cloud gaming, est une méthode qui permet aux utilisateurs de jouer à des jeux vidéo en continu, sans avoir à les télécharger ou à les installer localement. Cette forme de streaming nécessite une puissance de traitement importante et une bande passante élevée, ce qui peut entraîner une consommation d'énergie significative, tant du côté du serveur de streaming que du côté de l'utilisateur. L'empreinte carbone du streaming de jeux peut être influencée par divers facteurs, notamment la résolution du jeu, la fréquence d'images, la latence et la durée de jeu.

Streaming de réalité virtuelle (VR)

La diffusion de contenu en réalité virtuelle nécessite des performances élevées en termes de traitement et de transmission de données. Cela peut inclure des vidéos ou des expériences interactives en VR. Le streaming de réalité virtuelle peut avoir une empreinte carbone plus élevée en raison de la quantité importante de données nécessaires pour fournir une expérience immersive.

Streaming de données volumineuses

Certaines applications et services nécessitent le streaming de données volumineuses, telles que des modèles de données complexes, des visualisations de données en temps réel ou des données scientifiques. Bien que ces types de streaming ne soient pas aussi courants que le streaming vidéo ou audio, ils peuvent également avoir un impact environnemental en raison de la quantité de données traitées et transférées.

Il convient de noter que l'empreinte carbone exacte de chaque activité de streaming dépend de plusieurs facteurs, tels que la résolution du contenu, la durée de lecture, le nombre d'utilisateurs simultanés et l'efficacité des technologies de compression utilisées. De plus, l'empreinte carbone peut varier en fonction de la région géographique et de la source d'énergie utilisée pour alimenter les infrastructures de streaming.

Pour réduire l'empreinte carbone du streaming, plusieurs stratégies peuvent être mises en œuvre. Cela comprend l'utilisation de techniques de compression efficaces pour réduire la taille des fichiers de streaming, l'adoption de technologies d'encodage économes en énergie, la promotion de résolutions et de débits adaptatifs pour optimiser la qualité du streaming en fonction de la bande passante disponible, et la sensibilisation des utilisateurs à l'impact environnemental de leurs habitudes de streaming.

En conclusion, il est essentiel d'examiner l'empreinte carbone des différentes activités de streaming afin de comprendre et de minimiser leur impact sur l'environnement. En adoptant des pratiques et des technologies durables, il est possible de réduire significativement l'empreinte carbone du streaming et de promouvoir des pratiques de diffusion plus responsables sur le plan environnemental.

Consommation de ressources

Lorsqu'il s'agit de streaming, il est important de prendre en compte les ressources nécessaires pour assurer une diffusion fluide et de haute qualité. Voici quelques éléments à considérer lors de l'évaluation de la consommation de ressources liée au streaming :

Bande passante
Le streaming de contenu en continu nécessite une bande passante suffisante pour transmettre les données de manière fluide et sans interruption. Plus la qualité du contenu est élevée (par exemple, une résolution vidéo plus élevée), plus la consommation de bande passante sera importante. Il est essentiel d'évaluer la disponibilité de la bande passante et d'optimiser son utilisation pour réduire la demande et éviter un gaspillage inutile.

Stockage
Les services de streaming nécessitent souvent une capacité de stockage importante pour stocker les fichiers multimédias, les métadonnées et autres données associées. Il est essentiel de gérer efficacement le stockage pour éviter le gaspillage et optimiser l'utilisation des ressources. Cela peut être réalisé grâce à des stratégies de gestion de contenu, telles que la compression des fichiers et l'utilisation de systèmes de stockage évolutifs et efficaces sur le plan énergétique.

Infrastructure serveur
Le streaming nécessite une infrastructure serveur robuste pour héberger, traiter et diffuser le contenu aux utilisateurs. Cette infrastructure peut comprendre des serveurs, des équipements de réseau, des centres de données, etc. Il est important de prendre en compte l'efficacité énergétique de ces infrastructures et

d'opter pour des solutions qui minimisent la consommation d'énergie, telles que l'utilisation de serveurs écoénergétiques, la virtualisation et la consolidation des ressources.

En évaluant et en optimisant la consommation de ressources liée au streaming, il est possible de réduire l'impact environnemental de cette activité. Cela peut se faire en adoptant des technologies de compression efficaces, en optimisant l'utilisation de la bande passante, en mettant en place des stratégies de gestion du stockage et en choisissant des infrastructures serveur écoénergétiques.

Discussion sur l'impact environnemental de la fabrication et de la maintenance des équipements de streaming

La fabrication et la maintenance des équipements de streaming peuvent avoir un impact significatif sur l'environnement. Voici quelques éléments à prendre en compte lors de l'évaluation de cet impact :

Fabrication des équipements
La production d'équipements de streaming, tels que les serveurs, les routeurs, les équipements de stockage, etc., nécessite l'utilisation de ressources naturelles, d'énergie et de matériaux. La fabrication de ces équipements peut entraîner des émissions de gaz à effet de serre, une consommation d'eau et la génération de déchets. Il est donc important de considérer l'efficacité des processus de fabrication, l'utilisation de matériaux durables et recyclables, ainsi que la réduction de l'empreinte carbone associée à la production des équipements.

Maintenance des équipements
Les équipements de streaming nécessitent une maintenance régulière pour assurer leur bon fonctionnement et leur performance optimale. Cela peut inclure des mises à jour logicielles, des réparations, des remplacements de pièces, etc. Lors de la maintenance des équipements, il est important de minimiser la consommation d'énergie et d'eau, ainsi que de prendre en compte la gestion des déchets générés. La mise en place de bonnes pratiques de maintenance, telles que l'utilisation d'outils de surveillance de l'énergie, la gestion efficace des mises à jour logicielles et la réutilisation des pièces, peut contribuer à réduire l'impact environnemental de la maintenance des équipements.

En évaluant et en améliorant l'impact environnemental de la fabrication et de la maintenance des équipements de streaming, il est possible de réduire la contribution de cette activité à l'empreinte carbone globale. Cela peut être réalisé grâce à l'adoption de pratiques de fabrication durable, à la sélection de fournisseurs responsables sur le plan environnemental, à la mise en place de politiques de maintenance éco-responsables et à la promotion de l'économie circulaire en favorisant la réparation et le recyclage des équipements.

Compression et encodage vidéo

La compression vidéo joue un rôle crucial dans la réduction de la consommation de bande passante et d'énergie associée au streaming. Voici quelques éléments à considérer concernant la compression et l'encodage vidéo :

Réduction de la taille des fichiers
La compression vidéo permet de réduire la taille des fichiers tout en préservant la qualité visuelle. Cela permet de réduire la quantité de données nécessaires pour transmettre la vidéo, ce qui se traduit par une consommation de bande passante réduite et une économie d'énergie lors de la transmission et de la réception des flux vidéo.

Choix des codecs
Les codecs sont des algorithmes utilisés pour compresser et décompresser les fichiers vidéo. Certains codecs, tels que H.264 (AVC) et H.265 (HEVC), offrent une meilleure efficacité de compression par rapport aux anciens codecs. En choisissant des codecs plus efficaces, les plateformes de streaming peuvent réduire la quantité de données nécessaires pour diffuser les vidéos, ce qui se traduit par une réduction de la consommation de bande passante et d'énergie.

Adaptation de la qualité
Les technologies d'adaptation de la qualité, telles que le streaming adaptatif, ajustent la qualité de la vidéo en fonction de la bande passante disponible et des capacités du périphérique de lecture. Cela permet de diffuser la vidéo dans la meilleure qualité possible tout en évitant la surutilisation de la bande passante. L'adaptation de la qualité contribue à réduire la consommation de bande passante et d'énergie en ajustant dynamiquement la qualité de la vidéo en fonction des conditions du réseau et des capacités de l'appareil de lecture.

Encodage efficace
L'encodage vidéo efficace consiste à utiliser les paramètres appropriés lors de la compression vidéo pour obtenir le meilleur rapport qualité-taille de fichier. Cela

implique de trouver le bon équilibre entre la qualité visuelle et la taille du fichier afin de réduire la consommation de bande passante sans compromettre significativement l'expérience de visionnage.

En utilisant des techniques de compression et d'encodage vidéo efficaces, les plateformes de streaming peuvent réduire considérablement la consommation de bande passante et d'énergie associée à la diffusion de contenus vidéo. Cela permet non seulement de réduire l'impact environnemental du streaming, mais aussi d'améliorer l'efficacité globale du réseau et de garantir une meilleure expérience de visionnage pour les utilisateurs.

Dans le contexte de la durabilité du streaming vidéo, le choix des codecs et des normes d'encodage joue un rôle essentiel pour optimiser l'efficacité de la compression vidéo. Voici quelques-uns des codecs et des normes d'encodage favorisant la durabilité :

H.264 (AVC)

Ce codec est l'un des plus couramment utilisés dans l'industrie du streaming vidéo. Il offre une bonne qualité de compression tout en maintenant une qualité visuelle élevée. L'utilisation de H.264 permet de réduire la taille des fichiers vidéo, ce qui se traduit par une consommation de bande passante réduite lors de la diffusion en continu. De plus, H.264 est largement pris en charge par les appareils et les plates-formes de streaming, ce qui en fait un choix populaire.

H.265 (HEVC)

H.265 est la norme de codage vidéo succédant à H.264. Il offre une efficacité de compression supérieure, permettant de réduire davantage la taille des fichiers vidéo tout en préservant une qualité visuelle élevée. Par rapport à H.264, H.265 offre une réduction de la consommation de bande passante d'environ 40 à 50 %. Cependant, il convient de noter que la prise en charge de H.265 peut varier selon les appareils et les plates-formes de streaming.

VP9

Développé par Google, VP9 est un codec vidéo open source qui offre une efficacité de compression similaire à H.265. Il est largement utilisé dans les plates-formes de streaming telles que YouTube. VP9 permet de réduire la consommation de bande passante tout en maintenant une qualité visuelle élevée. Cependant, la prise en charge de VP9 peut être limitée sur certains appareils et navigateurs.

AV1

L'AV1 est un codec vidéo open source développé par l'Alliance for Open Media. Il offre une efficacité de compression encore supérieure à H.265 et VP9. AV1 permet de réduire davantage la taille des fichiers vidéo, ce qui se traduit par une consommation de bande passante réduite lors de la diffusion en continu. Cependant, l'AV1 est encore en cours d'adoption et sa prise en charge peut être limitée sur certains appareils et plates-formes de streaming.

En choisissant les codecs vidéo appropriés et en utilisant les normes d'encodage les plus efficaces, les plateformes de streaming peuvent réduire la consommation de bande passante et d'énergie associée à la diffusion de vidéos. Cela contribue à une meilleure durabilité environnementale en minimisant l'empreinte carbone et en optimisant l'utilisation des ressources réseau. Il est important pour les acteurs de l'industrie du streaming de suivre les évolutions technologiques et d'adopter les codecs et les normes d'encodage les plus récents pour continuer à améliorer l'efficacité de la compression vidéo et à promouvoir une diffusion plus durable.

Réseaux de diffusion de contenu (CDN)

Dans le contexte de la durabilité du streaming, les Content Delivery Networks (CDN) jouent un rôle crucial pour optimiser la diffusion de contenu, réduire la consommation d'énergie et minimiser la latence. Les CDN sont des réseaux de serveurs répartis géographiquement qui permettent de livrer du contenu aux utilisateurs finaux de manière efficace. Voici un examen de l'infrastructure CDN et de son rôle dans l'optimisation de la diffusion de contenu :

Répartition géographique des serveurs
Les CDN sont composés de serveurs situés dans différents emplacements stratégiques à travers le monde. Cette répartition géographique permet de réduire la distance physique entre les utilisateurs finaux et les serveurs de diffusion, réduisant ainsi les temps de latence et les délais de chargement des contenus. En minimisant les distances parcourues par les données, les CDN contribuent à une diffusion plus rapide et plus efficace du contenu, tout en réduisant la consommation d'énergie associée aux transferts de données sur de longues distances.

Mise en cache du contenu
Les CDN utilisent des techniques de mise en cache pour stocker temporairement les contenus populaires sur les serveurs les plus proches des utilisateurs finaux. Cela permet d'éviter de solliciter constamment les serveurs d'origine, réduisant ainsi la charge de trafic et la consommation d'énergie associées. En offrant une diffusion locale du contenu mis en cache, les CDN réduisent également la latence en fournissant des réponses plus rapides aux demandes des utilisateurs.

Routage intelligent du trafic

Les CDN utilisent des algorithmes de routage intelligents pour diriger le trafic des utilisateurs vers les serveurs les plus appropriés en fonction de différents facteurs tels que la disponibilité, la capacité et la charge de chaque serveur. Cette optimisation du routage permet de répartir efficacement la charge de trafic sur l'ensemble de l'infrastructure CDN, réduisant ainsi la consommation d'énergie globale et améliorant les performances de diffusion.

Technologies de compression et d'optimisation

Les CDN utilisent des techniques de compression et d'optimisation spécifiques pour réduire la taille des fichiers et des données transférés. Cela permet de minimiser la consommation de bande passante et de réduire les exigences en termes de ressources réseau. Les technologies de compression telles que Gzip et Brotli réduisent la taille des fichiers HTML, CSS et JavaScript, tandis que les technologies de compression vidéo telles que la transcodification adaptative optimisent la taille des fichiers vidéo diffusés. Ces optimisations contribuent à une réduction de la consommation d'énergie liée aux transferts de données.

En intégrant des techniques de mise en cache, de routage intelligent et de compression dans leur infrastructure, les CDN jouent un rôle essentiel dans l'optimisation de la diffusion de contenu pour réduire la consommation d'énergie et minimiser la latence. Les acteurs de l'industrie du streaming doivent s'associer à des CDN performants et bien conçus, mettre en œuvre des stratégies d'optimisation appropriées et suivre les meilleures pratiques pour maximiser l'efficacité de leur infrastructure de diffusion.

Utilisation de serveurs périphériques pour minimiser les distances de transfert de données

L'utilisation de serveurs périphériques, également connus sous le nom de serveurs de périphérie (edge servers), est une approche de plus en plus courante dans le domaine du streaming pour minimiser les distances de transfert de données et améliorer les performances globales du système. Voici une discussion sur l'utilisation de serveurs périphériques dans le contexte de la durabilité du streaming :

Réduction de la latence

Les serveurs périphériques sont placés aux points d'accès les plus proches des utilisateurs finaux, souvent à proximité géographique des nœuds de distribution d'Internet. Cette proximité géographique permet de réduire considérablement les temps de latence, car les données sont transférées sur des distances plus courtes. En rapprochant les serveurs du point d'accès, les utilisateurs bénéficient d'une expérience de streaming plus fluide et plus réactive, tout en minimisant la consommation d'énergie associée au transfert de données sur de longues distances.

Optimisation du réseau

L'utilisation de serveurs périphériques permet également d'optimiser l'utilisation du réseau. Au lieu de transférer toutes les données directement depuis le serveur d'origine, les serveurs périphériques peuvent agir comme des points de cache et de distribution du contenu. Cela signifie que les utilisateurs accèdent au contenu à partir des serveurs périphériques les plus proches, réduisant ainsi la charge sur le réseau principal et évitant les goulets d'étranglement potentiels. En répartissant intelligemment la diffusion du contenu, on améliore l'efficacité globale du réseau, ce qui a un impact positif sur la consommation d'énergie.

Résilience et fiabilité

L'utilisation de serveurs périphériques améliore également la résilience et la fiabilité de l'infrastructure de streaming. En ayant plusieurs points de distribution du contenu, les serveurs périphériques peuvent prendre le relais en cas de défaillance ou de congestion d'un serveur principal. Cela permet de maintenir la disponibilité du contenu et d'éviter les interruptions de diffusion. Une meilleure fiabilité de l'infrastructure de streaming réduit également la nécessité de répétitions de la diffusion, ce qui se traduit par une consommation d'énergie réduite.

Évolutivité

Les serveurs périphériques offrent une grande évolutivité, permettant de faire face à une demande croissante de contenu de streaming. En ajoutant des serveurs périphériques supplémentaires aux endroits stratégiques, il est possible d'étendre facilement la capacité de diffusion sans compromettre les performances. Cette évolutivité contribue à optimiser l'utilisation des ressources et à éviter le surdimensionnement des infrastructures, ce qui a un impact positif sur l'empreinte environnementale du streaming.

En utilisant des serveurs périphériques dans leur infrastructure de streaming, les fournisseurs de services peuvent réduire les distances de transfert de données, améliorer la latence, optimiser l'utilisation du réseau, renforcer la résilience et la fiabilité, ainsi que garantir une évolutivité efficace. Cette approche contribue à réduire la consommation d'énergie associée au streaming et à améliorer l'efficacité globale du système. Cependant, il est important de noter que le déploiement et la gestion des serveurs périphériques nécessitent une planification soigneuse et une coordination adéquate pour assurer des performances optimales et une expérience utilisateur satisfaisante.

Efficacité des centres de données

Les centres de données sont au cœur de l'infrastructure de streaming et jouent un rôle essentiel dans la durabilité du secteur. Les plateformes de streaming mettent en œuvre plusieurs stratégies visant à améliorer l'efficacité énergétique et réduire l'empreinte environnementale de leurs centres de données.

Virtualisation des serveurs
La virtualisation permet de consolider plusieurs serveurs physiques en une seule infrastructure virtuelle. Cela réduit le nombre de serveurs requis pour les opérations de streaming, ce qui se traduit par une diminution de la consommation d'énergie et de l'espace physique nécessaire. En utilisant des logiciels de virtualisation, les plateformes de streaming peuvent optimiser l'utilisation des ressources informatiques, en répartissant efficacement la charge de travail sur les serveurs disponibles.

Gestion de l'alimentation
Les centres de données utilisent des techniques de gestion de l'alimentation pour réduire la consommation d'énergie lorsqu'un serveur ou un équipement n'est pas pleinement utilisé. Par exemple, la mise en veille ou l'arrêt des serveurs inutilisés ou peu sollicités permet de réaliser des économies d'énergie significatives. De plus, l'utilisation de technologies d'optimisation de la puissance, telles que la modulation de la fréquence du processeur et la gestion dynamique de la consommation, permet de réduire la consommation d'énergie sans compromettre les performances du système.

Refroidissement efficace
Les centres de données génèrent une chaleur importante en raison du fonctionnement continu des équipements informatiques. Les plateformes de streaming utilisent des techniques de refroidissement efficaces pour maintenir une température optimale dans les salles serveurs. Cela peut inclure l'utilisation de systèmes de refroidissement à haute efficacité, tels que la ventilation indirecte, l'utilisation de l'air extérieur ou le refroidissement par liquide, qui permettent de réduire la consommation d'énergie liée au refroidissement.

Optimisation de l'éclairage et de l'électricité

Les plateformes de streaming s'efforcent d'optimiser l'éclairage et l'utilisation de l'électricité dans leurs centres de données. Cela peut inclure l'utilisation d'éclairage à LED à faible consommation d'énergie, l'installation de capteurs de mouvement pour contrôler l'éclairage et l'utilisation de systèmes d'éclairage zonés pour minimiser les zones inutilisées. De plus, des dispositifs d'alimentation sans interruption (UPS) efficaces et des alimentations électriques à haute efficacité contribuent à réduire les pertes d'énergie et à optimiser l'utilisation de l'électricité.

Gestion de l'espace et de l'infrastructure

Les plateformes de streaming optimisent également l'utilisation de l'espace et de l'infrastructure dans leurs centres de données. Cela peut inclure la conception de racks et d'armoires serveurs compacts pour maximiser la densité des équipements, ainsi que l'utilisation de câblage structuré et de systèmes de gestion des câbles pour réduire les pertes d'espace et d'énergie associées aux câbles désorganisés.

En mettant en œuvre ces stratégies d'amélioration de l'efficacité des centres de données, les plateformes de streaming peuvent réduire significativement la consommation d'énergie, optimiser l'utilisation des ressources et réduire l'empreinte environnementale de leurs opérations. Cela contribue à créer un modèle de streaming plus durable et à promouvoir la transition vers une économie numérique plus respectueuse de l'environnement.

Intégration des énergies renouvelables dans les centres de données

L'intégration des énergies renouvelables dans les centres de données est une approche essentielle pour réduire l'empreinte carbone de l'industrie du streaming. Voici des arguments techniques approfondis en faveur de cette intégration :

Réduction des émissions de gaz à effet de serre

Les énergies renouvelables telles que l'énergie solaire, éolienne et hydroélectrique sont des sources d'énergie à faible émission de carbone. En intégrant ces sources d'énergie dans les centres de données, les plateformes de streaming peuvent réduire significativement les émissions de gaz à effet de serre associées à la consommation d'électricité. Par exemple, l'utilisation de panneaux solaires sur le toit des centres de données permet de générer de l'électricité propre pour alimenter les opérations.

Disponibilité constante de l'énergie renouvelable

Les sources d'énergie renouvelables, comme le soleil et le vent, sont abondantes et disponibles de manière constante dans de nombreuses régions du monde. En tirant parti de cette disponibilité, les centres de données peuvent bénéficier d'une alimentation continue en énergie sans dépendre uniquement des réseaux électriques traditionnels. L'intégration des énergies renouvelables peut donc contribuer à améliorer la fiabilité et la résilience de l'alimentation électrique des centres de données.

Coûts énergétiques réduits à long terme

Bien que les investissements initiaux dans l'installation de systèmes d'énergie renouvelable puissent être plus élevés, à long terme, ils permettent de réaliser des économies significatives sur les coûts énergétiques. Les sources d'énergie renouvelables ont des coûts d'exploitation et de maintenance plus bas par rapport aux énergies fossiles, ce qui peut réduire les dépenses liées à l'alimentation des centres de données. De plus, les incitations gouvernementales et les réglementations en faveur des énergies renouvelables peuvent également contribuer à atténuer les coûts initiaux.

Image de marque et engagement des parties prenantes

L'intégration des énergies renouvelables dans les centres de données démontre l'engagement d'une plateforme de streaming envers la durabilité et la protection de l'environnement. Cela renforce l'image de marque de l'entreprise en montrant qu'elle prend des mesures concrètes pour réduire son impact environnemental. Cette approche peut également améliorer la perception de l'entreprise par les consommateurs et les parties prenantes, renforçant ainsi leur engagement envers la plateforme de streaming.

Développement technologique et innovation

L'intégration des énergies renouvelables dans les centres de données encourage le développement technologique et l'innovation dans le secteur. Les entreprises de streaming investissent dans la recherche et le développement de nouvelles technologies pour maximiser l'utilisation des énergies renouvelables, améliorer l'efficacité énergétique et réduire encore davantage l'impact environnemental. Cela stimule l'innovation dans le domaine des énergies renouvelables et peut contribuer à accélérer la transition vers une économie basée sur des sources d'énergie durables.

En intégrant les énergies renouvelables dans leurs centres de données, les plateformes de streaming jouent un rôle clé dans la réduction des émissions de gaz à effet de serre et la promotion d'un modèle de streaming plus durable. Cette approche technique permet de réduire l'empreinte carbone des centres de données, de renforcer la fiabilité de l'alimentation électrique et de réaliser des économies à long terme. Elle démontre également l'engagement envers la durabilité et l'innovation technologique, renforçant ainsi l'image de marque et l'engagement des parties prenantes.

15.4 Comportement des utilisateurs et durabilité

Lorsqu'il s'agit de promouvoir la durabilité dans l'utilisation des services de streaming, le comportement des utilisateurs joue un rôle crucial. Voici quelques aspects à prendre en compte :

Sensibilisation et engagement des utilisateurs

La sensibilisation des utilisateurs est un premier pas essentiel pour les informer sur l'impact environnemental de leurs habitudes de streaming et les encourager à adopter des comportements plus durables. Voici quelques approches pour sensibiliser et engager les utilisateurs :

Campagnes de sensibilisation

Les plateformes de streaming peuvent lancer des campagnes de sensibilisation pour informer les utilisateurs sur l'empreinte environnementale du streaming et les conséquences de leurs choix de consommation. Ces campagnes peuvent inclure des messages, des infographies ou des vidéos explicatives mettant en évidence les problèmes environnementaux liés au streaming.

Communication transparente

Les plateformes de streaming peuvent fournir des informations claires sur leurs politiques et initiatives en matière de durabilité. Cela peut inclure des rapports de durabilité réguliers, des informations sur les pratiques de réduction des émissions de carbone et des efforts pour minimiser l'empreinte environnementale.

Éducation et ressources

Les plateformes de streaming peuvent fournir des ressources éducatives aux utilisateurs, telles que des guides pratiques sur la réduction de l'empreinte environnementale du streaming, des astuces pour une consommation plus responsable et des informations sur les bonnes pratiques à adopter.

Incitations et récompenses
Les plateformes de streaming peuvent mettre en place des incitations ou des programmes de récompenses pour encourager les utilisateurs à adopter des comportements plus durables. Cela peut inclure des réductions d'abonnement pour les utilisateurs qui choisissent des options de streaming économes en énergie ou des récompenses pour ceux qui participent à des initiatives de durabilité.

Partenariats avec des organisations environnementales
Les plateformes de streaming peuvent collaborer avec des organisations environnementales pour sensibiliser davantage les utilisateurs et soutenir des causes environnementales. Cela peut inclure des campagnes conjointes, des programmes de plantation d'arbres ou des initiatives de préservation de l'environnement.

En encourageant la sensibilisation et l'engagement des utilisateurs, les plateformes de streaming peuvent créer une communauté consciente de l'impact environnemental du streaming et motivée à adopter des comportements plus durables.

Importance de sensibiliser les utilisateurs à l'impact environnemental du streaming et à leur rôle dans des choix durables

Dans le cadre de la promotion de la durabilité dans l'utilisation des services de streaming, il est crucial de sensibiliser les utilisateurs à l'impact environnemental de leurs habitudes de streaming et de les encourager à faire des choix plus durables. Voici quelques arguments détaillés pour souligner l'importance de sensibiliser les utilisateurs à cet enjeu et de les responsabiliser :

Prise de conscience de l'empreinte environnementale
La sensibilisation des utilisateurs à l'impact environnemental du streaming leur permet de comprendre les conséquences de leurs actions. En mettant en évidence les ressources nécessaires, la consommation d'énergie et les émissions de gaz à effet de serre associées au streaming, on les incite à réfléchir à l'ampleur de leur empreinte environnementale et à l'urgence de prendre des mesures pour la réduire.

Responsabilité individuelle et collective
Les utilisateurs doivent comprendre qu'ils ont un rôle à jouer dans la préservation de l'environnement. En tant que consommateurs, leurs choix de streaming ont un

impact sur la demande en ressources, en énergie et sur les émissions de gaz à effet de serre. En les sensibilisant à l'impact de leurs actions individuelles, on les encourage à adopter des comportements plus durables et à contribuer collectivement à la réduction de l'empreinte environnementale globale du streaming.

Importance de la durabilité pour l'industrie du streaming
Les utilisateurs doivent être conscients que leur soutien à des pratiques de streaming durables peut influencer les décisions prises par les plateformes de streaming. En montrant leur intérêt pour des options de streaming éco-responsables, les utilisateurs peuvent contribuer à encourager les plateformes à investir davantage dans des technologies durables, des pratiques de réduction des émissions de carbone et des initiatives environnementales.

Impact positif sur l'industrie et la société
La sensibilisation des utilisateurs à l'impact environnemental du streaming peut entraîner un changement positif dans l'industrie et la société dans son ensemble. En faisant des choix durables et en encourageant d'autres utilisateurs à faire de même, on peut favoriser une culture de la durabilité dans le secteur du streaming et influencer les décisions des plateformes et des fournisseurs de contenu.

Éducation pour des choix informés
La sensibilisation des utilisateurs leur permet de prendre des décisions éclairées en matière de streaming. Ils peuvent être informés des options de streaming éco-responsables, des paramètres d'économie d'énergie, des codecs efficaces et d'autres pratiques durables. Cela leur permet de maximiser leur expérience de streaming tout en minimisant leur impact environnemental.

En sensibilisant les utilisateurs à l'impact environnemental du streaming et à leur rôle dans des choix durables, on les encourage à devenir des consommateurs responsables et à contribuer à la transition vers une industrie du streaming plus durable. La sensibilisation est une étape essentielle pour favoriser des comportements respectueux de l'environnement et pour inspirer un changement positif à grande échelle.

Discussion sur les campagnes de sensibilisation et les initiatives encourageant un comportement de streaming responsable

Les campagnes de sensibilisation et les initiatives visant à encourager un comportement de streaming responsable jouent un rôle essentiel dans la transition vers une industrie du streaming plus durable. Voici quelques aspects importants à prendre en compte lors de la discussion de ces initiatives :

Objectifs des campagnes de sensibilisation
Les campagnes de sensibilisation ont pour objectif d'informer les utilisateurs sur l'impact environnemental du streaming et de les inciter à adopter des pratiques plus durables. Elles mettent en évidence les conséquences environnementales de la consommation excessive de données, de la qualité de diffusion choisie, de la fréquence de streaming, etc. Elles peuvent également souligner les bénéfices individuels et collectifs de l'adoption de pratiques responsables.

Diffusion des informations
Les campagnes de sensibilisation peuvent utiliser différents canaux pour atteindre les utilisateurs, tels que les médias sociaux, les sites web spécialisés, les publicités, les partenariats avec des plateformes de streaming, les institutions éducatives, les organismes gouvernementaux, etc. L'objectif est de diffuser des informations factuelles et accessibles sur l'empreinte environnementale du streaming, en mettant l'accent sur les solutions durables.

Promotion de bonnes pratiques
Les campagnes de sensibilisation doivent fournir des conseils pratiques aux utilisateurs pour les aider à adopter des comportements responsables. Cela peut inclure des recommandations sur la gestion de la qualité de diffusion en fonction de la bande passante disponible, l'utilisation de codecs économes en énergie, l'optimisation des paramètres d'économie d'énergie sur les appareils, la limitation du streaming en arrière-plan, etc.

Engager les plateformes de streaming
Les campagnes de sensibilisation peuvent également inciter les plateformes de streaming à jouer un rôle actif dans la promotion de pratiques durables. Elles peuvent encourager les plateformes à adopter des politiques internes de durabilité, à développer des fonctionnalités permettant aux utilisateurs de faire des choix écologiques, et à investir dans des technologies éco-responsables pour réduire leur propre empreinte environnementale.

Collaboration avec l'industrie et les parties prenantes
Les initiatives de streaming responsable peuvent impliquer une collaboration entre les acteurs de l'industrie, les organismes de réglementation, les organisations environnementales et les utilisateurs eux-mêmes. Il est important d'établir un dialogue et de travailler ensemble pour identifier les meilleures

pratiques, partager les informations, et encourager les efforts de durabilité à tous les niveaux.

En encourageant un comportement de streaming responsable à travers des campagnes de sensibilisation et des initiatives, on peut créer une culture de la durabilité dans l'industrie du streaming. Ces efforts peuvent conduire à des changements positifs, tant du côté des utilisateurs que des plateformes de streaming, en favorisant des choix plus durables et en contribuant à la réduction de l'empreinte environnementale globale du streaming.

Qualité du streaming et gestion de la bande passante

La qualité du streaming et la gestion de la bande passante jouent un rôle important dans la durabilité du streaming. Voici quelques aspects clés à considérer lors de la discussion de ce sujet :

Adaptation de la qualité
Les plateformes de streaming peuvent mettre en place des mécanismes d'adaptation automatique de la qualité en fonction de la bande passante disponible. Cela signifie que la qualité de la vidéo ou de l'audio diffusé s'ajuste en temps réel pour garantir une expérience fluide tout en minimisant la consommation de données. L'adaptation de la qualité permet de réduire la bande passante nécessaire et, par conséquent, la consommation d'énergie liée au streaming.

Paramètres de qualité personnalisables
Les utilisateurs peuvent être encouragés à personnaliser les paramètres de qualité de diffusion en fonction de leurs préférences et de la capacité de leur connexion internet. Les plateformes de streaming peuvent offrir des options permettant aux utilisateurs de choisir manuellement la résolution vidéo, le débit binaire ou d'autres paramètres pertinents. Cela permet aux utilisateurs de trouver un équilibre entre la qualité de l'expérience de visionnage et la consommation de données.

Gestion intelligente de la bande passante
Les plateformes de streaming peuvent également mettre en place des mécanismes intelligents pour optimiser l'utilisation de la bande passante. Par exemple, elles peuvent utiliser des techniques de mise en mémoire tampon et de

préchargement pour réduire les interruptions de lecture et minimiser les besoins en bande passante lors de la diffusion de contenus en continu.

Encourager l'utilisation du Wi-Fi

Les utilisateurs peuvent être sensibilisés à l'importance de privilégier les connexions Wi-Fi lors du streaming, surtout lorsque des données mobiles sont utilisées. Les connexions Wi-Fi peuvent offrir des vitesses de téléchargement plus élevées et une consommation de données moins élevée par rapport aux connexions cellulaires.

Limitation du streaming en arrière-plan

Les utilisateurs peuvent être informés de l'impact de la diffusion continue en arrière-plan, même lorsque personne ne regarde activement le contenu. Les plateformes de streaming peuvent encourager les utilisateurs à désactiver la lecture automatique ou à limiter la diffusion en arrière-plan lorsque cela n'est pas nécessaire, afin de réduire la consommation de données et d'énergie.

En mettant l'accent sur la qualité du streaming et la gestion de la bande passante, les plateformes de streaming et les utilisateurs peuvent contribuer à une utilisation plus durable des services de streaming. Ces pratiques permettent de réduire la consommation d'énergie, les émissions de gaz à effet de serre et l'utilisation des ressources, tout en offrant une expérience de streaming satisfaisante.

Optimiser les paramètres de streaming et réduire la consommation de bande passante

Voici quelques recommandations pratiques :

Résolution vidéo

Réduisez la résolution de la vidéo lorsque vous le pouvez. Choisissez une résolution inférieure, comme 720p plutôt que 1080p, ou même 480p si la qualité visuelle n'est pas primordiale. Une résolution plus basse réduit la quantité de données nécessaires pour le streaming et donc la consommation de bande passante.

Débit binaire

Réduisez le débit binaire ou la qualité de compression de la vidéo. La plupart des plateformes de streaming offrent des options pour ajuster manuellement le débit binaire. Optez pour un débit binaire plus bas, ce qui réduit la quantité de données nécessaires pour la diffusion de la vidéo.

Désactivation de la lecture automatique

Désactivez la fonction de lecture automatique sur les plateformes de streaming. Cela empêchera les vidéos de se lancer automatiquement lorsque vous parcourez les catalogues, réduisant ainsi la consommation de bande passante inutile.

Téléchargement plutôt que streaming

Si vous prévoyez de regarder un contenu plusieurs fois, envisagez de le télécharger plutôt que de le diffuser en continu à chaque fois. Cela permet d'économiser de la bande passante lors des visionnages ultérieurs, car vous n'avez plus besoin de télécharger le contenu à chaque fois.

Limitez le nombre de périphériques connectés simultanément

Si vous partagez votre connexion Internet avec d'autres utilisateurs, limitez le nombre de périphériques connectés simultanément pour réduire la charge sur la bande passante. Cela garantit une meilleure qualité de streaming pour chaque appareil et réduit la consommation globale de bande passante.

Évitez les téléchargements en arrière-plan

Assurez-vous de ne pas effectuer de téléchargements en arrière-plan pendant que vous streamez du contenu. Les téléchargements peuvent consommer une grande quantité de bande passante et affecter la qualité de votre expérience de streaming.

Mettez à jour votre logiciel de streaming

Assurez-vous que votre application de streaming est à jour. Les mises à jour peuvent inclure des améliorations de la gestion de la bande passante et des optimisations de la consommation de données.

En suivant ces recommandations, vous pouvez optimiser vos paramètres de streaming et réduire votre consommation de bande passante, ce qui contribue à une utilisation plus durable des services de streaming. Cela permet de réduire la consommation d'énergie et les émissions de gaz à effet de serre associées au streaming, tout en préservant une expérience de visionnage satisfaisante.

Introduction des technologies de streaming adaptatif qui ajustent la qualité vidéo en fonction de la bande passante disponible

L'introduction des technologies de streaming adaptatif est une approche clé pour optimiser la gestion de la bande passante et offrir une expérience de streaming fluide tout en réduisant la consommation de données. Ces technologies ajustent automatiquement la qualité vidéo en fonction de la bande passante disponible, offrant ainsi une expérience de visionnage optimale tout en minimisant la consommation de bande passante inutile.

L'un des principaux avantages du streaming adaptatif est sa capacité à s'adapter aux fluctuations de la connexion Internet. Lorsque la bande passante est faible, le système de streaming adaptatif réduit automatiquement la résolution vidéo et le débit binaire pour garantir une lecture fluide sans mise en mémoire tampon. De même, lorsque la bande passante augmente, le système peut augmenter la qualité vidéo pour une expérience de visionnage plus immersive.

Cette technologie est rendue possible grâce à l'utilisation de techniques telles que la segmentation du contenu en petits morceaux appelés "chunks", qui sont transmis et diffusés individuellement. Le système de streaming adaptatif sélectionne ensuite dynamiquement le chunk approprié en fonction de la bande passante disponible et de la qualité vidéo souhaitée.

Des algorithmes sophistiqués sont utilisés pour prendre des décisions en temps réel sur le débit binaire et la résolution vidéo à utiliser. Ces décisions se basent sur des mesures de la qualité de la connexion, telles que le temps de latence et la variation de la bande passante. L'objectif est de trouver un équilibre entre la qualité vidéo et la disponibilité de la bande passante, afin de fournir une expérience de visionnage fluide et sans interruptions.

L'utilisation de la technologie de streaming adaptatif présente plusieurs avantages en termes de durabilité. En ajustant automatiquement la qualité vidéo en fonction de la bande passante disponible, cela réduit la consommation de bande passante inutile et permet une utilisation plus efficace des ressources réseau. Cela se traduit par une réduction de la consommation d'énergie et des émissions de gaz à effet de serre associées au streaming.

De plus, le streaming adaptatif contribue à une expérience utilisateur plus satisfaisante. En ajustant dynamiquement la qualité vidéo en fonction des conditions de connexion, il permet de minimiser les temps de mise en mémoire tampon et les interruptions de lecture, offrant ainsi une expérience de visionnage fluide et sans frustration.

En conclusion, l'introduction des technologies de streaming adaptatif constitue une approche prometteuse pour optimiser l'utilisation de la bande passante et réduire la consommation de données tout en offrant une expérience de streaming de haute qualité. En adoptant ces technologies, les fournisseurs de services de streaming et les utilisateurs peuvent contribuer à une utilisation plus durable des ressources réseau et réduire l'impact environnemental associé au streaming.

Création de contenu durable

Exploration des pratiques de production écologiques pour les créateurs de contenu, notamment l'utilisation d'équipements économes en énergie, la conception de décors durables et les workflows de production respectueux de l'environnement. Voici quelques points clés à considérer pour une création de contenu durable :

Utilisation d'équipements économes en énergie

Les créateurs de contenu peuvent opter pour des équipements électroniques, tels que les caméras et les éclairages, qui sont conçus pour être économes en énergie. Il est important de choisir des équipements certifiés Energy Star ou dotés de fonctionnalités d'économie d'énergie, ce qui permet de réduire la consommation d'électricité pendant la production.

Conception de décors durables

Lors de la création de décors pour les tournages, il est possible de privilégier des matériaux durables et recyclables. Les décors temporaires peuvent être fabriqués à partir de matériaux biodégradables ou recyclés, réduisant ainsi l'utilisation de ressources vierges et la production de déchets. De plus, il est essentiel de mettre en place des pratiques de recyclage appropriées pour les décors et les accessoires utilisés pendant la production.

Workflows de production respectueux de l'environnement

Il est important d'adopter des workflows de production qui réduisent la consommation de ressources, tels que l'électricité et l'eau. Cela peut être réalisé en optimisant les plannings de tournage pour minimiser les déplacements et les temps d'attente inutiles, en utilisant des éclairages LED à faible consommation d'énergie et en mettant en place des pratiques de gestion des déchets sur les lieux de tournage.

Sensibilisation des équipes de production

Il est essentiel de sensibiliser les équipes de production à l'importance de la durabilité et de les encourager à adopter des pratiques respectueuses de l'environnement. Cela peut être réalisé en organisant des sessions de sensibilisation et de formation sur les pratiques durables, en intégrant des objectifs de durabilité dans les plans de production, et en favorisant la communication ouverte et la participation de tous les membres de l'équipe.

Collaboration avec des fournisseurs durables

Il est judicieux de collaborer avec des fournisseurs et des prestataires de services qui ont une approche durable dans leur activité. Cela peut inclure des sociétés de location d'équipements respectueux de l'environnement, des entreprises de recyclage des décors et des accessoires, ou des services de restauration proposant des options de repas durables. En travaillant avec des partenaires engagés dans la durabilité, les créateurs de contenu peuvent renforcer leur impact positif sur l'environnement.

En adoptant ces pratiques, les créateurs de contenu peuvent jouer un rôle actif dans la réduction de l'empreinte environnementale de la production de contenu. En intégrant la durabilité dans chaque étape de la création, de la pré-production à la post-production, il est possible de minimiser l'utilisation de ressources naturelles, de réduire les déchets et d'encourager une approche respectueuse de l'environnement.

15.5 Conclusions

Dans ce chapitre, nous avons exploré en profondeur l'impact environnemental du streaming et les défis auxquels il est confronté. Nous avons discuté de l'importance de sensibiliser les utilisateurs à l'impact environnemental de leurs choix de streaming et de leur rôle dans la promotion de pratiques durables. Nous avons également examiné les différentes stratégies et solutions mises en place pour rendre le streaming plus durable.

Nous avons constaté que la consommation d'énergie, les émissions de gaz à effet de serre, la consommation de ressources et les déchets électroniques sont des problématiques majeures associées au streaming. Cependant, nous avons également identifié des solutions prometteuses pour réduire cet impact.

La compression vidéo efficace, l'utilisation de technologies adaptatives pour ajuster la qualité en fonction de la bande passante disponible et l'intégration d'énergies renouvelables dans les centres de données sont autant de stratégies clés pour améliorer la durabilité du streaming. De plus, la sensibilisation des utilisateurs et des créateurs de contenu, ainsi que la promotion de comportements responsables, jouent un rôle essentiel dans la transition vers un streaming plus durable.

Il est crucial que les plateformes de streaming, les utilisateurs et les décideurs politiques travaillent ensemble pour relever ces défis. Des politiques incitatives, des campagnes de sensibilisation et des normes de durabilité peuvent être mises en place pour encourager des pratiques plus respectueuses de l'environnement.

En conclusion, le streaming durable est un enjeu important dans le contexte du Green IT. En adoptant des stratégies telles que la compression vidéo efficace, l'utilisation d'énergies renouvelables, la sensibilisation des utilisateurs et des créateurs de contenu, et la collaboration entre les acteurs de l'industrie, nous pouvons créer un avenir plus durable pour l'industrie du streaming. Les avancées technologiques et les initiatives de durabilité offrent des perspectives prometteuses pour réduire l'empreinte environnementale du streaming et créer une industrie plus responsable sur le plan environnemental.

Chapitre 16. Gouvernance informatique et durabilité organisationnelle.

16.1 Introduction

La gouvernance en matière d'informatique et de durabilité joue un rôle crucial dans les organisations d'aujourd'hui, alors qu'elles font face à des défis environnementaux croissants et à la nécessité de prendre des mesures responsables en matière de technologie. Ce chapitre vise à explorer l'importance de cette gouvernance et à fournir des conseils pratiques pour sa mise en place efficace.

Contexte et importance de la gouvernance en matière d'informatique et de durabilité dans les organisations

La gouvernance en matière d'informatique et de durabilité se réfère à la manière dont les organisations gèrent leurs technologies de l'information de manière responsable sur le plan environnemental et social. Avec l'essor de la technologie et de l'informatique, il est devenu essentiel pour les organisations de prendre en compte les impacts environnementaux de leurs activités informatiques, ainsi que de veiller à ce que leurs pratiques soient durables et éthiques.

Ce chapitre explorera les raisons pour lesquelles la gouvernance en matière d'informatique et de durabilité est si importante dans les organisations modernes. Nous examinerons les pressions environnementales croissantes, les attentes des parties prenantes et les avantages concurrentiels liés à une gouvernance solide dans ce domaine.

Les objectifs de ce chapitre sont les suivants :

Comprendre l'importance de la gouvernance en matière d'informatique et de durabilité dans les organisations.

Examiner les enjeux et les défis auxquels les organisations sont confrontées en matière de gouvernance en matière d'informatique et de durabilité.

Présenter des méthodes et des pratiques de gouvernance efficaces pour intégrer la durabilité dans les activités informatiques.

Mettre en évidence des exemples concrets de bonnes pratiques de gouvernance en matière d'informatique et de durabilité.

Fournir des recommandations pour la mise en place d'une gouvernance réussie dans les organisations.

Ce chapitre vise à fournir des connaissances et des conseils pratiques aux lecteurs afin de les aider à développer une gouvernance solide en matière d'informatique et de durabilité au sein de leurs organisations. En mettant en œuvre ces pratiques, les organisations peuvent non seulement réduire leur impact environnemental, mais aussi renforcer leur réputation et leur performance globale.

16.2 Définition et concepts clés

Gouvernance en matière d'informatique

La gouvernance en matière d'informatique est essentielle pour assurer une utilisation optimale et responsable des ressources informatiques au sein d'une organisation. Elle implique la mise en place de structures, de processus et de mécanismes de décision clairs et transparents pour guider les activités liées à la technologie de l'information.

L'un des objectifs clés de la gouvernance en matière d'informatique est d'aligner les stratégies et les objectifs informatiques sur les objectifs globaux de l'organisation. Cela signifie que les décisions concernant les investissements technologiques, les projets informatiques et les ressources informatiques doivent être en cohérence avec la vision et la stratégie globale de l'organisation. La gouvernance en matière d'informatique facilite cet alignement en établissant des mécanismes de coordination et de communication entre les différentes parties prenantes, y compris les dirigeants, les responsables informatiques et les utilisateurs finaux.

Un autre aspect important de la gouvernance en matière d'informatique est la gestion des risques informatiques. Les organisations sont de plus en plus exposées à des menaces telles que les cyberattaques, les violations de données et les pannes informatiques. La gouvernance en matière d'informatique permet de mettre en place des politiques de sécurité et des contrôles appropriés pour minimiser ces risques et assurer la protection des données et des systèmes informatiques. Elle inclut également la gestion des risques liés à la conformité aux réglementations et aux normes, telles que la protection de la vie privée et la protection de l'environnement.

L'optimisation des investissements technologiques est également un aspect clé de la gouvernance en matière d'informatique. Il s'agit de s'assurer que les ressources informatiques sont utilisées de manière efficiente et que les investissements sont orientés vers des solutions qui apportent une valeur ajoutée à l'organisation. Cela implique une évaluation continue des besoins informatiques, une planification budgétaire adéquate et une analyse coûts-avantages pour prendre des décisions éclairées sur les technologies à adopter.

Enfin, la gouvernance en matière d'informatique vise à garantir la conformité aux réglementations et aux normes applicables. Cela peut inclure des normes de sécurité des données, des exigences de confidentialité, des réglementations environnementales et d'autres obligations légales et éthiques. La gouvernance en matière d'informatique établit des politiques et des procédures pour s'assurer que l'organisation respecte ces exigences et évite les risques juridiques et réputationnels.

En somme, la gouvernance en matière d'informatique est un élément clé de la gestion efficace et responsable de la technologie de l'information au sein d'une organisation. Elle permet d'aligner les objectifs informatiques sur les objectifs stratégiques, de gérer les risques, d'optimiser les investissements et de garantir la conformité aux réglementations et aux normes. Une bonne gouvernance en matière d'informatique favorise une utilisation responsable et durable de la technologie de l'information, contribuant ainsi à la réalisation des objectifs de durabilité globaux de l'organisation.

Durabilité dans les organisations

Dans le contexte de la durabilité, les organisations reconnaissent l'importance de réduire leur empreinte environnementale en limitant leur consommation de ressources naturelles, en minimisant leurs émissions de gaz à effet de serre et en gérant de manière responsable leurs déchets. Cela implique l'adoption de pratiques respectueuses de l'environnement, telles que l'utilisation de sources d'énergie renouvelables, la réduction de la consommation d'eau et la promotion du recyclage.

La durabilité sociale est également un aspect crucial dans les organisations durables. Cela implique d'adopter des pratiques équitables envers les employés, les clients, les fournisseurs et les parties prenantes. Cela peut inclure des mesures telles que la promotion de la diversité et de l'inclusion, le respect des droits de l'homme, la protection de la santé et de la sécurité des employés, ainsi que le soutien aux communautés locales.

Sur le plan économique, la durabilité implique la recherche de modèles d'affaires durables qui favorisent la rentabilité à long terme tout en tenant compte des enjeux environnementaux et sociaux. Cela peut inclure l'adoption de stratégies d'efficacité énergétique pour réduire les coûts opérationnels, l'intégration de critères environnementaux et sociaux dans la prise de décision financière, ainsi que le développement de produits et services durables qui répondent aux besoins actuels sans compromettre les besoins des générations futures.

La durabilité dans les organisations nécessite une gouvernance efficace pour intégrer ces considérations dans toutes les décisions et actions de l'organisation. Cela implique la mise en place de politiques et de processus qui favorisent la durabilité, la sensibilisation et la formation des employés, ainsi que la communication transparente des efforts de durabilité à toutes les parties prenantes.

En somme, la durabilité dans les organisations est une approche holistique qui vise à équilibrer les aspects environnementaux, sociaux et économiques dans toutes les activités. Elle reconnaît que les organisations ont un rôle essentiel à jouer dans la préservation de l'environnement, la promotion du bien-être social et la création de valeur économique à long terme. La durabilité est un objectif ambitieux, mais nécessaire pour assurer un avenir viable et prospère pour les générations présentes et future.

Lien entre la gouvernance en matière d'informatique et la durabilité

La gouvernance en matière d'informatique et la durabilité sont étroitement liées, car elles partagent des objectifs communs tels que la gestion efficace des ressources, la réduction des impacts environnementaux, la conformité aux réglementations et la création de valeur à long terme. Pour établir un lien solide entre ces deux domaines, il est essentiel de mettre en place des politiques, des processus et des structures de gouvernance appropriés.

La gouvernance en matière d'informatique fournit un cadre pour intégrer les considérations de durabilité dans les décisions stratégiques et opérationnelles liées aux systèmes informatiques. Cela implique l'adoption de politiques et de procédures qui favorisent l'utilisation responsable des ressources informatiques, la réduction de l'empreinte carbone, la gestion des déchets électroniques et la promotion de l'efficacité énergétique. La gouvernance en matière d'informatique assure également la conformité aux réglementations environnementales et sociales, en veillant à ce que les pratiques informatiques de l'organisation respectent les normes et les exigences légales.

Pour intégrer la durabilité dans la gouvernance informatique, il est important de mettre en place des mécanismes de suivi et d'évaluation des performances en matière de durabilité. Cela peut inclure la collecte de données sur la consommation d'énergie, les émissions de gaz à effet de serre, la gestion des déchets informatiques, et l'évaluation de l'impact environnemental des systèmes informatiques de l'organisation. Ces informations permettent d'identifier les domaines d'amélioration potentiels et de prendre des mesures pour réduire les impacts négatifs.

En outre, il est essentiel de sensibiliser les parties prenantes internes et externes aux enjeux de durabilité dans l'informatique. Cela peut être réalisé en mettant en place des programmes de sensibilisation et de formation, en favorisant la participation des employés et des parties prenantes aux initiatives de durabilité, et en communiquant de manière transparente sur les progrès réalisés.

La gouvernance en matière d'informatique et la durabilité dans les organisations se renforcent mutuellement. Une bonne gouvernance informatique facilite l'intégration de la durabilité dans les opérations quotidiennes, tandis que la durabilité fournit des lignes directrices pour une gouvernance responsable et éthique. En travaillant ensemble, ces deux domaines peuvent contribuer à la création d'organisations durables, capables de relever les défis environnementaux, sociaux et économiques de notre époque.

16.3 Enjeux de la gouvernance en matière d'informatique et de durabilité

La gouvernance en matière d'informatique et de durabilité présente des enjeux importants pour les organisations. Elle implique de prendre en compte les aspects environnementaux, sociaux et économiques dans les décisions et les actions liées à l'informatique, afin d'assurer une gestion responsable et durable de la technologie. Les enjeux de la gouvernance en matière d'informatique et de durabilité peuvent être regroupés en plusieurs catégories clés :

Impact sur les performances environnementales et sociales

L'adoption d'une gouvernance en matière d'informatique et de durabilité a un impact significatif sur les performances environnementales et sociales des organisations. En intégrant les considérations environnementales et sociales dans les décisions et les pratiques informatiques, les organisations peuvent réduire leur empreinte carbone, minimiser leur consommation de ressources, optimiser leur gestion des déchets électroniques et promouvoir des pratiques responsables dans l'ensemble de leurs activités.

Sur le plan environnemental, une gouvernance informatique durable permet de réduire les émissions de gaz à effet de serre en adoptant des technologies écoénergétiques, en optimisant l'efficacité énergétique des infrastructures informatiques, et en mettant en place des pratiques d'utilisation responsable des ressources. Elle favorise également la gestion appropriée des déchets électroniques, en encourageant le recyclage et la réutilisation des équipements, ainsi que la minimisation de la consommation de papier grâce à des politiques de gestion électronique des documents.

Sur le plan social, la gouvernance en matière d'informatique et de durabilité contribue à améliorer les performances sociales des organisations. Elle favorise l'équité, la diversité et l'inclusion dans l'accès à la technologie et dans la gestion des données, en veillant à ce que tous les membres de l'organisation puissent bénéficier des avantages de l'informatique de manière équitable. Elle intègre également des considérations éthiques dans la collecte, le traitement et l'utilisation des données, en protégeant la vie privée des individus et en respectant les normes et réglementations en vigueur.

En intégrant les dimensions environnementales et sociales dans la gouvernance informatique, les organisations peuvent améliorer leur image de marque et renforcer leur engagement envers le développement durable. Cela peut également leur permettre de se conformer aux exigences légales et réglementaires en matière de durabilité, et d'anticiper les attentes croissantes des parties prenantes, telles que les clients, les employés, les investisseurs et les organismes de régulation.

En résumé, la gouvernance en matière d'informatique et de durabilité a un impact significatif sur les performances environnementales et sociales des organisations. Elle permet de réduire l'empreinte carbone, de minimiser la consommation de ressources, de promouvoir des pratiques responsables et d'améliorer l'accès équitable à la technologie. En intégrant ces enjeux dans leur gouvernance informatique, les organisations peuvent contribuer à un avenir durable et responsable.

Avantages et bénéfices de la gouvernance en matière d'informatique et de durabilité

La mise en place d'une gouvernance en matière d'informatique et de durabilité présente de nombreux avantages et bénéfices pour les organisations. Voici quelques-uns des principaux :

Amélioration de la performance économique

Une gouvernance en matière d'informatique et de durabilité peut contribuer à réduire les coûts opérationnels grâce à une utilisation plus efficace des ressources informatiques, à une gestion plus efficiente des processus et à la minimisation des déchets. En optimisant l'utilisation des ressources et en mettant en place des pratiques d'économie d'énergie, les organisations peuvent réaliser des économies substantielles à long terme.

Renforcement de l'image de marque

Une gouvernance en matière d'informatique et de durabilité permet aux organisations de démontrer leur engagement envers la durabilité et la responsabilité sociale. Cela renforce leur réputation et leur crédibilité auprès des parties prenantes, notamment les clients, les employés, les investisseurs et les organismes de régulation. Une image de marque positive liée à la durabilité peut également attirer de nouveaux clients et talents.

Réduction des risques

La gouvernance en matière d'informatique et de durabilité permet de mieux gérer les risques liés à la sécurité des données, à la conformité réglementaire et aux impacts environnementaux. En identifiant et en évaluant les risques potentiels, les organisations peuvent prendre des mesures préventives pour les atténuer et assurer une gestion plus sécurisée et responsable de leurs systèmes d'information.

Stimuler l'innovation

Une gouvernance en matière d'informatique et de durabilité encourage l'innovation technologique durable. En intégrant les principes de durabilité dans la prise de décision, les organisations sont incitées à rechercher et à développer des solutions technologiques plus efficaces sur le plan énergétique, moins consommatrices de ressources et respectueuses de l'environnement. Cela peut stimuler l'innovation et favoriser le développement de nouveaux produits et services.

Répondre aux attentes des parties prenantes

Les parties prenantes, y compris les clients, les employés, les investisseurs et les organismes de régulation, accordent de plus en plus d'importance à la durabilité et à la responsabilité sociale des organisations. Une gouvernance en matière d'informatique et de durabilité permet aux organisations de répondre à ces attentes croissantes et de se positionner en tant qu'acteurs responsables et engagés vis-à-vis de la société et de l'environnement.

En résumé, la gouvernance en matière d'informatique et de durabilité présente de nombreux avantages et bénéfices pour les organisations. Elle permet d'améliorer la performance économique, de renforcer l'image de marque, de réduire les risques, de stimuler l'innovation et de répondre aux attentes des parties prenantes. En adoptant une approche durable dans leur gouvernance informatique, les organisations peuvent obtenir un avantage concurrentiel et contribuer à un avenir plus durable et responsable.

Risques liés à l'absence de gouvernance en matière d'informatique et de durabilité

L'absence d'une gouvernance en matière d'informatique et de durabilité comporte certains risques pour les organisations. Voici quelques-uns des risques les plus courants :

Impacts environnementaux néfastes

Sans une gouvernance en matière d'informatique et de durabilité, les organisations risquent de négliger les pratiques et les mesures visant à réduire leur empreinte environnementale. Cela peut entraîner une surconsommation d'énergie, une production excessive de déchets électroniques, une utilisation inefficace des ressources et une contribution accrue au changement climatique. Les impacts environnementaux négatifs peuvent avoir des conséquences à long terme sur la planète et la société.

Coûts opérationnels élevés

L'absence d'une gouvernance en matière d'informatique et de durabilité peut entraîner une utilisation inefficace des ressources informatiques, des coûts élevés de maintenance et de gestion, ainsi qu'une augmentation des dépenses énergétiques. Les organisations peuvent se retrouver confrontées à des factures élevées et à une baisse de leur rentabilité.

Risques de sécurité informatique

Sans une gouvernance appropriée, les organisations peuvent être exposées à des risques de sécurité informatique accrus, tels que les violations de données, les cyberattaques et les pertes de confidentialité. L'absence de politiques et de mesures de sécurité adéquates peut compromettre la protection des données sensibles, la réputation de l'organisation et la confiance des clients.

Non-conformité réglementaire

Les organisations doivent se conformer à un certain nombre de réglementations et de normes en matière d'informatique et de durabilité. Sans une gouvernance adéquate, il peut être difficile de respecter ces exigences, ce qui expose l'organisation à des sanctions légales, des amendes et des litiges.

Réputation et image de marque ternies

L'absence de gouvernance en matière d'informatique et de durabilité peut nuire à la réputation et à l'image de marque d'une organisation. Les clients, les partenaires commerciaux et les parties prenantes accordent de plus en plus d'importance à la responsabilité sociale et à la durabilité. Une mauvaise gestion de ces aspects peut entraîner une perte de confiance et une détérioration de la réputation de l'organisation.

En conclusion, l'absence d'une gouvernance en matière d'informatique et de durabilité comporte des risques importants pour les organisations. Il est essentiel de mettre en place des politiques, des processus et des mesures appropriés pour prévenir ces risques, minimiser les impacts négatifs et promouvoir une gestion responsable et durable de la technologie de l'information.

16.4 Méthodes et pratiques de gouvernance

Cadres de gouvernance en matière d'informatique et de durabilité

Les cadres de gouvernance en matière d'informatique et de durabilité sont des référentiels et des modèles qui fournissent des lignes directrices pour mettre en œuvre une gouvernance efficace dans ces domaines. Ils offrent une structure et des outils permettant aux organisations de prendre des décisions éclairées et de gérer leurs ressources informatiques de manière durable. Voici quelques exemples de cadres de gouvernance couramment utilisés :

COBIT (Control Objectives for Information and Related Technology)
Ce cadre fournit des objectifs de contrôle et des bonnes pratiques pour la gouvernance informatique. Il couvre divers domaines, y compris la gestion des ressources, la gestion des risques et la conformité réglementaire.

ISO 27001
Cette norme internationale établit des exigences pour la mise en place d'un système de gestion de la sécurité de l'information. Elle aide les organisations à identifier, évaluer et gérer les risques liés à la sécurité de l'information, y compris ceux liés à la durabilité.

ISO 14001
Cette norme internationale spécifie les exigences pour un système de management environnemental. Elle aide les organisations à identifier et à gérer les aspects environnementaux liés à leurs activités, y compris ceux liés à l'informatique.

Green IT Balanced Scorecard
Ce cadre fournit une approche équilibrée pour mesurer et évaluer la performance de la gouvernance en matière de durabilité et d'informatique. Il utilise des indicateurs clés de performance pour évaluer les aspects environnementaux, économiques et sociaux de la gouvernance.

ITIL (Information Technology Infrastructure Library)
Ce cadre fournit des bonnes pratiques pour la gestion des services informatiques. Il comprend des processus et des activités qui favorisent l'efficacité et l'efficience de la gestion informatique, en tenant compte des aspects de durabilité.

Ces cadres de gouvernance offrent aux organisations des méthodes éprouvées et des pratiques exemplaires pour structurer leur approche de la gouvernance en matière d'informatique et de durabilité. Ils aident à définir les responsabilités, à établir des politiques et des procédures claires, à mesurer les performances et à améliorer continuellement les pratiques en fonction des objectifs de durabilité. L'adoption de ces cadres contribue à renforcer la transparence, la responsabilité et l'efficacité de la gouvernance informatique dans le contexte de la durabilité.

Politiques et procédures de gouvernance

Les politiques et procédures de gouvernance en matière d'informatique et de durabilité sont des documents qui définissent les principes, les objectifs et les actions spécifiques que l'organisation met en place pour assurer une gouvernance efficace dans ces domaines. Elles fournissent un cadre clair pour la prise de décision, la gestion des ressources et la mise en œuvre des pratiques durables. Voici quelques exemples de politiques et procédures de gouvernance couramment utilisées :

Politique de gestion des actifs informatiques

Cette politique établit les règles et les responsabilités pour l'acquisition, l'utilisation, la maintenance et la disposition des actifs informatiques. Elle peut inclure des directives sur l'achat d'équipements éco-responsables, la gestion du cycle de vie des actifs et le recours à des solutions de reconditionnement ou de recyclage.

Politique de gestion de la sécurité de l'information

Cette politique définit les mesures de sécurité qui doivent être mises en place pour protéger les informations sensibles et garantir la confidentialité, l'intégrité et la disponibilité des données. Elle peut inclure des exigences spécifiques en matière de gestion de la durabilité des systèmes d'information.

Procédure de gestion des incidents

Cette procédure décrit les étapes à suivre en cas d'incident informatique ou de violation de la sécurité. Elle peut inclure des directives sur la collecte et l'analyse des données liées à la durabilité, afin d'évaluer l'impact environnemental ou social de l'incident.

Procédure de gestion des changements

Cette procédure définit les processus pour la gestion des changements technologiques au sein de l'organisation. Elle peut inclure des critères d'évaluation des impacts environnementaux ou sociaux des changements proposés, afin de prendre des décisions éclairées et responsables.

Procédure de gestion des fournisseurs

Cette procédure établit les critères de sélection et d'évaluation des fournisseurs de services informatiques. Elle peut inclure des exigences en matière de durabilité, telles que la conformité aux normes environnementales ou l'adoption de pratiques responsables dans la chaîne d'approvisionnement.

Ces politiques et procédures fournissent des directives claires pour la gouvernance en matière d'informatique et de durabilité. Elles établissent les normes et les attentes de l'organisation en matière de pratiques durables et guident les décisions et les actions des parties prenantes. En mettant en place des politiques et procédures solides, les organisations peuvent renforcer leur gouvernance et favoriser une culture de durabilité, alignée sur les objectifs stratégiques et les valeurs de l'organisation.

Mécanismes de suivi et de contrôle

Les mécanismes de suivi et de contrôle sont essentiels pour assurer l'efficacité et la conformité des pratiques de gouvernance en matière d'informatique et de durabilité. Ils permettent de surveiller la mise en œuvre des politiques et procédures, d'évaluer les performances et de prendre les mesures correctives nécessaires. Voici quelques mécanismes de suivi et de contrôle couramment utilisés :

Revue et évaluation périodique

Il est important de procéder à des revues régulières des politiques et procédures de gouvernance, afin de s'assurer qu'elles sont toujours adaptées aux besoins et aux objectifs de l'organisation. Cette évaluation peut être réalisée par une équipe dédiée ou par un comité de gouvernance.

Indicateurs de performance

La définition et le suivi d'indicateurs de performance permettent d'évaluer les progrès réalisés dans la mise en œuvre des pratiques durables. Ces indicateurs peuvent inclure des mesures de consommation énergétique, d'émissions de gaz à effet de serre, de réduction des déchets, etc.

Audit interne

L'audit interne consiste à réaliser des examens indépendants des activités informatiques et de durabilité de l'organisation, afin de vérifier la conformité aux politiques et procédures établies. Ces audits peuvent être effectués par une équipe interne ou par des auditeurs externes.

Rapports de durabilité

La production de rapports réguliers sur les performances environnementales et sociales de l'organisation permet de communiquer de manière transparente sur les progrès réalisés et les défis rencontrés. Ces rapports peuvent être utilisés pour informer les parties prenantes internes et externes de l'engagement de l'organisation en matière de durabilité.

Mécanismes de signalement et de gestion des problèmes
Il est important de mettre en place des mécanismes permettant aux employés et aux parties prenantes de signaler les problèmes liés à la gouvernance en matière d'informatique et de durabilité. Ces signalements doivent être traités de manière confidentielle et suivis d'actions correctives appropriées.

Ces mécanismes de suivi et de contrôle contribuent à renforcer la gouvernance en matière d'informatique et de durabilité en assurant la transparence, la responsabilité et l'amélioration continue. Ils permettent de s'assurer que les pratiques durables sont mises en œuvre de manière effective et que les objectifs de durabilité de l'organisation sont atteints.

16.5 La mise en place d'une gouvernance en matière d'informatique et de durabilité

La mise en place d'une gouvernance en matière d'informatique et de durabilité peut être confrontée à divers défis et obstacles. Voici quelques-uns des principaux:

Résistance au changement et culture organisationnelle

La résistance au changement et la culture organisationnelle sont des aspects cruciaux à prendre en compte lors de la mise en place d'une gouvernance en matière d'informatique et de durabilité. Voici quelques points clés à considérer pour surmonter ces défis :

Communication efficace
Il est essentiel de communiquer de manière claire et transparente sur les raisons et les objectifs de la gouvernance en matière d'informatique et de durabilité. Il est important de faire comprendre aux membres de l'organisation les avantages et les opportunités que cela peut apporter, tant sur le plan environnemental que sur le plan économique. En mettant en évidence les résultats positifs potentiels, il est plus facile de susciter l'adhésion et de réduire la résistance au changement.

Leadership fort
Un leadership fort et engagé est essentiel pour favoriser le changement au sein de l'organisation. Les dirigeants doivent montrer l'exemple en adoptant des pratiques durables et en intégrant la durabilité dans la stratégie globale de l'entreprise. Ils doivent également fournir un soutien continu, encourager la participation des

employés et reconnaître les efforts et les réalisations liés à la gouvernance en matière d'informatique et de durabilité.

Formation et sensibilisation

La résistance au changement peut être réduite grâce à une formation adéquate et à une sensibilisation aux enjeux environnementaux et sociaux. Les membres de l'organisation doivent comprendre les implications de leurs actions sur l'environnement et être conscients des opportunités d'amélioration. Des programmes de formation et de sensibilisation ciblés peuvent aider à développer une culture de responsabilité environnementale et à encourager l'adoption de pratiques durables.

Participation et collaboration

Impliquer les employés à tous les niveaux de l'organisation est essentiel pour surmonter la résistance au changement. Les employés peuvent apporter des idées novatrices et contribuer activement à la mise en œuvre de la gouvernance en matière d'informatique et de durabilité. La participation et la collaboration favorisent un sentiment d'appartenance et de responsabilité collective, ce qui peut faciliter l'acceptation du changement et encourager l'adoption de pratiques durables.

Récompenses et reconnaissance

Il est important de reconnaître et de récompenser les efforts et les réalisations liés à la gouvernance en matière d'informatique et de durabilité. Cela peut être fait à travers des systèmes de récompenses, des programmes d'incitation et des encouragements publics. La reconnaissance des contributions individuelles et collectives renforce l'engagement des employés et favorise une culture de responsabilité environnementale.

Intégration progressive

Pour minimiser la résistance au changement, il peut être bénéfique d'adopter une approche progressive dans la mise en place de la gouvernance en matière d'informatique et de durabilité. En introduisant les changements de manière progressive et en fournissant des résultats tangibles à chaque étape, il est plus facile de générer un engagement continu et d'encourager l'adoption de pratiques durables.

En surmontant la résistance au changement et en favorisant une culture organisationnelle favorable à la gouvernance en matière d'informatique et de durabilité, les organisations peuvent créer un environnement propice à la durabilité et maximiser les avantages économiques, environnementaux et sociaux associés à ces initiatives.

Manque de ressources et de compétences

Le manque de ressources et de compétences peut constituer un défi majeur lors de la mise en place d'une gouvernance en matière d'informatique et de durabilité. Voici quelques aspects clés à considérer pour surmonter ces défis :

Allocation adéquate des ressources
Il est essentiel de définir et d'allouer les ressources nécessaires à la mise en place d'une gouvernance en matière d'informatique et de durabilité. Cela peut inclure des budgets dédiés, des équipes dédiées ou des partenariats avec des prestataires de services spécialisés. Il est important de reconnaître que la durabilité est un investissement à long terme et de prévoir les ressources nécessaires pour soutenir les initiatives durables.

Formation et développement des compétences
L'acquisition de compétences spécifiques en matière de durabilité et d'informatique est essentielle pour mettre en œuvre et gérer efficacement la gouvernance. Il peut être nécessaire de former les employés existants ou de recruter du personnel doté des compétences appropriées. Des programmes de formation internes ou externes, des ateliers et des formations spécialisées peuvent être mis en place pour renforcer les compétences nécessaires à la gestion de la gouvernance en matière d'informatique et de durabilité.

Partenariats et collaborations
Dans certains cas, il peut être bénéfique de s'associer à des organisations externes, telles que des consultants en durabilité ou des experts en gouvernance informatique, pour combler les lacunes en termes de ressources et de compétences. Ces partenariats peuvent apporter une expertise spécifique, des connaissances sectorielles et des meilleures pratiques pour soutenir la mise en place de la gouvernance durable.

Sensibilisation et mobilisation des parties prenantes
Il est important d'impliquer et de mobiliser les parties prenantes internes et externes pour soutenir la gouvernance en matière d'informatique et de durabilité. Cela peut inclure des sessions de sensibilisation, des consultations régulières avec les parties prenantes concernées et des efforts de communication pour expliquer les avantages de la gouvernance durable. En mobilisant les parties prenantes et en créant un sentiment d'engagement, il est possible de surmonter les contraintes liées aux ressources et aux compétences.

Priorisation des initiatives

Face aux contraintes de ressources, il est important de prioriser les initiatives durables en fonction de leur impact potentiel et de leur alignement avec les objectifs stratégiques de l'organisation. Il peut être nécessaire de définir une feuille de route stratégique qui identifie les initiatives prioritaires et les étapes nécessaires à leur mise en œuvre. Cela permet de maximiser l'utilisation des ressources disponibles et de concentrer les efforts sur les actions les plus pertinentes.

Renforcement de l'apprentissage organisationnel

La mise en place d'une gouvernance en matière d'informatique et de durabilité nécessite un processus d'apprentissage continu au sein de l'organisation. Il est important de promouvoir une culture d'apprentissage, d'encourager l'innovation et d'établir des mécanismes de rétroaction pour améliorer constamment les pratiques durables. Le partage des connaissances, la collaboration et la capitalisation des meilleures pratiques internes peuvent aider à surmonter le manque de ressources et de compétences en développant les capacités internes de l'organisation.

En surmontant ces défis liés au manque de ressources et de compétences, les organisations peuvent renforcer leur gouvernance en matière d'informatique et de durabilité et garantir une mise en œuvre réussie de pratiques durables.

Coordination et collaboration entre les départements

La coordination et la collaboration entre les départements sont essentielles pour une gouvernance efficace en matière d'informatique et de durabilité. Voici quelques éléments clés à considérer pour promouvoir la coordination et la collaboration :

Communication interdépartementale

Une communication ouverte et régulière entre les départements est essentielle pour partager des informations, aligner les objectifs et les initiatives, et favoriser la compréhension mutuelle des enjeux liés à l'informatique et à la durabilité. Des réunions régulières, des groupes de travail ou des plateformes de collaboration en ligne peuvent faciliter cette communication interdépartementale.

Partage des responsabilités

Il est important de clarifier les rôles et les responsabilités de chaque département en matière de gouvernance informatique et de durabilité. Cela permet d'éviter les chevauchements ou les lacunes dans la prise en charge des enjeux durables et favorise une approche coordonnée. La définition de responsables spécifiques pour les initiatives durables et la mise en place de processus de responsabilisation peuvent renforcer la coordination entre les départements.

Collaboration transversale

Encourager la collaboration transversale entre les départements peut favoriser l'innovation et la recherche de solutions communes. La mise en place de groupes de travail multidisciplinaires ou de projets pilotes impliquant plusieurs départements peut stimuler l'échange d'idées, l'identification de synergies et la recherche de meilleures pratiques. Cela permet également de maximiser les ressources disponibles et d'éviter les duplications.

Alignement des objectifs

Il est important de veiller à ce que les objectifs et les initiatives de chaque département soient alignés sur la vision et les objectifs stratégiques de l'organisation en matière de durabilité et d'informatique. Cela nécessite une communication claire des objectifs stratégiques de l'organisation, ainsi que des mécanismes de suivi et d'évaluation pour s'assurer de l'alignement continu des activités départementales sur ces objectifs.

Intégration des enjeux durables dans les processus décisionnels

Il est essentiel d'intégrer les enjeux liés à l'informatique et à la durabilité dans les processus décisionnels de l'organisation.

Cela peut inclure l'évaluation des impacts environnementaux et sociaux des projets informatiques, l'intégration de critères durables dans les appels d'offres ou la sélection des fournisseurs, et l'adoption de politiques internes favorisant les pratiques durables. Une coordination étroite entre les départements garantit que ces considérations durables sont prises en compte dès le début du processus décisionnel.

En favorisant la coordination et la collaboration entre les départements, les organisations peuvent bénéficier d'une gouvernance plus intégrée et cohérente en matière d'informatique et de durabilité. Cela permet de maximiser les avantages économiques, environnementaux et sociaux des initiatives durables et de renforcer la performance globale de l'organisation.

Ce chapitre se concentre sur l'importance de mettre en place des méthodes et des outils d'évaluation pour mesurer l'efficacité de la gouvernance en matière d'informatique et de durabilité dans les organisations. Il s'agit d'un aspect crucial pour évaluer les progrès réalisés, identifier les domaines nécessitant des améliorations et démontrer l'engagement de l'organisation envers la durabilité.

Indicateurs de performance environnementale et sociale

L'évaluation et la mesure de la gouvernance en matière d'informatique et de durabilité nécessitent la définition et l'utilisation d'indicateurs de performance environnementale et sociale pertinents. Ces indicateurs permettent de quantifier les progrès réalisés et d'identifier les domaines nécessitant des améliorations. Voici quelques exemples d'indicateurs de performance environnementale et sociale utilisés dans la gouvernance en matière d'informatique et de durabilité :

Consommation d'énergie
Mesurer la consommation d'énergie des systèmes informatiques et des infrastructures connexes. Cela peut inclure la consommation d'énergie des serveurs, des dispositifs de stockage, des équipements réseau, ainsi que la consommation d'énergie associée à la climatisation et au refroidissement.

Émissions de gaz à effet de serre
Suivre les émissions de gaz à effet de serre (GES) liées aux activités informatiques de l'organisation. Cela peut inclure les émissions de GES provenant de la consommation d'énergie, de la fabrication et du transport des équipements informatiques, ainsi que des déplacements liés aux activités informatiques.

Utilisation de ressources naturelles
Mesurer l'utilisation de ressources naturelles, telles que l'eau, les matériaux et les métaux, dans la fabrication, l'utilisation et l'élimination des équipements informatiques. Cela peut inclure la quantité de papier utilisée, la consommation d'eau associée aux équipements de refroidissement, ainsi que l'utilisation de matériaux rares ou précieux dans la fabrication des composants informatiques.

Gestion des déchets électroniques
Suivre la quantité de déchets électroniques générés par l'organisation et évaluer la manière dont ils sont gérés. Cela peut inclure le taux de recyclage des équipements informatiques en fin de vie, la réutilisation des composants ou des dispositifs, ainsi que la mise en œuvre de programmes de collecte et de recyclage des déchets électroniques.

Performance sociale
Évaluer l'impact social des activités informatiques sur les parties prenantes internes et externes. Cela peut inclure des indicateurs tels que la satisfaction des utilisateurs, l'accessibilité des systèmes informatiques, l'équité et la diversité dans les équipes informatiques, ainsi que l'implication de l'organisation dans des initiatives de responsabilité sociale.

Il est important de définir ces indicateurs de manière spécifique, mesurable, réalisable, pertinente et temporelle (SMART), afin de pouvoir suivre les progrès et d'évaluer l'efficacité des initiatives de gouvernance en matière d'informatique et de durabilité. Les données nécessaires pour mesurer ces indicateurs peuvent être collectées à l'aide de systèmes de surveillance, de logiciels de gestion environnementale et sociale, ainsi que par des audits et des évaluations régulières.

En utilisant ces indicateurs de performance environnementale et sociale, les organisations peuvent évaluer et améliorer leur gouvernance en matière d'informatique et de durabilité. Cela permet de mesurer l'impact de leurs activités informatiques sur l'environnement et la société, d'identifier les domaines d'amélioration potentiels et de prendre des décisions éclairées pour une gestion plus responsable des technologies de l'information.

Outils d'évaluation de la gouvernance

Les outils d'évaluation de la gouvernance en matière d'informatique et de durabilité sont des ressources essentielles pour mesurer et évaluer les pratiques et les performances de l'organisation dans ces domaines. Ils fournissent des cadres, des méthodologies et des indicateurs permettant d'évaluer de manière objective les initiatives de gouvernance et de durabilité.

Certains des principaux outils utilisés pour évaluer la gouvernance en matière d'informatique et de durabilité comprennent :

Les systèmes de gestion environnementale (SGE)
Ces systèmes fournissent une approche structurée pour évaluer et améliorer la performance environnementale de l'organisation. Ils sont basés sur des normes telles que l'ISO 14001 et fournissent des lignes directrices pour la mise en œuvre de pratiques environnementales durables.

Les tableaux de bord de durabilité
Ces outils permettent de suivre et de mesurer les performances environnementales, sociales et économiques de l'organisation. Ils fournissent des indicateurs clés pour évaluer les progrès réalisés et identifier les domaines nécessitant des améliorations.

Les audits de durabilité
Les audits de durabilité sont des évaluations complètes des pratiques de gouvernance en matière d'informatique et de durabilité. Ils sont réalisés par des experts externes pour évaluer la conformité aux normes, identifier les risques et les opportunités, et fournir des recommandations pour améliorer les performances.

Les évaluations d'empreinte environnementale
Ces évaluations mesurent l'impact environnemental global de l'organisation, en prenant en compte les émissions de gaz à effet de serre, la consommation d'énergie, la consommation d'eau, la gestion des déchets, etc. Elles permettent d'identifier les domaines où des améliorations peuvent être apportées pour réduire l'empreinte environnementale.

Les questionnaires d'évaluation de la gouvernance
Ces questionnaires permettent de collecter des données sur les pratiques de gouvernance en matière d'informatique et de durabilité au sein de l'organisation. Ils peuvent être utilisés pour évaluer la conformité aux politiques, la sensibilisation des employés, l'intégration de la durabilité dans les processus décisionnels, etc.

L'utilisation d'outils d'évaluation de la gouvernance permet aux organisations d'obtenir une vision claire de leur performance en matière de durabilité, de définir des objectifs et des plans d'action, et de mesurer les progrès réalisés au fil du temps. Ces outils facilitent également la communication avec les parties prenantes, en démontrant l'engagement de l'organisation envers la durabilité et en fournissant des informations crédibles et transparentes sur ses performances.

L'évolution de la gouvernance en matière d'informatique et de durabilité dans les organisations est un sujet d'une importance croissante. Alors que les enjeux environnementaux et sociaux continuent de prendre de l'ampleur, les organisations sont de plus en plus conscientes de la nécessité d'intégrer la durabilité dans leurs pratiques informatiques. Voici quelques perspectives et recommandations pour l'avenir de la gouvernance en matière d'informatique et de durabilité :

Intégrer la durabilité dès la phase de conception

Lors de la planification et de la conception de nouveaux systèmes informatiques, il est essentiel d'intégrer les principes de durabilité dès le départ. Cela peut inclure l'utilisation de technologies économes en énergie, la prise en compte des impacts environnementaux tout au long du cycle de vie des systèmes et la mise en place de politiques et de procédures pour encourager une utilisation responsable des ressources.

Renforcer la collaboration interdépartementale

La gouvernance en matière d'informatique et de durabilité nécessite une collaboration étroite entre les départements informatiques, les départements environnementaux et les parties prenantes concernées. Il est essentiel de promouvoir une culture de collaboration et de partager les connaissances et les bonnes pratiques entre les différentes parties prenantes.

Encourager l'innovation technologique durable

Les progrès technologiques continuent d'ouvrir de nouvelles possibilités pour une informatique plus verte. Les organisations doivent encourager la recherche et le développement de technologies éco-responsables, telles que les systèmes de refroidissement plus efficaces, les serveurs à faible consommation d'énergie et les solutions de gestion intelligente de l'énergie. Il est également important de suivre les tendances technologiques émergentes, telles que l'informatique en nuage et l'intelligence artificielle, et d'évaluer leur potentiel en termes de durabilité.

Renforcer la responsabilité et la transparence

Les organisations doivent rendre compte de leurs performances en matière de gouvernance en matière d'informatique et de durabilité. Cela implique de mesurer et de rapporter régulièrement les indicateurs clés de performance environnementale et sociale, de communiquer les objectifs et les progrès réalisés, et de répondre aux attentes des parties prenantes en termes de transparence et de responsabilité.

Évolution future de la gouvernance en matière d'informatique et de durabilité

L'évolution future de la gouvernance en matière d'informatique et de durabilité est susceptible de se concentrer sur plusieurs aspects clés :

Intégration plus poussée de la durabilité dans les stratégies d'entreprise
Les organisations devront intégrer la durabilité dans leur stratégie globale, en reconnaissant que la durabilité est un moteur de création de valeur à long terme. Cela nécessitera une gouvernance plus robuste, des politiques claires et des objectifs ambitieux en matière de durabilité.

Utilisation de l'intelligence artificielle et de l'automatisation
Les technologies émergentes telles que l'intelligence artificielle et l'automatisation peuvent jouer un rôle clé dans l'amélioration de la gouvernance en matière d'informatique et de durabilité. Par exemple, l'utilisation de l'IA pour analyser les données environnementales peut aider les organisations à identifier les opportunités d'optimisation et à prendre des décisions plus éclairées.

Collaboration accrue entre les acteurs de l'industrie
Les organisations peuvent bénéficier d'une collaboration plus étroite avec d'autres acteurs de l'industrie, y compris les fournisseurs de technologie, les organismes de réglementation et les organisations non gouvernementales. Cette collaboration peut favoriser l'échange de bonnes pratiques, l'adoption de normes communes et la résolution collective des défis environnementaux et sociaux.

Sensibilisation et éducation
La sensibilisation et l'éducation des parties prenantes internes et externes joueront un rôle crucial dans l'évolution de la gouvernance en matière d'informatique et de durabilité. Les organisations devront investir dans la formation de leurs employés, la sensibilisation des clients et des fournisseurs, et la communication régulière sur les initiatives et les progrès réalisés en matière de durabilité.

En conclusion, la gouvernance en matière d'informatique et de durabilité est un domaine en évolution constante qui nécessite une attention continue. En intégrant la durabilité dans la gouvernance informatique, les organisations peuvent non seulement réduire leur empreinte environnementale, mais aussi améliorer leur performance globale, renforcer leur réputation et contribuer à un avenir plus durable.

Recommandations pour une gouvernance réussie

Pour assurer une gouvernance réussie en matière d'informatique et de durabilité, voici quelques recommandations clés :

Définir une vision claire

Il est essentiel de définir une vision claire de ce que signifie la gouvernance en matière d'informatique et de durabilité pour votre organisation. Définir une vision claire de ce que signifie la gouvernance en matière d'informatique et de durabilité pour une organisation est essentiel pour orienter ses actions et atteindre des objectifs cohérents. Cette vision permet de définir les principes, les politiques et les pratiques qui régiront l'utilisation de l'informatique et les initiatives de durabilité au sein de l'organisation. Cela peut inclure la mise en place de politiques de sécurité des données, de protocoles de gestion des risques, de normes de confidentialité et de protection des informations sensibles, ainsi que des procédures de conformité légale et réglementaire.

En ce qui concerne la durabilité, la gouvernance implique d'intégrer des pratiques responsables et respectueuses de l'environnement dans toutes les activités de l'organisation. Cela peut impliquer la réduction de l'empreinte carbone, l'adoption de pratiques économes en énergie, la promotion de l'utilisation de sources d'énergie renouvelable, la gestion efficace des ressources naturelles, la mise en place de programmes de recyclage et de réduction des déchets, ainsi que la sensibilisation des employés à l'importance de la durabilité.

Impliquer les parties prenantes

La gouvernance en matière d'informatique et de durabilité ne peut réussir que si toutes les parties prenantes sont impliquées. Cela comprend les dirigeants, les employés, les fournisseurs, les clients et les autres parties prenantes pertinentes. Organisez des consultations et des forums de discussion pour recueillir leurs perspectives et leurs idées, et assurez-vous qu'ils comprennent les enjeux et les objectifs de la gouvernance en matière d'informatique et de durabilité.

En impliquant les parties prenantes, l'organisation peut bénéficier de nombreux avantages. Premièrement, cela permet de recueillir des informations précieuses sur les attentes, les besoins et les préoccupations des parties prenantes, ce qui peut aider à améliorer les politiques et les pratiques existantes. Deuxièmement, cela favorise l'engagement et la fidélisation des parties prenantes, car elles se sentent écoutées et prises en compte dans les décisions de l'organisation. Troisièmement, cela renforce la crédibilité et la légitimité de l'organisation, en démontrant son engagement envers la transparence et la responsabilité.

Établir des politiques et des procédures claires
Développez des politiques et des procédures claires pour guider les actions et les décisions en matière d'informatique et de durabilité. Cela peut inclure des politiques sur l'utilisation responsable des ressources informatiques, la gestion des déchets électroniques, l'achat durable de matériel informatique, etc. Veillez à ce que ces politiques soient communiquées de manière efficace à tous les membres de l'organisation.

Mettre en place des mécanismes de suivi et d'évaluation
Établissez des mécanismes de suivi et d'évaluation pour évaluer régulièrement les performances de la gouvernance en matière d'informatique et de durabilité. Cela peut inclure des indicateurs de performance clés, des audits périodiques et des rapports réguliers. Utilisez ces informations pour identifier les domaines d'amélioration et pour renforcer les pratiques et les politiques existantes.

Favoriser l'innovation et l'apprentissage continu
Encouragez l'innovation et l'apprentissage continu dans le domaine de la gouvernance en matière d'informatique et de durabilité. Tenez-vous au courant des dernières tendances et des meilleures pratiques, et encouragez les initiatives novatrices au sein de l'organisation. Créez un environnement propice à l'échange d'idées et à la collaboration, et favorisez la formation et le développement des compétences liées à la durabilité et à l'informatique verte.

Communiquer de manière transparente
La transparence est essentielle pour une gouvernance réussie en matière d'informatique et de durabilité. Communiquez de manière transparente sur les objectifs, les progrès réalisés, les défis rencontrés et les initiatives mises en place. Impliquez les parties prenantes dans le processus de communication et fournissez des informations claires et accessibles à tous.

En suivant ces recommandations, votre organisation sera mieux préparée à mettre en place une gouvernance efficace en matière d'informatique et de durabilité, ce qui contribuera à réduire votre empreinte environnementale et à promouvoir un avenir plus durable.

16.8 Conclusion

Ce chapitre met en évidence les points clés abordés tout au long du livre sur la gouvernance en matière d'informatique et de durabilité. Il récapitule les principaux éléments du livre et propose un conseil pour améliorer la gouvernance en matière d'informatique et de durabilité.

Résumé des principaux points abordés dans le chapitre

Dans ce chapitre, nous avons examiné en détail les principaux aspects de la gouvernance en matière d'informatique et de durabilité. Nous avons souligné l'importance de la définition claire des objectifs de gouvernance, de l'implication des parties prenantes, de l'établissement de politiques et de procédures claires, de la mise en place de mécanismes de suivi et d'évaluation, de la promotion de l'innovation et de l'apprentissage continu, ainsi que de la communication transparente.

Nous avons également exploré les enjeux auxquels les organisations peuvent être confrontées lors de la mise en place d'une gouvernance en matière d'informatique et de durabilité, tels que la résistance au changement, le manque de ressources et de compétences, ainsi que la coordination et la collaboration entre les départements. Nous avons souligné l'importance de surmonter ces défis et de les considérer comme des opportunités d'amélioration et de croissance.

Suggestion pour une meilleure gouvernance en matière d'informatique et de durabilité

En conclusion, nous suggérons vivement d'adopter une gouvernance solide en matière d'informatique et de durabilité. Il est essentiel de prendre des mesures concrètes pour intégrer les principes de durabilité dans vos activités informatiques, de mettre en place des politiques et des procédures claires, d'impliquer les parties prenantes, de promouvoir l'innovation et de développer les compétences nécessaires.

Nous vous recommandons également de travailler en collaboration, de partager vos bonnes pratiques et vos réussites, et de participer à des initiatives collectives visant à promouvoir une gouvernance responsable en matière d'informatique et de durabilité.

Chapitre 17. Blockchain et Green IT : durabilité et opportunités.

17.1 Introduction à la technologie blockchain

La technologie blockchain, aussi connue sous le nom de chaîne de blocs, est une technologie de stockage et de transmission d'informations, transparente, sécurisée, et fonctionnant sans organe central de contrôle. Elle est souvent associée à la monnaie numérique Bitcoin, mais ses applications vont bien au-delà des crypto-monnaies.

La blockchain est une base de données distribuée, ce qui signifie que les données qu'elle contient sont réparties sur un réseau de plusieurs ordinateurs, ou "nœuds". Chaque fois qu'une nouvelle transaction ou modification de données est effectuée, elle est enregistrée dans un "bloc" de données, qui est ensuite ajouté à la "chaîne" de blocs existants. Cela crée un enregistrement public et immuable de toutes les transactions qui ont eu lieu dans la blockchain.

Les utilisations potentielles de la blockchain sont vastes. En plus des crypto-monnaies, elle peut être utilisée pour créer des registres publics transparents pour tout, des actes de propriété aux votes électoraux. Elle peut également être utilisée pour suivre la chaîne d'approvisionnement des produits, pour garantir l'intégrité des données dans les systèmes de santé, et bien plus encore.

Le potentiel de la blockchain pour promouvoir la durabilité est particulièrement intéressant. Par exemple, elle peut aider à suivre l'origine des matériaux et à garantir qu'ils ont été produits de manière durable. Elle peut également aider à optimiser les réseaux d'énergie, à réduire les fraudes et les inefficacités, et à promouvoir une économie circulaire.

Toutefois, il est important de noter que la blockchain est encore une technologie relativement nouvelle, et qu'elle présente des défis, notamment en termes de consommation d'énergie, de scalabilité et de sécurité. C'est pourquoi il est essentiel d'examiner attentivement ses implications environnementales et son potentiel pour la durabilité.

17.2 L'impact environnemental de la blockchain

Consommation d'énergie de l'exploitation minière de crypto-monnaies

L'exploitation minière de crypto-monnaies, en particulier celles qui utilisent le mécanisme de consensus de preuve de travail (PoW), est un processus intensif en énergie. Pour comprendre pourquoi, il faut d'abord comprendre comment fonctionne le PoW.

Dans le cadre de la preuve de travail, les mineurs (les nœuds du réseau qui exécutent le processus de minage) doivent résoudre un problème mathématique complexe pour ajouter un nouveau bloc de transactions à la blockchain. Ce problème est intentionnellement conçu pour être difficile à résoudre mais facile à vérifier, ce qui crée un équilibre dans le réseau - il est difficile pour un acteur malveillant d'ajouter un bloc frauduleux à la blockchain, mais facile pour les autres nœuds du réseau de vérifier la validité d'un bloc une fois qu'il a été ajouté.

Cependant, cette complexité a un coût. Les problèmes mathématiques impliqués dans la preuve de travail exigent une quantité considérable de puissance de calcul pour être résolus. Cela signifie que les mineurs doivent disposer d'une puissance de traitement importante, ce qui se traduit par une consommation élevée d'énergie.

De plus, la difficulté des problèmes de PoW est dynamique - elle augmente avec le nombre de mineurs dans le réseau, ce qui signifie que plus il y a de mineurs, plus la consommation d'énergie est élevée. Par exemple, le réseau Bitcoin, qui utilise le PoW, a vu sa consommation d'énergie augmenter de façon exponentielle avec le nombre de mineurs.

Selon certaines estimations, le réseau Bitcoin consomme actuellement autant d'énergie que certains pays. Cela a des implications environnementales significatives, notamment en termes d'émissions de carbone, car une grande partie de l'électricité utilisée pour l'exploitation minière provient de sources d'énergie fossiles.

Il est important de noter que tous les réseaux blockchain n'utilisent pas la preuve de travail. Certains, comme le réseau Ethereum, envisagent de passer à la preuve d'enjeu (Proof of Stake, PoS), un mécanisme de consensus qui est beaucoup moins gourmand en énergie. Cependant, la PoW reste le mécanisme le plus utilisé à ce jour, et donc sa consommation d'énergie reste une préoccupation majeure.

Par conséquent, il est crucial pour l'avenir de la blockchain et de la crypto-monnaie de développer des méthodes plus économes en énergie pour le minage, ou d'adopter des sources d'énergie renouvelables pour alimenter le processus.

Production de déchets électroniques

La production de déchets électroniques (ou e-déchets) est un autre aspect important de l'impact environnemental de la blockchain, en particulier en ce qui concerne l'exploitation minière de crypto-monnaies.

L'exploitation minière de crypto-monnaies nécessite du matériel informatique spécialisé, souvent appelé "rigs" de minage. Ces appareils sont conçus pour être très efficaces pour résoudre les problèmes mathématiques impliqués dans le processus de minage, mais ils ont généralement une durée de vie limitée. Lorsqu'ils ne sont plus utiles ou économiquement viables pour l'exploitation minière, ils deviennent des déchets électroniques.

Les déchets électroniques sont une préoccupation environnementale majeure pour plusieurs raisons. Tout d'abord, ils contiennent souvent des matériaux qui peuvent être toxiques pour l'environnement s'ils ne sont pas correctement éliminés, tels que le plomb, le mercure et le cadmium. De plus, la production de ces matériaux nécessite souvent l'exploitation de ressources naturelles, ce qui peut avoir des impacts environnementaux négatifs.

De plus, le taux de recyclage des déchets électroniques est généralement faible. Selon l'Organisation des Nations Unies, seulement 20% des déchets électroniques dans le monde sont recyclés de manière appropriée. Cela signifie que la plupart des déchets électroniques finissent dans les décharges, où ils peuvent polluer le sol et l'eau.

En ce qui concerne la blockchain, il est crucial de développer des stratégies pour réduire la quantité de déchets électroniques produits par l'exploitation minière de crypto-monnaies. Cela pourrait inclure l'utilisation de matériel de minage plus durable, le recyclage des rigs de minage en fin de vie, ou même l'adoption de mécanismes de consensus qui nécessitent moins de puissance de calcul, comme la preuve d'enjeu (Proof of Stake, PoS).

Émissions de gaz à effet de serre

Les émissions de gaz à effet de serre (GES) liées à l'exploitation minière de crypto-monnaies constituent un autre volet majeur de l'impact environnemental de la blockchain. Ce sujet est de plus en plus préoccupant étant donné l'urgence de la lutte contre le changement climatique.

L'exploitation minière de crypto-monnaies, en particulier celle utilisant des mécanismes de consensus basés sur la preuve de travail (Proof of Work, PoW), consomme une grande quantité d'énergie. Cette énergie provient souvent de sources non renouvelables qui émettent des GES lors de leur combustion. Par exemple, de nombreux sites d'exploitation minière de Bitcoin sont situés dans des régions où l'électricité est produite principalement à partir du charbon, une source d'énergie particulièrement polluante.

En fait, une étude de 2018 a estimé que l'exploitation minière de Bitcoin à elle seule pourrait produire suffisamment de GES pour augmenter la température mondiale de 2°C en moins de trois décennies. Bien que cette estimation soit controversée, elle souligne l'importance de prendre en compte les émissions de GES dans toute discussion sur l'impact environnemental de la blockchain.

Cela dit, il est important de souligner qu'il existe des moyens de minimiser cet impact. Par exemple, de plus en plus de projets de blockchain envisagent d'utiliser des mécanismes de consensus alternatifs, tels que la preuve d'enjeu (Proof of Stake, PoS), qui consomment beaucoup moins d'énergie que la preuve de travail. De plus, certains projets de crypto-monnaies s'efforcent d'utiliser de l'énergie renouvelable pour l'exploitation minière, ou de compenser leurs émissions de GES en achetant des crédits carbone.

En outre, il est également possible d'améliorer l'efficacité énergétique du matériel d'exploitation minière, ce qui pourrait également contribuer à réduire les émissions de GES.

Cependant, il est clair que la réduction des émissions de GES liées à la blockchain nécessite une action concertée de la part de toutes les parties prenantes : développeurs de blockchain, mineurs, utilisateurs et régulateurs.

Utilisation de la blockchain pour suivre la production d'énergie renouvelable

La blockchain a le potentiel d'apporter des avantages significatifs à l'industrie de l'énergie renouvelable, et l'un des domaines les plus prometteurs est le suivi de la production d'énergie renouvelable.

La production d'énergie renouvelable, comme l'énergie solaire ou éolienne, peut être très distribuée, avec de nombreux producteurs d'énergie à petite échelle. Cela peut rendre le suivi de la production d'énergie renouvelable complexe et inefficace avec les systèmes traditionnels. C'est là que la blockchain peut apporter une valeur ajoutée.

La blockchain, en tant que système décentralisé et transparent, peut fournir une plateforme pour enregistrer et vérifier les transactions d'énergie de manière sûre et efficace. Chaque unité d'énergie produite peut être représentée comme un jeton numérique sur la blockchain, qui peut être suivi tout au long de sa "vie", de la production à la consommation. Cela peut fournir une preuve inaltérable de la production d'énergie renouvelable et faciliter les transactions entre producteurs et consommateurs d'énergie.

En outre, la blockchain peut faciliter la création de marchés d'énergie décentralisés. Dans ces marchés, les producteurs d'énergie renouvelable, y compris les petits producteurs tels que les propriétaires de panneaux solaires résidentiels, peuvent vendre leur énergie excédentaire directement à d'autres consommateurs sur le réseau. Cela peut augmenter l'efficacité du marché de l'énergie, réduire les coûts pour les consommateurs et encourager la production d'énergie renouvelable.

Cependant, l'utilisation de la blockchain pour le suivi de la production d'énergie renouvelable n'est pas sans défis. Par exemple, la mise en œuvre de cette technologie nécessite une intégration étroite avec les infrastructures existantes de l'énergie et des systèmes de mesure. De plus, il existe des questions juridiques et réglementaires qui doivent être résolues.

Malgré ces défis, plusieurs projets pilotes et startups ont déjà commencé à explorer l'utilisation de la blockchain pour le suivi de la production d'énergie renouvelable, et les premiers résultats sont prometteurs. À mesure que la technologie mûrit, il est probable que nous verrons une adoption plus large de la blockchain dans ce domaine.

Mise en œuvre de micro-réseaux basés sur la blockchain

Les micro-réseaux sont des systèmes d'énergie locaux qui peuvent fonctionner indépendamment du réseau électrique principal. Ils sont généralement conçus pour desservir une zone géographique limitée, comme un quartier, un campus universitaire, ou une zone industrielle. Les micro-réseaux peuvent intégrer une variété de sources d'énergie, y compris des sources renouvelables comme l'énergie solaire ou éolienne, et peuvent également inclure des systèmes de stockage d'énergie, tels que les batteries.

La blockchain a le potentiel d'apporter des avantages significatifs à la mise en œuvre et à la gestion des micro-réseaux. L'un des avantages clés de la blockchain est sa capacité à faciliter les transactions sûres et transparentes entre les participants dans un système décentralisé. Dans le contexte des micro-réseaux, cela peut permettre une gestion plus efficace et démocratique de l'énergie.

Avec la blockchain, chaque unité d'énergie produite et consommée dans le micro-réseau peut être enregistrée et vérifiée de manière transparente. Cela peut faciliter la mise en œuvre de systèmes de tarification dynamiques, où le prix de l'énergie peut varier en fonction de la demande et de l'offre à un moment donné. De plus, cela peut permettre aux participants du micro-réseau de vendre leur énergie excédentaire à d'autres sur le réseau, créant ainsi un marché d'énergie décentralisé.

En outre, la blockchain peut également aider à améliorer la résilience des micro-réseaux. En cas de panne du réseau principal, le micro-réseau peut continuer à fonctionner de manière autonome, en utilisant la blockchain pour gérer la distribution d'énergie. Cela peut être particulièrement précieux dans les situations d'urgence, où l'accès à l'énergie peut être critique.

Cependant, comme pour toutes les applications de la blockchain, la mise en œuvre de micro-réseaux basés sur la blockchain n'est pas sans défis. Il existe des questions techniques, réglementaires et économiques qui doivent être résolues. Par exemple, l'intégration de la blockchain avec les systèmes d'énergie existants peut être complexe, et il peut y avoir des obstacles réglementaires à la vente d'énergie sur un marché décentralisé.

Néanmoins, la blockchain offre des opportunités passionnantes pour la mise en œuvre et la gestion des micro-réseaux, et il est probable que nous verrons davantage d'expérimentations et d'adoptions de cette technologie dans ce domaine à l'avenir.

17.4 Blockchain et économie circulaire

Le concept d'économie circulaire se réfère à un système économique qui vise à minimiser les déchets et à maximiser l'utilisation des ressources. Cela implique souvent de réutiliser, de recycler et de valoriser les produits et les matériaux autant que possible, plutôt que de les jeter après une seule utilisation. La blockchain peut jouer un rôle clé dans la facilitation de l'économie circulaire, notamment en améliorant le suivi de la chaîne d'approvisionnement et la gestion des déchets.

Suivi de la chaîne d'approvisionnement et gestion des déchets

La blockchain peut être utilisée pour créer un registre transparent et immuable de toutes les transactions et interactions liées à un produit ou à un matériau tout au long de sa vie. Cela peut inclure l'endroit et la manière dont il est produit, qui l'a possédé, comment il a été utilisé, et finalement comment il a été éliminé ou recyclé. Ces informations peuvent être utilisées pour améliorer la responsabilité et la transparence dans la chaîne d'approvisionnement, et pour aider à garantir que les produits et les matériaux sont gérés de manière durable.

Par exemple, dans l'industrie électronique, la blockchain pourrait être utilisée pour suivre la provenance des matériaux utilisés dans les produits, pour s'assurer qu'ils sont extraits et produits de manière éthique et durable. Elle pourrait également être utilisée pour suivre la manière dont les produits sont éliminés à la fin de leur vie, pour s'assurer qu'ils sont recyclés de manière appropriée.

En outre, la blockchain peut également être utilisée pour faciliter les systèmes de consigne pour les produits et les matériaux. Dans ces systèmes, un dépôt est payé lors de l'achat d'un produit, et est remboursé lorsque le produit est retourné pour être réutilisé ou recyclé. La blockchain peut être utilisée pour suivre ces transactions de manière transparente et efficace, encourageant ainsi la réutilisation et le recyclage.

Cependant, l'utilisation de la blockchain pour le suivi de la chaîne d'approvisionnement et la gestion des déchets n'est pas sans défis. Il est nécessaire d'intégrer la technologie de la blockchain avec d'autres technologies, comme l'Internet des objets (IoT), pour suivre les produits et les matériaux dans le monde physique. De plus, il est nécessaire de surmonter les défis liés à la protection de la vie privée et à la sécurité des données.

Malgré ces défis, l'utilisation de la blockchain pour soutenir l'économie circulaire offre des opportunités passionnantes, et pourrait jouer un rôle clé dans la transition vers une économie plus durable et résiliente.

Promotion de la responsabilité et de la transparence dans la production et la consommation

L'un des principaux avantages de la blockchain est sa capacité à créer des systèmes de suivi transparents et immuables. Cela peut être particulièrement utile pour promouvoir la responsabilité et la transparence dans la production et la consommation dans le cadre de l'économie circulaire.

Dans la production, la blockchain peut être utilisée pour créer des registres de toutes les transactions et interactions liées à la fabrication d'un produit. Cela peut inclure des informations sur l'origine des matériaux, les conditions de travail dans les usines, et les impacts environnementaux de la production. Ces informations peuvent être rendues accessibles aux consommateurs, aux régulateurs, et à d'autres parties prenantes, ce qui peut aider à assurer que les entreprises sont responsables de leurs pratiques de production.

Dans la consommation, la blockchain peut également être utilisée pour aider les consommateurs à prendre des décisions d'achat plus responsables. Par exemple, en utilisant la blockchain pour tracer l'origine et le parcours d'un produit, les consommateurs peuvent vérifier si un produit a été fabriqué de manière éthique et durable avant de l'acheter. Cela peut aider à promouvoir une consommation plus responsable et à réduire la demande de produits fabriqués de manière non durable.

De plus, la blockchain peut également être utilisée pour suivre et vérifier les actions de recyclage des consommateurs. Par exemple, un système basé sur la blockchain pourrait être utilisé pour vérifier si un consommateur a bien recyclé un produit à la fin de sa vie, et pour lui attribuer des récompenses ou des incitations en conséquence. Cela peut aider à encourager le recyclage et à réduire la quantité de déchets produits.

Enfin, la blockchain peut également jouer un rôle dans la promotion de la responsabilité et de la transparence dans la finance circulaire. Par exemple, elle peut être utilisée pour suivre et vérifier l'utilisation des fonds dans les projets de développement durable, pour s'assurer que les fonds sont utilisés de manière efficace et responsable.

En somme, la blockchain a un potentiel considérable pour promouvoir la responsabilité et la transparence dans la production et la consommation dans le cadre de l'économie circulaire. Cependant, pour réaliser ce potentiel, il sera nécessaire de surmonter plusieurs défis, notamment ceux liés à l'interopérabilité des systèmes, à la protection de la vie privée et à la sécurité des données.

17.5 Blockchain et efficacité énergétique dans les opérations informatiques

Optimisation de l'infrastructure IT à l'aide de la technologie blockchain

L'efficacité énergétique est un défi majeur pour les centres de données et les infrastructures informatiques en général. La blockchain peut jouer un rôle significatif dans l'optimisation de ces infrastructures, en particulier grâce à son architecture décentralisée.

Tout d'abord, la blockchain peut permettre une distribution plus efficace des ressources informatiques. Dans un système traditionnel, les serveurs centralisés doivent traiter toutes les demandes, ce qui peut entraîner une utilisation inégale des ressources. Avec la blockchain, les transactions et les calculs peuvent être répartis sur l'ensemble du réseau, ce qui peut permettre une utilisation plus efficace des ressources et une réduction de la consommation d'énergie.

Ensuite, la blockchain peut également contribuer à l'optimisation des opérations de centres de données. Par exemple, elle peut être utilisée pour suivre en temps réel l'utilisation de l'énergie et des ressources dans le centre de données, ce qui peut aider à identifier les inefficacités et à optimiser la consommation d'énergie. De plus, la blockchain peut être utilisée pour automatiser certains processus, comme la gestion de l'alimentation électrique ou la répartition des charges de travail, ce qui peut également contribuer à améliorer l'efficacité énergétique.

De plus, la blockchain peut jouer un rôle dans l'amélioration de la sécurité des infrastructures informatiques. La nature décentralisée et transparente de la blockchain peut aider à détecter et à prévenir les cyberattaques, ce qui peut réduire la nécessité d'opérations de récupération d'énergie intensive après une attaque.

Enfin, la blockchain peut également contribuer à la transition vers des sources d'énergie plus durables dans les infrastructures informatiques. Par exemple, elle peut être utilisée pour tracer l'origine de l'énergie utilisée dans les centres de données et pour garantir que cette énergie provient de sources renouvelables.

Cependant, il est important de noter que l'utilisation de la blockchain pour l'optimisation de l'infrastructure IT doit être mise en balance avec son coût énergétique intrinsèque. En particulier, les mécanismes de consensus de la blockchain, comme la preuve de travail, peuvent consommer une grande quantité d'énergie. Par conséquent, il est crucial d'explorer des alternatives plus écoénergétiques, comme la preuve d'enjeu (Proof of Stake), pour rendre l'utilisation de la blockchain dans les infrastructures IT vraiment durable.

Mise en œuvre de contrats intelligents pour la gestion de l'énergie

Les contrats intelligents sont l'un des aspects les plus innovants de la technologie blockchain. Ils sont essentiellement des programmes informatiques qui s'exécutent automatiquement lorsque certaines conditions sont remplies, sans nécessiter d'intervention humaine. En ce qui concerne la gestion de l'énergie, les contrats intelligents offrent plusieurs avantages potentiels.

Tout d'abord, les contrats intelligents peuvent faciliter la mise en œuvre de systèmes de tarification dynamique de l'énergie. Par exemple, les prix de l'électricité peuvent être ajustés en temps réel en fonction de la demande et de l'offre, ce qui peut encourager une utilisation plus efficace de l'énergie. Les contrats intelligents peuvent automatiquement ajuster les prix et exécuter les transactions lorsque les conditions du marché changent.

Ensuite, les contrats intelligents peuvent être utilisés pour gérer les transactions d'énergie dans les micro-réseaux ou entre les producteurs d'énergie renouvelable et les consommateurs. Par exemple, un contrat intelligent pourrait être configuré pour acheter automatiquement de l'électricité à un producteur d'énergie solaire lorsque le prix est inférieur à un certain seuil, ou pour vendre de l'électricité excédentaire sur le marché lorsque la demande est élevée. Cela peut permettre une gestion plus efficace de l'énergie et encourager l'utilisation des énergies renouvelables.

Les contrats intelligents peuvent également jouer un rôle dans la gestion de l'efficacité énergétique des bâtiments. Par exemple, ils peuvent être utilisés pour automatiser la gestion de l'énergie dans un bâtiment intelligent, en ajustant automatiquement le chauffage, la ventilation et la climatisation (HVAC) en fonction des conditions météorologiques, de l'occupation et d'autres facteurs. Cela peut non seulement améliorer le confort des occupants, mais aussi réduire la consommation d'énergie.

Enfin, les contrats intelligents peuvent contribuer à la transparence et à la responsabilité dans le secteur de l'énergie. Par exemple, ils peuvent être utilisés pour certifier l'origine de l'énergie renouvelable, pour vérifier l'exactitude des déclarations d'émissions de carbone, ou pour assurer le respect des normes d'efficacité énergétique.

Cependant, tout comme pour l'utilisation de la blockchain en général, l'application des contrats intelligents doit être soigneusement équilibrée avec les considérations environnementales. En particulier, l'exécution des contrats intelligents nécessite du traitement informatique, qui consomme de l'énergie. De plus, la sécurité et la confidentialité des contrats intelligents sont des préoccupations importantes qui doivent être prises en compte.

17.6 Défis et considérations pour la mise en œuvre durable de la blockchain

Problèmes de scalabilité et d'efficacité énergétique

La scalabilité et l'efficacité énergétique sont deux défis majeurs pour une mise en œuvre durable de la blockchain.

La scalabilité fait référence à la capacité d'un système à gérer une augmentation de la charge de travail sans compromettre ses performances. Dans le contexte de la blockchain, cela signifie pouvoir traiter un plus grand nombre de transactions par seconde à mesure que le réseau s'agrandit. Cependant, de nombreuses blockchains, comme Bitcoin et Ethereum, ont du mal à évoluer en raison de la façon dont elles sont conçues. Le temps nécessaire pour confirmer une transaction et la taille maximale de bloc limitent le nombre de transactions qui peuvent être traitées par seconde. Ceci est un obstacle majeur à l'adoption généralisée de la blockchain.

L'efficacité énergétique est un autre défi majeur. Comme mentionné précédemment, le processus de minage, qui est utilisé pour sécuriser la plupart des blockchains, consomme une quantité considérable d'énergie. Cela est dû au fait que le minage nécessite une grande quantité de puissance de calcul pour résoudre des énigmes cryptographiques complexes. De plus, la concurrence entre les mineurs pour résoudre ces énigmes et gagner des récompenses en crypto-monnaie pousse à l'acquisition de matériel de plus en plus puissant, qui consomme encore plus d'énergie.

Il existe cependant des approches pour résoudre ces problèmes. Par exemple, plusieurs blockchains expérimentent des mécanismes de consensus alternatifs, comme la preuve d'enjeu (Proof of Stake, PoS), qui sont moins gourmands en énergie que la preuve de travail. De plus, des techniques comme le sharding et les chaînes latérales sont explorées pour améliorer la scalabilité de la blockchain.

Cependant, ces solutions ont leurs propres défis et limitations, et il reste beaucoup à faire pour atteindre une mise en œuvre durable de la blockchain. C'est un domaine actif de recherche et de développement, et il sera intéressant de voir comment ces défis seront abordés dans les années à venir.

Problèmes de sécurité et de confidentialité

La sécurité et la confidentialité sont deux aspects essentiels pour la mise en œuvre durable de la blockchain. Malgré les avantages de cette technologie, elle présente des défis en matière de sécurité et de confidentialité qui doivent être pris en compte.

La sécurité est l'un des principaux avantages de la blockchain, car elle est conçue pour être résistante à la falsification. Cependant, cela ne signifie pas qu'elle est à l'abri de toutes les menaces. Par exemple, une attaque dite "51%" pourrait être réalisée si un acteur malveillant obtenait le contrôle de plus de la moitié de la puissance de calcul du réseau. Cette attaque pourrait permettre à l'attaquant de modifier les transactions à sa guise, remettant en question l'intégrité du réseau. De plus, les contrats intelligents, qui sont des programmes exécutés sur certaines blockchains, peuvent contenir des bugs ou des vulnérabilités qui pourraient être exploités par des attaquants.

La confidentialité est un autre défi. Par définition, les transactions sur une blockchain sont transparentes et visibles par tous les participants du réseau. Cela peut poser des problèmes en matière de confidentialité, en particulier dans les cas où les utilisateurs ne souhaitent pas révéler certaines informations. Pour résoudre ce problème, des solutions comme les blockchains privées et les techniques de "confidentialité améliorée" comme le chiffrement à connaissance nulle sont utilisées. Cependant, ces solutions ont leurs propres défis, comme la difficulté de maintenir à la fois la transparence et la confidentialité, ou le coût supplémentaire en termes de complexité et de performance.

Dans l'ensemble, la sécurité et la confidentialité sont des défis importants pour la blockchain, mais des solutions sont en cours de développement et de mise en œuvre. Il est essentiel de continuer à faire progresser ces solutions pour assurer une mise en œuvre durable et sûre de la blockchain.

17.7 Initiatives pour une utilisation responsable de la blockchain dans le développement durable

Dans une économie et une société de plus en plus numérisée, la sécurité et la responsabilité des transactions de données sont des éléments critiques pour créer la confiance et permettre des innovations révolutionnaires dans le monde numérique. À cet égard, la technologie blockchain pourrait être un véritable changement de jeu, avec le potentiel de révolutionner les processus allant de la finance aux industries pharmaceutiques, des services publics gouvernementaux au travail humanitaire et à l'aide au développement.

La blockchain sert de technologie de base pour la crypto-monnaie, permettant des transactions ouvertes (peer-to-peer), sécurisées et rapides. L'application de la blockchain s'est élargie pour inclure diverses transactions financières (par exemple, les paiements en ligne et les plateformes d'échange), l'Internet des objets (IoT), les systèmes de santé et les chaînes d'approvisionnement.

Cependant, des problèmes associés à la scalabilité, aux préoccupations en matière de confidentialité, aux normes réglementaires incertaines et aux difficultés posées par l'intégration de la technologie avec les applications existantes sont quelques-unes des contraintes potentielles du marché. Il y a aussi le risque que le potentiel de la blockchain pour résoudre les problèmes de développement ait été quelque peu exagéré par ses premiers adoptants et les médias technologiques et ne soit pas aussi applicable pour les pays en développement et les moins développés1.

La blockchain est potentiellement une technologie clé dans un nouveau paradigme technologique d'automatisation croissante et d'intégration des mondes physiques et virtuels, avec des technologies comme l'intelligence artificielle (IA), les robots et l'édition de gènes.

Dans un tel scénario, très tôt dans la période d'installation de ce nouveau paradigme, l'impact réel à long terme de ces technologies sur l'économie, les sociétés et l'environnement n'est toujours pas clair. Des moments similaires dans les révolutions technologiques passées ont offert des fenêtres d'opportunité pour certains pays en développement pour rattraper leur retard et d'autres pour prendre de l'avance. Par conséquent, les gouvernements des pays en développement devraient chercher à renforcer leurs systèmes d'innovation pour se positionner stratégiquement afin de bénéficier de cette nouvelle vague de changement technologique (UNCTAD).

Il est essentiel d'explorer les utilisations émergentes de la blockchain qui peuvent être révolutionnaires pour accélérer les progrès vers les Objectifs de Développement Durable. Il faut aussi comprendre les effets sociaux et économiques potentiellement indésirables de cette technologie. Les gouvernements ont un rôle crucial à jouer pour maximiser les opportunités et minimiser les risques. Ils pourraient influencer le taux et la direction de l'innovation et du renforcement des compétences dans la blockchain pour contribuer à leurs priorités de développement national et accélérer les progrès vers les Objectifs de Développement Durable.

> *Il existe plusieurs exemples d'application de la technologie blockchain dans un contexte écologique.*
>
> *Énergie: Des entreprises comme LO3 Energy tirent parti de la technologie blockchain pour créer des micro-réseaux énergétiques. Dans ce système, les utilisateurs peuvent générer de l'énergie verte (par exemple, des panneaux solaires) et vendre leur surplus directement à leurs voisins en utilisant la blockchain. Cela réduit les pertes d'énergie liées au transport longue distance et favorise l'utilisation des énergies renouvelables.*

Compensation carbone : *Des projets tels que Nori et Poseidon utilisent la blockchain pour faciliter le marché de la compensation carbone. Les utilisateurs peuvent acheter des crédits carbone pour compenser leurs émissions. Ces transactions sont enregistrées sur une blockchain, ce qui garantit leur transparence et leur traçabilité.*

Biodiversité*: Blockchain est également utilisé pour la protection de la biodiversité. Par exemple, le projet WildChain utilise une blockchain pour créer un « crypto-zoo » où les utilisateurs peuvent « adopter » numériquement des animaux sauvages. Les fonds collectés sont ensuite utilisés pour la conservation de la nature.*

Recyclage*: Le projet Plastic Bank utilise la technologie blockchain pour améliorer le recyclage du plastique. En offrant une compensation financière aux personnes qui collectent les déchets plastiques et les apportent aux centres de recyclage, Plastic Bank encourage le recyclage tout en contribuant à lutter contre la pauvreté. Les transactions sont suivies à l'aide de la blockchain, ce qui garantit une traçabilité et une transparence totales.*

Ces exemples montrent que la technologie blockchain peut être utilisée de manière respectueuse de l'environnement et de l'environnement. Cependant, il est important de noter que le passage à des méthodes plus durables nécessite également des changements dans l'infrastructure technologique existante, ce qui peut prendre du temps.

17.8 Conclusion et perspectives futures

La blockchain offre des possibilités considérables pour contribuer à la durabilité environnementale et à l'économie circulaire, mais elle pose également des défis importants. Sa consommation d'énergie, la production de déchets électroniques et les émissions de gaz à effet de serre associées à l'exploitation minière de crypto-monnaies sont préoccupantes. Cependant, la blockchain peut aussi être utilisée pour favoriser l'énergie renouvelable, optimiser les opérations informatiques et promouvoir la responsabilité et la transparence dans la production et la consommation.

Les défis à relever pour une mise en œuvre durable de la blockchain incluent les problèmes de scalabilité, d'efficacité énergétique, de sécurité et de confidentialité. Pour surmonter ces défis, des initiatives et des politiques sont nécessaires pour encourager une utilisation responsable de la blockchain dans le développement durable. Il est crucial de maximiser les opportunités et de minimiser les risques associés à la technologie blockchain.

En regardant vers l'avenir, il est essentiel de continuer à explorer les utilisations potentielles de la blockchain pour la durabilité environnementale et d'évaluer de manière critique les impacts environnementaux de cette technologie. Une attention particulière doit être accordée à l'élaboration de réglementations et de normes pour guider l'utilisation de la blockchain de manière à favoriser le développement durable. En outre, des efforts de recherche et de développement continus sont nécessaires pour améliorer l'efficacité énergétique de la blockchain et pour développer de nouvelles applications de la blockchain qui peuvent contribuer à la durabilité.

La blockchain est une technologie en évolution rapide avec un potentiel considérable pour transformer de nombreux aspects de notre société et de notre économie. Toutefois, il est crucial de veiller à ce que cette transformation se fasse de manière à favoriser la durabilité environnementale. À cette fin, il est essentiel de poursuivre la recherche et le dialogue sur l'intersection de la blockchain et du Green IT.

Chapitre 18.   Coût caché de l'énergie : Un défi pour le Green IT

18.1 Introduction

La technologie de l'information et de la communication (TIC) a révolutionné notre façon de vivre et de travailler, en apportant d'énormes avantages en termes de productivité, de connectivité et d'accès à l'information. Cependant, la TIC a également un coût environnemental, notamment en termes de consommation d'énergie. Dans ce chapitre, nous nous pencherons sur le coût énergétique des services TIC, un aspect souvent négligé dans les discussions sur l'impact environnemental de la technologie.

18.2 Coût énergie TIC : Transparence sous-estimée

Les services de technologie de l'information et de la communication (TIC) sont une composante incontournable de notre monde moderne. Des serveurs de centres de données qui alimentent le cloud à la myriade d'appareils personnels que nous utilisons quotidiennement, ces services sont omniprésents. Cependant, il est important de reconnaître que ces services sont gourmands en énergie. Les centres de données, par exemple, nécessitent une énergie considérable pour alimenter les serveurs et les systèmes de refroidissement pour éviter la surchauffe. De même, les infrastructures de télécommunication, qui permettent la connectivité Internet et la transmission de données, consomment une énorme quantité d'énergie pour maintenir les réseaux en fonctionnement. De plus, il y a aussi l'énergie nécessaire pour charger et alimenter les milliards d'appareils numériques utilisés dans le monde entier.

Malgré l'importance cruciale de l'énergie pour le fonctionnement des services TIC, le coût de cette énergie est souvent opaque et peu visible pour les utilisateurs finaux. Cette invisibilité du coût de l'énergie peut être attribuée à plusieurs facteurs.

Tout d'abord, la complexité des systèmes TIC eux-mêmes peut rendre difficile l'établissement d'une compréhension claire de la consommation d'énergie. Par exemple, dans un centre de données, l'énergie est utilisée non seulement pour alimenter les serveurs, mais aussi pour le refroidissement, l'éclairage, la sécurité et d'autres systèmes auxiliaires. De même, pour un utilisateur de smartphone, l'énergie est consommée non seulement par l'appareil lui-même, mais aussi par les infrastructures de réseau nécessaires pour connecter l'appareil à Internet et aux services cloud.

Deuxièmement, la façon dont l'énergie est facturée peut également contribuer à l'opacité du coût de l'énergie. Dans de nombreux cas, l'énergie utilisée par les services TIC est facturée de manière forfaitaire ou indirecte. Par exemple, un utilisateur de cloud peut payer un tarif fixe pour un certain niveau de service, sans voir le coût énergétique spécifique associé à ce service.
Enfin, il peut exister un manque de sensibilisation ou d'incitation à économiser l'énergie dans le domaine des TIC. Pour de nombreux utilisateurs et gestionnaires de services TIC, la consommation d'énergie peut être perçue comme un coût fixe ou inévitable, plutôt que comme un domaine où des économies peuvent être réalisées.

La transparence du coût de l'énergie dans les services TIC est donc un enjeu important qui nécessite une attention accrue. En rendant ce coût plus visible, nous pourrions non seulement promouvoir une utilisation plus efficace de l'énergie dans les services TIC, mais aussi stimuler l'innovation dans le développement de technologies plus économes en énergie.

18.3 Lien entre coût énergie, services TIC et Green IT.

L'IT vert, ou Green IT, est un concept qui se concentre sur la mise en œuvre de pratiques de technologie de l'information et de communication (TIC) de manière plus respectueuse de l'environnement. Cela comprend des mesures pour réduire la consommation d'énergie, minimiser les déchets électroniques, favoriser le recyclage et l'utilisation de matériaux respectueux de l'environnement, entre autres. La transparence du coût de l'énergie dans les services TIC est un élément central de cette démarche.

Une meilleure visibilité du coût de l'énergie peut directement soutenir les initiatives Green IT en rendant explicite le lien entre l'utilisation des services TIC et leur impact environnemental. En effet, la consommation d'énergie est directement liée aux émissions de gaz à effet de serre, car une grande partie de l'électricité mondiale est toujours produite à partir de combustibles fossiles. Par conséquent, en minimisant la consommation d'énergie des services TIC, nous pouvons également réduire leur empreinte carbone.

De plus, une plus grande transparence sur le coût de l'énergie peut stimuler l'innovation en matière de technologies et de pratiques plus économes en énergie. Par exemple, cela pourrait encourager le développement de matériels et de logiciels plus efficaces, l'optimisation des centres de données, l'utilisation plus répandue de l'informatique en nuage (qui peut être plus économe en énergie que les infrastructures informatiques traditionnelles), entre autres. Ces innovations peuvent à leur tour aider à atteindre les objectifs de l'IT verte.

Enfin, la visibilité du coût de l'énergie peut également encourager une plus grande responsabilité parmi les utilisateurs et les fournisseurs de services TIC. Les utilisateurs peuvent être incités à utiliser leurs appareils et services de manière plus économe en énergie, tandis que les fournisseurs peuvent être incités à rendre leurs services plus économes en énergie et à communiquer plus ouvertement sur leur consommation d'énergie.

En résumé, la transparence du coût de l'énergie dans les services TIC est un enjeu clé pour le Green IT. En rendant ce coût plus visible, nous pouvons non seulement promouvoir une utilisation plus durable des TIC, mais aussi soutenir l'innovation et la responsabilité dans ce domaine.

18.4 Transparence et impact environnemental du coût énergie TIC

Facteurs qui rendent le coût de l'énergie complexe dans le secteur des TIC.

La nature insaisissable du coût énergétique dans les services TIC est principalement due à trois facteurs majeurs : la complexité du système, la facturation indirecte et le manque d'incitations et de sensibilisation.

La complexité du système est un facteur clé qui obscurcit le coût de l'énergie dans les services TIC. Les infrastructures TIC, comme les centres de données, sont des systèmes complexes avec des milliers de serveurs, des systèmes de refroidissement, des dispositifs de stockage, des équipements de réseau, entre autres. Chacun de ces composants consomme de l'énergie, mais la quantification précise de l'énergie consommée par chaque composant est un défi de taille. Par exemple, l'énergie consommée pour le refroidissement des serveurs, une composante cruciale pour le fonctionnement sans faille des centres de données, est souvent négligée lorsqu'il s'agit de calculer le coût total de l'énergie. De plus, la consommation d'énergie des serveurs peut varier en fonction de la charge de travail, ce qui complique encore la tâche de la quantification précise.

La facturation indirecte de l'énergie est un autre facteur qui rend le coût de l'énergie invisible dans les services TIC. Dans de nombreux cas, l'énergie consommée par les appareils TIC est couverte par les factures d'électricité générales des ménages ou des entreprises. Par conséquent, les utilisateurs finaux peuvent ne pas être conscients de la quantité d'énergie que leurs appareils ou services TIC consomment. En outre, pour les services basés sur le cloud, le coût de l'énergie est souvent réparti entre plusieurs utilisateurs et est intégré dans le coût global du service, rendant le coût de l'énergie pratiquement invisible pour l'utilisateur final.

Enfin, il existe un manque d'incitations et de sensibilisation à la consommation d'énergie dans les services TIC. Sans une sensibilisation adéquate, les utilisateurs peuvent ne pas être motivés à chercher des moyens d'économiser l'énergie ou à opter pour des services plus écoénergétiques. De plus, les fournisseurs de services TIC n'ont souvent pas d'incitation à rendre leur consommation d'énergie plus transparente. En l'absence de réglementations ou de normes qui exigent une divulgation complète, ils peuvent choisir de ne pas divulguer ces informations pour des raisons de concurrence ou de commodité.

En somme, la complexité des systèmes TIC, la facturation indirecte de l'énergie et le manque de sensibilisation et d'incitations contribuent à rendre le coût de l'énergie dans les services TIC largement invisible. Cette invisibilité peut entraver les efforts pour rendre les TIC plus écologiques et plus durables.

Impact du manque de transparence du coût de l'énergie sur l'environnement

Le manque de transparence du coût énergétique dans les services TIC a un impact environnemental significatif. Sans une compréhension claire de la quantité d'énergie consommée par ces services, il est difficile de prendre des mesures efficaces pour réduire leur empreinte énergétique.

En premier lieu, cette opacité empêche les utilisateurs de prendre des décisions éclairées sur leur consommation d'énergie. Par exemple, sans savoir combien d'énergie est consommée par un service de streaming vidéo ou un jeu en ligne, il est impossible pour un utilisateur de comparer ces services en termes de leur efficacité énergétique ou de choisir des alternatives plus écologiques.

De plus, les fournisseurs de services TIC eux-mêmes peuvent ne pas être incités à optimiser l'efficacité énergétique de leurs infrastructures ou de leurs services si le coût de l'énergie n'est pas transparent. Si le coût de l'énergie est simplement considéré comme un coût d'exploitation fixe et inévitable, il peut ne pas y avoir de motivation suffisante pour investir dans des technologies plus économes en énergie ou pour optimiser l'utilisation de l'énergie.

De plus, le manque de transparence du coût de l'énergie peut également entraver les efforts pour réguler la consommation d'énergie des services TIC. Sans une mesure précise de la consommation d'énergie, il est difficile pour les régulateurs de fixer des normes appropriées ou de surveiller le respect de ces normes.
Enfin, le manque de transparence du coût énergétique peut contribuer à une perception erronée que les services TIC sont "sans impact" sur l'environnement. Cela peut à son tour conduire à une consommation excessive et non durable de ces services.

En somme, le manque de transparence du coût énergétique dans les services TIC a un impact environnemental important, car il entrave les efforts pour réduire la consommation d'énergie et promouvoir l'efficacité énergétique. C'est un obstacle majeur à la réalisation des objectifs du Green IT.

18.5 Transparence Énergétique : Inefficacité et Conséquences Environnementales

La consommation d'énergie dans les services TIC est un problème complexe qui s'aggrave lorsque la transparence fait défaut. Sans une compréhension claire des conséquences de l'énergie que nous consommons, nous risquons d'utiliser l'énergie de manière inefficace et de contribuer à des problèmes environnementaux plus larges. Ce chapitre explore en profondeur comment le manque de transparence peut conduire à ces problèmes, et comment le Green IT peut jouer un rôle pour augmenter la transparence et aider à résoudre ces problèmes.

Rôle du Green IT dans l'augmentation de la transparence du coût de l'énergie

Le Green IT, ou informatique verte, a un rôle crucial à jouer pour augmenter la transparence du coût de l'énergie dans les services TIC. En effet, l'une des principales missions du Green IT est de promouvoir l'efficacité énergétique et de minimiser l'impact environnemental des technologies de l'information et de la communication.

Audit énergétique
Les entreprises spécialisées dans le Green IT peuvent réaliser des audits énergétiques des infrastructures TIC. Ces audits permettent de mesurer la consommation d'énergie des différents éléments d'un système TIC (serveurs, réseaux, appareils, etc.) et d'identifier les sources d'inefficacité énergétique. Ils fournissent ainsi une vision claire et précise du coût énergétique réel des services TIC.

Conception éco-responsable
Le Green IT vise également à concevoir des produits et des systèmes TIC plus éco-responsables, qui consomment moins d'énergie et ont une durée de vie plus longue. Ces efforts de conception peuvent contribuer à rendre le coût énergétique des services TIC plus transparent, car ils permettent aux utilisateurs de comprendre combien d'énergie consomme chaque appareil ou service.

Sensibilisation et formation
Le Green IT joue également un rôle important dans la sensibilisation et la formation des utilisateurs et des gestionnaires de services TIC. En enseignant aux gens comment utiliser l'énergie de manière plus efficace et en les sensibilisant aux coûts énergétiques cachés des services TIC, le Green IT peut contribuer à rendre ces coûts plus transparents et à promouvoir une utilisation plus responsable de l'énergie.

Normes et réglementations
Enfin, le Green IT peut jouer un rôle dans l'élaboration de normes et de réglementations qui obligent les fournisseurs de services TIC à divulguer plus clairement le coût énergétique de leurs services. Ces normes et réglementations pourraient contribuer à rendre le marché des services TIC plus transparent et à encourager les fournisseurs à investir dans l'efficacité énergétique.

La transparence du coût de l'énergie dans les services TIC est une question complexe qui implique de nombreux défis techniques, organisationnels et réglementaires. Voici une exploration de ces défis et de certaines solutions potentielles.

Défis techniques

Mesure de l'énergie
La mesure précise de l'énergie utilisée par chaque composant d'un système TIC est essentielle pour la transparence du coût de l'énergie. Toutefois, cette tâche s'avère souvent complexe en raison de la multiplicité et de la complexité des composants impliqués. Par exemple, un seul serveur dans un centre de données peut avoir des dizaines de composants individuels, tous consommant de l'énergie à des taux différents. De plus, la consommation d'énergie peut varier en fonction de la charge de travail, de l'heure de la journée, et d'autres facteurs. Des outils et des méthodologies précises sont nécessaires pour mesurer l'énergie à un niveau suffisamment granulaire pour fournir une image précise et détaillée de l'utilisation de l'énergie.

En outre, il est également nécessaire de tenir compte de l'énergie utilisée pour refroidir et maintenir les équipements TIC. Par exemple, les centres de données nécessitent souvent des systèmes de refroidissement importants pour empêcher les serveurs de surchauffer. La mesure de cette énergie "indirecte" est un autre défi technique.

Interopérabilité
Les systèmes TIC sont généralement constitués de nombreux composants différents, qui peuvent provenir de différents fabricants, fonctionner selon différents protocoles, et être gérés par différents systèmes de gestion de l'énergie. Cette hétérogénéité peut rendre difficile la collecte et l'agrégation de données sur la consommation d'énergie. Par exemple, différents appareils peuvent utiliser différents formats pour signaler leur utilisation de l'énergie, ou certains appareils peuvent ne pas fournir d'informations sur l'utilisation de l'énergie du tout. Cela peut compliquer la tâche de rassembler une image complète de l'utilisation de l'énergie dans un système TIC.

L'interopérabilité est également un problème lorsqu'il s'agit de mettre en œuvre des solutions d'économie d'énergie à travers différents composants d'un système TIC. Par exemple, une solution d'économie d'énergie qui fonctionne bien pour un type de serveur peut ne pas être compatible avec un autre type de serveur ou avec d'autres composants du système.

Pour surmonter ces défis, des normes d'interopérabilité pour la mesure de l'énergie et la gestion de l'énergie sont nécessaires. Ces normes permettraient à différents composants d'un système TIC de communiquer efficacement leurs données d'utilisation de l'énergie, ce qui faciliterait la collecte et l'agrégation de ces données. De plus, elles permettraient l'implémentation de solutions d'économie d'énergie à travers différents composants d'un système TIC.

Sécurité et confidentialité des données
Les données sur l'utilisation de l'énergie peuvent être sensibles, en particulier dans certains secteurs d'activité. Par conséquent, la collecte, le stockage et la transmission de ces données doivent être sécurisés pour éviter les fuites d'informations. Cela peut être un défi technique, car la sécurité des données doit être assurée tout en permettant l'accès aux informations nécessaires pour le suivi et la gestion de l'énergie.

Complexité de l'analyse des données
La quantité de données générées par la surveillance de l'énergie peut être énorme, en particulier dans les grandes installations TIC. Analyser ces données pour obtenir des informations significatives peut être une tâche complexe qui nécessite des algorithmes avancés et des compétences en science des données.

Mise à l'échelle des solutions
Les solutions qui fonctionnent bien pour surveiller et gérer l'énergie dans un petit système TIC peuvent ne pas être efficaces lorsqu'elles sont mises à l'échelle pour de plus grands systèmes. Par exemple, une méthode de mesure de l'énergie qui fonctionne bien pour un seul serveur peut ne pas être applicable ou efficace lorsqu'elle est mise à l'échelle pour un centre de données entier.

Intégration avec les systèmes existants
Les organisations ont souvent déjà en place des systèmes TIC et des infrastructures de gestion de l'énergie. L'intégration de nouvelles solutions de mesure et de gestion de l'énergie avec ces systèmes existants peut présenter des défis techniques.

Adaptabilité aux changements technologiques
La technologie TIC évolue rapidement, et les méthodes de mesure et de gestion
de l'énergie doivent être capables de s'adapter à ces changements. Par exemple,
l'arrivée de nouvelles technologies comme le cloud computing, l'Internet des
objets (IoT) et l'IA peut changer la façon dont l'énergie est utilisée dans les
systèmes TIC, et les méthodes de suivi de l'énergie doivent être capables de
s'adapter à ces nouveaux paradigmes.

Défis organisationnels

Manque de sensibilisation
Dans de nombreux cas, la transparence du coût de l'énergie dans les services TIC
n'est pas une priorité pour les organisations. Cela peut être dû à un manque de
sensibilisation à l'importance de la gestion de l'énergie et à son impact potentiel
sur l'efficacité opérationnelle et la durabilité environnementale. Il peut être
difficile de convaincre les parties prenantes de l'importance de la transparence du
coût de l'énergie et de la nécessité d'investir dans les technologies, les pratiques
et les compétences nécessaires pour l'atteindre. Pour surmonter ce défi, il peut
être nécessaire d'entreprendre des efforts de sensibilisation et d'éducation pour
faire comprendre aux parties prenantes l'importance de la transparence du coût
de l'énergie et les avantages qu'elle peut apporter.

Résistance au changement
Dans toute organisation, il peut y avoir une résistance au changement, et cela vaut
également pour les initiatives visant à augmenter la transparence du coût de
l'énergie dans les services TIC. Les employés et les gestionnaires peuvent être
réticents à modifier leurs habitudes de travail, en particulier si ces changements
nécessitent un effort supplémentaire ou s'ils ne sont pas convaincus des avantages
de ces changements.

De plus, les changements dans les systèmes et les processus TIC peuvent
également rencontrer une résistance de la part des personnes qui sont à l'aise
avec les systèmes existants et qui ne veulent pas avoir à apprendre à utiliser de
nouveaux outils ou méthodes. Pour surmonter cette résistance, il peut être utile
de communiquer clairement les avantages du changement et de fournir une
formation adéquate pour aider les personnes à s'adapter aux nouvelles pratiques
et technologies. Il peut également être bénéfique d'impliquer les parties
prenantes dans la planification et la mise en œuvre du changement, afin qu'elles
se sentent plus engagées et moins résistantes.

Ressources limitées

L'amélioration de la transparence du coût de l'énergie peut nécessiter un investissement significatif en termes de temps, d'argent et de compétences. Les organisations peuvent avoir du mal à allouer suffisamment de ressources à ces efforts, en particulier si elles sont déjà confrontées à des contraintes budgétaires ou si elles ont d'autres priorités stratégiques.

Manque de compétences techniques

Les efforts visant à augmenter la transparence du coût de l'énergie peuvent nécessiter des compétences techniques spécifiques, par exemple dans les domaines de la mesure de l'énergie, de l'analyse des données et de la gestion des systèmes TIC. Si ces compétences ne sont pas disponibles au sein de l'organisation, cela peut poser un défi.

Manque de leadership et de soutien de la direction

Pour être efficace, l'effort d'amélioration de la transparence du coût de l'énergie doit être soutenu au plus haut niveau de l'organisation. Si le leadership n'est pas engagé ou ne comprend pas l'importance de la transparence du coût de l'énergie, cela peut entraver les efforts dans ce domaine.

Coordination interne

Dans de nombreuses organisations, la responsabilité des services TIC et de la gestion de l'énergie peut être répartie entre différents départements ou équipes. Cela peut rendre difficile la coordination des efforts pour améliorer la transparence du coût de l'énergie.

Défis réglementaires

Manque de réglementation

Le manque de réglementations standardisées ou universelles concernant la transparence de la consommation d'énergie des TIC peut constituer un défi majeur. Sans réglementations claires, il peut être difficile pour les entreprises de déterminer ce qui est attendu d'elles en termes de transparence. De plus, l'absence de réglementation peut entraîner une variabilité importante dans la façon dont différentes entreprises mesurent et communiquent leur consommation d'énergie, rendant difficile la comparaison entre les organisations ou les secteurs. Cela peut également freiner l'innovation et l'investissement dans les technologies et les pratiques de gestion de l'énergie, car les entreprises peuvent être réticentes à investir dans ces domaines si elles ne sont pas sûres qu'elles seront reconnues ou récompensées pour leurs efforts.

Conformité

Lorsqu'il existe des réglementations concernant la transparence de la consommation d'énergie, les entreprises peuvent rencontrer des difficultés à s'y conformer.

Les réglementations peuvent être complexes, nécessitant une interprétation experte pour comprendre exactement ce qui est requis. Elles peuvent également changer fréquemment, obligeant les entreprises à investir du temps et des ressources pour suivre les changements et mettre à jour leurs pratiques en conséquence. De plus, les réglementations peuvent varier d'un pays à l'autre, ce qui peut poser des défis supplémentaires pour les entreprises opérant à l'échelle internationale. Enfin, la conformité peut nécessiter des investissements significatifs en termes de technologies, de pratiques et de formation du personnel, ce qui peut être difficile pour certaines entreprises, en particulier les petites et moyennes entreprises.

Réglementations contradictoires ou conflictuelles

Il peut y avoir des situations où les réglementations de différents pays ou régions sont en conflit les unes avec les autres, rendant difficile pour une entreprise multinationale de rester conforme à toutes les réglementations. Par exemple, une région pourrait exiger une certaine méthode de rapport de la consommation d'énergie tandis qu'une autre pourrait l'interdire.

Manque de mise en application

Même lorsque des réglementations existent, si elles ne sont pas correctement appliquées ou si les sanctions pour non-conformité sont trop faibles, les entreprises peuvent ne pas être motivées pour se conformer. Cela peut entraver les efforts pour améliorer la transparence du coût de l'énergie.

Propriété des données et problèmes de confidentialité

Dans certains cas, les réglementations sur la confidentialité des données peuvent entrer en conflit avec les efforts pour améliorer la transparence de la consommation d'énergie. Par exemple, la divulgation d'informations détaillées sur l'utilisation de l'énergie pourrait être considérée comme une violation de la confidentialité des données dans certaines juridictions.

Incohérences dans la réglementation

Parfois, les réglementations sur la consommation d'énergie peuvent être incohérentes ou contradictoires, ce qui peut créer de la confusion et rendre la conformité plus difficile. Par exemple, différents organismes de réglementation peuvent avoir des normes différentes pour la mesure et le rapport de la consommation d'énergie.

Technologies de mesure de l'énergie

Le développement de technologies plus sophistiquées pour mesurer la consommation d'énergie peut aider à surmonter les défis techniques.

Les technologies de mesure de l'énergie jouent un rôle essentiel dans l'augmentation de la transparence du coût de l'énergie dans les services TIC. En utilisant des technologies plus sophistiquées, telles que des capteurs intelligents et des dispositifs de surveillance de l'énergie, il devient possible de collecter des données précises sur la consommation d'énergie des composants des systèmes TIC. Cette collecte de données peut se faire en temps réel et à un niveau granulaire, offrant ainsi aux entreprises une vision détaillée de leur utilisation d'énergie.

Les capteurs intelligents sont conçus pour mesurer et enregistrer en continu la consommation d'énergie des équipements TIC, tels que les serveurs, les dispositifs de réseau et les systèmes de refroidissement. Ces capteurs peuvent être intégrés directement aux équipements ou installés à des endroits stratégiques dans les centres de données et les infrastructures TIC. Ils collectent des données précises sur la consommation d'énergie, y compris la consommation en mode actif et en mode veille.

Les dispositifs de surveillance de l'énergie, tels que les compteurs intelligents, complètent les capteurs en fournissant une vue d'ensemble de la consommation d'énergie de l'ensemble du système TIC. Ces dispositifs recueillent les données provenant des capteurs et les agrègent pour produire des rapports détaillés sur la consommation d'énergie. Ils peuvent également surveiller les fluctuations de la consommation d'énergie en temps réel et envoyer des alertes en cas de dépassement des seuils prédéfinis.

L'utilisation de ces technologies de mesure de l'énergie permet aux entreprises d'obtenir une meilleure compréhension de leur utilisation d'énergie, de détecter les inefficacités et les goulots d'étranglement, et d'identifier les opportunités d'optimisation de l'efficacité énergétique. Les données collectées peuvent être analysées pour identifier les équipements ou les processus qui consomment le plus d'énergie, ce qui permet aux entreprises de prendre des mesures pour réduire leur empreinte énergétique. Par exemple, en identifiant les serveurs sous-utilisés ou obsolètes, les entreprises peuvent les mettre hors service ou les remplacer par des équipements plus écoénergétiques, ce qui entraîne des économies d'énergie significatives.

De plus, ces technologies de mesure de l'énergie permettent également une transparence accrue vis-à-vis des fournisseurs de services TIC. En exigeant que les fournisseurs de services TIC fournissent des données précises sur la consommation d'énergie de leurs services, les clients peuvent prendre des décisions éclairées sur la base de l'efficacité énergétique. Cela encourage les fournisseurs de services à adopter des pratiques plus durables et à optimiser leur consommation d'énergie.

Cependant, il convient de noter que l'adoption de ces technologies de mesure de l'énergie peut également présenter des défis. Les coûts initiaux de mise en œuvre peuvent être élevés, en particulier pour les petites et moyennes entreprises. De plus, la collecte et l'analyse des données nécessitent des compétences.

Formation et sensibilisation
Les programmes de formation et de sensibilisation peuvent aider à surmonter les défis organisationnels en sensibilisant les employés et les gestionnaires à l'importance de la transparence du coût de l'énergie.

La formation et la sensibilisation jouent un rôle essentiel dans le processus d'augmentation de la transparence du coût de l'énergie dans les services TIC. Les programmes de formation et de sensibilisation visent à informer les employés et les gestionnaires sur l'importance de la transparence du coût de l'énergie et à les éduquer sur les pratiques et les mesures à prendre pour optimiser l'efficacité énergétique.

L'un des principaux défis organisationnels dans l'adoption de pratiques plus transparentes en matière de coût de l'énergie est le manque de sensibilisation. De nombreuses entreprises et organisations ne sont pas conscientes de l'impact de leur consommation d'énergie et de l'importance de la transparence dans ce domaine. Les programmes de formation peuvent remédier à cette lacune en fournissant aux employés et aux gestionnaires les connaissances nécessaires pour comprendre l'importance de l'efficacité énergétique et de la transparence du coût de l'énergie.

Les programmes de formation peuvent aborder différents aspects liés à la transparence du coût de l'énergie, tels que les concepts de base de l'efficacité énergétique, les meilleures pratiques pour réduire la consommation d'énergie, l'utilisation de technologies de mesure de l'énergie, et l'importance de la collecte et de l'analyse des données sur la consommation d'énergie. Ils peuvent également fournir des informations sur les réglementations et les normes relatives à l'efficacité énergétique et à la divulgation de la consommation d'énergie.

En sensibilisant les employés et les gestionnaires à ces questions, les programmes de formation créent une culture d'entreprise axée sur l'efficacité énergétique et la transparence du coût de l'énergie. Ils encouragent l'adoption de comportements éco-responsables et la prise de décisions informées en matière de consommation d'énergie.

De plus, les programmes de formation peuvent également inclure des conseils pratiques sur la façon de réduire la consommation d'énergie dans les activités quotidiennes. Cela peut inclure des conseils sur l'utilisation efficace des équipements TIC, la gestion de l'alimentation, l'optimisation des configurations logicielles, et l'adoption de bonnes pratiques en matière de gestion de l'énergie.

Il est important de noter que les programmes de formation doivent être adaptés aux besoins spécifiques de chaque organisation. Ils doivent tenir compte de la culture organisationnelle, du niveau de connaissances et des compétences des employés et des gestionnaires. Il est également essentiel de fournir des ressources continues pour soutenir les employés et les gestionnaires dans leur démarche vers une plus grande transparence du coût de l'énergie, comme des guides pratiques, des outils de suivi de la consommation d'énergie, et des mécanismes de rétroaction.

En conclusion, les programmes de formation et de sensibilisation jouent un rôle crucial dans la promotion de la transparence du coût de l'énergie dans les services TIC. Ils aident à combler le manque de sensibilisation et à fournir aux employés et aux gestionnaires les connaissances et les compétences nécessaires pour adopter des pratiques éco-responsables et optimiser l'efficacité énergétique. Ces programmes contribuent à créer une culture d'entreprise axée sur la transparence et l'optimisation de l'énergie, favorisant ainsi une utilisation plus responsable et durable des services TIC.

Réglementations plus strictes

L'adoption de réglementations plus strictes peut aider à surmonter les défis réglementaires en obligeant les entreprises à augmenter la transparence de leur consommation d'énergie.

L'adoption de réglementations plus strictes est une solution potentielle pour surmonter les défis réglementaires liés à la transparence du coût de l'énergie dans les services TIC. Ces réglementations visent à établir des normes et des exigences claires pour la divulgation de la consommation d'énergie des entreprises, les incitant ainsi à augmenter leur transparence et leur responsabilité en matière d'énergie.

L'une des principales raisons pour lesquelles les entreprises peuvent hésiter à divulguer leur consommation d'énergie est le manque de réglementation spécifique dans ce domaine. En l'absence de réglementation claire, les entreprises peuvent être réticentes à partager ces informations par crainte de concurrence, de réputation ou de coûts supplémentaires associés à la collecte et à la divulgation des données sur la consommation d'énergie.

Les réglementations plus strictes peuvent remédier à cette lacune en établissant des exigences précises pour la divulgation de la consommation d'énergie. Cela peut inclure l'obligation pour les entreprises de mesurer, de surveiller et de rapporter leur consommation d'énergie à intervalles réguliers. Les réglementations peuvent également exiger des entreprises qu'elles mettent en place des systèmes de gestion de l'énergie pour suivre et optimiser leur utilisation d'énergie.

En encourageant la transparence de la consommation d'énergie, les réglementations créent un environnement plus équitable et égalitaire pour les entreprises. Elles permettent aux consommateurs, aux investisseurs et aux parties prenantes de prendre des décisions éclairées et responsables en matière de services TIC, en tenant compte de l'impact environnemental associé à la consommation d'énergie.

De plus, les réglementations peuvent également encourager l'innovation et l'adoption de technologies plus efficaces sur le plan énergétique. En imposant des normes minimales d'efficacité énergétique pour les équipements et les systèmes TIC, les réglementations peuvent stimuler le développement de solutions technologiques plus respectueuses de l'environnement.

Cependant, il convient de noter que l'adoption de réglementations plus strictes peut également présenter des défis. Certaines entreprises peuvent résister aux nouvelles exigences réglementaires en raison de la charge administrative supplémentaire ou des coûts associés à la mise en conformité. Par conséquent, il est important que les réglementations soient mises en place de manière progressive et équilibrée, en tenant compte des capacités et des spécificités de chaque entreprise.

En conclusion, l'adoption de réglementations plus strictes est une solution potentielle pour augmenter la transparence du coût de l'énergie dans les services TIC. Ces réglementations établissent des exigences claires pour la divulgation de la consommation d'énergie des entreprises, encourageant ainsi la responsabilité et l'efficacité énergétique. Cependant, il est important de trouver un équilibre entre la nécessité de réglementer et les charges supplémentaires imposées aux entreprises, afin de favoriser une transition progressive et durable vers une utilisation plus transparente et responsable de l'énergie dans les services TIC.

18.8 Normalisation des méthodologies de calcul

L'établissement de normes et de méthodologies de calcul claires et cohérentes pour mesurer et rapporter la consommation d'énergie dans les services TIC est une solution essentielle pour accroître la transparence du coût de l'énergie. Voici quelques points supplémentaires pour développer ce sujet:

Cohérence des données

Les normes et méthodologies de calcul définies permettent d'harmoniser les données relatives à la consommation d'énergie dans les services TIC. Cela garantit que les mesures sont réalisées de manière uniforme et fiable, facilitant ainsi la comparabilité des données entre les différentes organisations. La cohérence des données est essentielle pour une prise de décision éclairée et une évaluation précise de la performance énergétique.

Transparence et responsabilité

Les normes et méthodologies de calcul claires et transparentes fournissent une base solide pour rendre compte de la consommation d'énergie dans les services TIC. En rendant ces informations disponibles et accessibles au public, les entreprises sont tenues de rendre des comptes sur leur utilisation d'énergie et de justifier leurs pratiques en matière d'efficacité énergétique. Cela favorise une plus grande transparence et responsabilité, incitant les entreprises à adopter des pratiques plus durables et économes en énergie.

Comparabilité des performances

Les normes et méthodologies de calcul permettent également de comparer les performances énergétiques des différentes solutions TIC. Les organisations peuvent évaluer et classer leurs services en fonction de leur efficacité énergétique, ce qui facilite la prise de décision des clients soucieux de l'environnement. De plus, cela encourage les entreprises à améliorer leur performance énergétique en se fixant des objectifs mesurables et en cherchant à atteindre les meilleurs niveaux de performance.

Harmonisation internationale

L'établissement de normes internationales permet une harmonisation des pratiques à l'échelle mondiale. Cela facilite les échanges commerciaux, la collaboration entre les entreprises et les partenariats internationaux. L'adoption de normes communes facilite également la collecte et le partage des données sur la consommation d'énergie, ce qui contribue à la création d'une base de connaissances plus solide et à la mise en place de meilleures pratiques à l'échelle mondiale.

Innovation et recherche

Les normes et méthodologies de calcul incitent à l'innovation et à la recherche dans le domaine de la mesure de l'énergie dans les services TIC. Les organisations sont encouragées à développer de nouvelles technologies et approches pour une mesure plus précise et efficace de la consommation d'énergie. Cela favorise la recherche de solutions plus durables et l'adoption de technologies énergétiquement efficaces, contribuant ainsi à la réduction globale de la consommation d'énergie dans le secteur des TIC.

En somme, l'établissement de normes et de méthodologies de calcul claires et cohérentes est essentiel pour accroître la transparence du coût de l'énergie dans les services TIC. Cela permet une comparabilité des données, favorise la transparence et la responsabilité, facilite la prise de décision éclairée et stimule l'innovation dans le domaine de la mesure de l'énergie. Ces normes sont un outil puissant pour promouvoir une utilisation plus durable et économe en énergie dans le secteur des TIC.

18.9 Certification et labels énergétiques

La mise en place de programmes de certification et de labels énergétiques spécifiques aux services TIC est une solution prometteuse pour accroître la transparence du coût de l'énergie et encourager l'amélioration de l'efficacité énergétique. Voici une expansion de ce point :

Évaluation objective de la performance énergétique

Les programmes de certification et les labels énergétiques offrent une évaluation objective de la performance énergétique des services TIC. Ils établissent des critères et des indicateurs spécifiques pour mesurer l'efficacité énergétique des produits, des systèmes et des services. Les entreprises peuvent soumettre leurs services à une évaluation indépendante pour obtenir une certification ou un label énergétique. Cela permet aux clients de prendre des décisions éclairées en choisissant des services écoénergétiques et en récompensant les entreprises qui font preuve d'excellence en matière de performance énergétique.

Comparaison des performances énergétiques

Les certifications et labels énergétiques permettent de comparer facilement les performances énergétiques des différents services TIC. Les clients peuvent utiliser ces informations pour identifier les services les plus économes en énergie et prendre des décisions d'achat plus durables. Les classements basés sur les certifications et labels énergétiques incitent les entreprises à améliorer leur efficacité énergétique pour obtenir une meilleure classification. Cela crée une compétition saine et encourage les entreprises à investir dans des pratiques et des technologies plus écoénergétiques.

Sensibilisation des clients

Les certifications et labels énergétiques jouent un rôle important dans la sensibilisation des clients à l'efficacité énergétique des services TIC. Ils fournissent des informations claires et compréhensibles sur la performance énergétique, aidant ainsi les clients à prendre des décisions éclairées. En mettant en évidence les avantages des services écoénergétiques, les certifications et labels encouragent les clients à privilégier ces solutions, ce qui stimule la demande pour des services TIC plus durables et incite les entreprises à s'aligner sur les normes les plus élevées en matière d'efficacité énergétique.

Incitation à l'amélioration continue

Les certifications et labels énergétiques ne sont pas simplement un statut à atteindre, mais également un processus d'amélioration continue. Les entreprises certifiées sont encouragées à maintenir et à améliorer leurs performances énergétiques au fil du temps. Les programmes de certification peuvent inclure des exigences de suivi régulier, de rapports périodiques et de réévaluation pour s'assurer que les services maintiennent leur niveau de performance énergétique certifié. Cela favorise une culture d'amélioration continue et stimule l'innovation en matière de solutions écoénergétiques.

Crédibilité et confiance

Les certifications et labels énergétiques fournissent une crédibilité et une confiance accrues aux clients et aux parties prenantes. Les entreprises certifiées peuvent démontrer leur engagement envers l'efficacité énergétique et la durabilité, renforçant ainsi leur réputation et leur positionnement sur le marché. Les certifications et labels énergétiques sont également des outils de communication efficaces pour mettre en valeur.

18.10   Partage des meilleures pratiques

Le partage des meilleures pratiques entre les entreprises du secteur des TIC joue un rôle crucial dans l'augmentation de la transparence du coût de l'énergie. Voici une expansion du point :

Échange de connaissances et d'expériences

Le partage des meilleures pratiques permet aux entreprises du secteur des TIC d'échanger leurs connaissances et leurs expériences en matière de gestion de l'énergie et de transparence du coût de l'énergie. Cela peut inclure des informations sur les stratégies, les politiques, les technologies et les processus qui ont été efficaces pour mesurer et réduire la consommation d'énergie. En partageant ces informations, les entreprises peuvent bénéficier des leçons apprises des autres, éviter les erreurs courantes et accélérer leur propre progression vers une utilisation plus transparente de l'énergie.

Réseaux d'entreprises et collaborations sectorielles

Les réseaux d'entreprises et les collaborations sectorielles offrent des plateformes pour faciliter le partage des meilleures pratiques. Ces forums permettent aux entreprises de se réunir, d'échanger des idées et de collaborer sur des initiatives communes liées à l'efficacité énergétique et à la transparence du coût de l'énergie. En se connectant avec d'autres acteurs du secteur, les entreprises peuvent bénéficier de synergies et de partenariats qui favorisent l'adoption généralisée de pratiques efficaces.

Consortiums de recherche et développement

Les consortiums de recherche et développement peuvent jouer un rôle clé dans le partage des meilleures pratiques. Ces consortiums réunissent des entreprises, des instituts de recherche et des organismes gouvernementaux pour collaborer sur des projets de recherche et de développement visant à promouvoir l'efficacité énergétique et la transparence du coût de l'énergie. Les résultats de ces collaborations peuvent être partagés avec la communauté des TIC, stimulant ainsi l'adoption de pratiques exemplaires.

Événements et conférences

Les événements et conférences axés sur les TIC durables et l'efficacité énergétique offrent des opportunités précieuses de partage des meilleures pratiques. Ces plateformes rassemblent des experts, des chercheurs et des professionnels du secteur pour présenter et discuter des avancées les plus récentes en matière de gestion de l'énergie. Les présentations, les panels de discussion et les sessions de networking permettent aux participants d'apprendre des expériences des autres et de s'inspirer des solutions innovantes.

Sensibilisation aux initiatives exemplaires

La sensibilisation aux initiatives exemplaires joue un rôle important dans le partage des meilleures pratiques. Les entreprises et les organisations peuvent mettre en avant leurs propres initiatives de gestion de l'énergie et de transparence du coût de l'énergie, en les présentant comme des exemples de bonnes pratiques. Cela peut être fait à travers des études de cas, des publications, des rapports de durabilité et des campagnes de communication. En montrant les résultats positifs obtenus grâce à ces initiatives, les entreprises peuvent inspirer d'autres acteurs du secteur et les encourager à adopter des approches similaires.

En favorisant le partage des meilleures pratiques, les entreprises du secteur des TIC peuvent s'appuyer sur les connaissances collectives pour améliorer leur efficacité énergétique et augmenter la transparence du coût de l'énergie. Cela conduit à une industrie plus durable et à une utilisation plus responsable des ressources énergétiques.

18.11   Incitations financières

Les incitations financières jouent un rôle essentiel pour encourager les entreprises à investir dans des technologies et des pratiques visant à augmenter la transparence du coût de l'énergie. Voici une expansion du point :

Subventions et aides financières

Les gouvernements et les organismes de financement peuvent offrir des subventions et des aides financières aux entreprises qui mettent en œuvre des initiatives de transparence du coût de l'énergie. Ces incitations financières peuvent contribuer à réduire les coûts initiaux et à encourager les entreprises à adopter des technologies et des pratiques plus économes en énergie. Les subventions peuvent être spécifiquement ciblées sur des domaines clés, tels que l'installation de systèmes de mesure de l'énergie ou la mise en place de solutions logicielles pour la collecte et l'analyse des données énergétiques.

Réductions fiscales et avantages financiers

Les gouvernements peuvent également offrir des réductions fiscales ou des avantages financiers aux entreprises qui améliorent leur transparence du coût de l'énergie. Cela peut inclure des réductions d'impôts pour l'achat de technologies écoénergétiques ou des incitations financières pour la mise en œuvre de systèmes de gestion de l'énergie. Ces mesures incitatives financières créent un environnement favorable pour les entreprises, en leur permettant de réaliser des économies financières tout en contribuant à des pratiques plus durables.

Marchés de l'énergie

Les marchés de l'énergie peuvent également jouer un rôle dans l'incitation financière à augmenter la transparence du coût de l'énergie. Par exemple, les tarifs d'électricité différenciés peuvent être mis en place pour encourager les entreprises à utiliser l'énergie aux heures de faible demande, réduisant ainsi la pression sur le réseau électrique. De plus, les certificats d'énergie renouvelable peuvent être échangés sur les marchés pour encourager les entreprises à utiliser des sources d'énergie renouvelable et à réduire leur empreinte carbone. Ces mécanismes financiers incitent les entreprises à adopter des pratiques énergétiques plus transparentes et durables.

Investissements responsables

Les investisseurs peuvent jouer un rôle clé en encourageant les entreprises à accroître leur transparence du coût de l'énergie en intégrant des critères environnementaux, sociaux et de gouvernance (ESG) dans leurs décisions d'investissement. Les investisseurs responsables favorisent les entreprises qui adoptent des pratiques énergétiques transparentes et efficaces, ce qui crée une pression pour l'amélioration de la performance environnementale des entreprises.

En mettant en place des incitations financières, les gouvernements et les organismes de financement peuvent stimuler l'adoption généralisée de pratiques de transparence du coût de l'énergie, contribuant ainsi à une utilisation plus efficace des ressources énergétiques et à une réduction des émissions de gaz à effet de serre.

La collaboration multi-acteurs est un élément essentiel pour accroître la transparence du coût de l'énergie dans les services TIC. Voici une expansion du point :

Plateformes de collaboration
La mise en place de plateformes de collaboration peut faciliter l'échange d'informations, la discussion et la collaboration entre les gouvernements, les entreprises, les organisations de la société civile et les consommateurs. Ces plateformes peuvent permettre aux différentes parties prenantes de partager leurs expériences, leurs bonnes pratiques et leurs défis liés à la transparence du coût de l'énergie. Elles favorisent également le dialogue et la co-création de solutions pour améliorer la transparence énergétique.

Initiatives multipartites
Les initiatives multipartites, réunissant les parties prenantes clés autour d'un objectif commun, peuvent jouer un rôle important dans la promotion de la transparence du coût de l'énergie. Ces initiatives peuvent être lancées par des gouvernements, des associations professionnelles ou des organisations internationales. Elles permettent de créer un espace de collaboration où les différentes parties prenantes peuvent travailler ensemble pour élaborer des normes, des directives et des initiatives concrètes visant à accroître la transparence énergétique.

Sensibilisation et éducation
La collaboration multi-acteurs peut également être axée sur la sensibilisation et l'éducation des consommateurs et des entreprises sur l'importance de la transparence du coût de l'énergie. Les gouvernements, les entreprises et les organisations de la société civile peuvent travailler ensemble pour fournir des informations claires et accessibles sur les avantages de la transparence énergétique, ainsi que sur les actions individuelles et collectives pouvant être entreprises pour promouvoir cette transparence. La sensibilisation et l'éducation peuvent aider à créer une demande accrue de transparence du coût de l'énergie, incitant ainsi les entreprises à prendre des mesures pour l'améliorer.

Partage des coûts et des ressources
La collaboration multi-acteurs peut également impliquer le partage des coûts et des ressources nécessaires pour mettre en œuvre des initiatives de transparence du coût de l'énergie. Par exemple, les gouvernements peuvent fournir des

ressources financières pour soutenir les entreprises dans la mise en place de systèmes de mesure de l'énergie, tandis que les entreprises peuvent partager leurs meilleures pratiques et leurs connaissances pour aider d'autres acteurs à améliorer leur transparence énergétique. Le partage des coûts et des ressources favorise une approche collective et équitable de la promotion de la transparence du coût de l'énergie.

En encourageant la collaboration multi-acteurs, les parties prenantes peuvent unir leurs forces, leurs connaissances et leurs ressources pour relever les défis liés à la transparence du coût de l'énergie. Cette approche collaborative favorise l'adoption de solutions intégrées et harmonisées, tout en renforçant l'engagement et la responsabilité collective envers une utilisation plus transparente et durable de l'énergie dans les services TIC.

18.13 Mesure et suivi de l'efficacité énergétique

Il est essentiel de disposer d'outils, de métriques et d'indicateurs appropriés pour évaluer et améliorer l'efficacité énergétique des infrastructures et des opérations liées aux TIC. Deux métriques couramment utilisées dans ce contexte sont le Power Usage Effectiveness (PUE) et le Data Center Infrastructure Efficiency (DCIE).

Le Power Usage Effectiveness (PUE) est une mesure largement utilisée dans l'industrie des centres de données pour évaluer et surveiller l'efficacité énergétique d'un centre de données. Il permet de quantifier l'efficacité avec laquelle l'énergie est utilisée par les équipements informatiques par rapport à l'ensemble de l'infrastructure du centre de données.

Le calcul du PUE est relativement simple. Il suffit de diviser la consommation d'énergie totale du centre de données par la consommation d'énergie utilisée par les équipements informatiques. Le résultat est un rapport qui représente le ratio entre l'énergie totale entrante dans le centre de données et l'énergie utilisée par les équipements.

Un PUE idéal est de 1, ce qui signifie que toute l'énergie fournie au centre de données est utilisée efficacement par les équipements informatiques. Cela signifie qu'il n'y a pas de pertes d'énergie au niveau de l'infrastructure telle que la climatisation, l'éclairage ou les systèmes de distribution électrique. Cependant, dans la pratique, il est rare d'atteindre un PUE de 1 en raison de divers facteurs tels que les pertes d'énergie dans l'infrastructure.

Un PUE supérieur à 1 indique que des pertes d'énergie se produisent au niveau de l'infrastructure du centre de données. Ces pertes peuvent être causées par des inefficacités dans les systèmes de refroidissement, l'éclairage, les systèmes de distribution électrique ou d'autres composants de l'infrastructure. Par exemple, si un centre de données a un PUE de 1,8, cela signifie que pour chaque unité d'énergie utilisée par les équipements informatiques, 0,8 unité d'énergie est utilisée par l'infrastructure.

En suivant régulièrement le PUE, les exploitants de centres de données peuvent identifier les zones où des améliorations de l'efficacité énergétique sont nécessaires. Ils peuvent mettre en œuvre des mesures pour réduire les pertes d'énergie, optimiser les systèmes de refroidissement, améliorer l'efficacité des systèmes de distribution électrique, adopter des pratiques de gestion de l'énergie plus efficaces, et ainsi réduire le PUE global du centre de données.

Le suivi régulier du PUE permet également aux exploitants de centres de données de mesurer l'impact de leurs efforts d'amélioration de l'efficacité énergétique au fil du temps. Cela peut les aider à évaluer l'efficacité de leurs stratégies et à prendre des décisions éclairées pour réduire la consommation d'énergie, réduire les coûts opérationnels et minimiser l'empreinte environnementale de leurs installations.

En résumé, le Power Usage Effectiveness (PUE) est un indicateur clé de l'efficacité énergétique des centres de données. Il permet de quantifier les pertes d'énergie au niveau de l'infrastructure et de guider les efforts d'amélioration de l'efficacité énergétique. En surveillant régulièrement le PUE, les exploitants de centres de données peuvent identifier les opportunités d'optimisation et prendre des mesures pour réduire la consommation d'énergie et améliorer la durabilité de leurs opérations.

Le Data Center Infrastructure Efficiency (DCIE) est une métrique essentielle pour évaluer l'efficacité énergétique des centres de données. Il se concentre spécifiquement sur l'efficacité de l'infrastructure et permet de quantifier l'utilisation de l'énergie par les équipements informatiques par rapport à la consommation d'énergie totale du centre de données, y compris l'infrastructure.

Le calcul du DCIE est relativement simple. Il suffit de diviser la consommation d'énergie utilisée par les équipements informatiques par la consommation d'énergie totale du centre de données. Le résultat est un rapport qui représente le pourcentage de l'énergie totale qui est utilisée par les équipements informatiques.

Un DCIE idéal est de 1, ce qui signifie que toute l'énergie fournie au centre de données est utilisée exclusivement par les équipements informatiques. Cela indique qu'il n'y a aucune perte d'énergie au niveau de l'infrastructure et que l'énergie est utilisée de manière optimale par les équipements.

Cependant, dans la réalité, il est rare d'atteindre un DCIE de 1. Des pertes d'énergie se produisent généralement au niveau de l'infrastructure, notamment dans les systèmes de refroidissement, l'éclairage, les systèmes de distribution électrique et d'autres composants connexes. Ainsi, un DCIE inférieur à 1 indique qu'il y a des pertes d'énergie au niveau de l'infrastructure du centre de données.

Le DCIE est complémentaire au PUE car il se concentre sur l'efficacité énergétique des équipements informatiques eux-mêmes, tandis que le PUE englobe l'efficacité de l'ensemble de l'infrastructure du centre de données. Ensemble, ces deux métriques fournissent une vue complète de l'efficacité énergétique d'un centre de données.

En utilisant le DCIE, les exploitants de centres de données peuvent évaluer la performance énergétique spécifique de leurs équipements informatiques. Cela leur permet d'identifier les équipements inefficaces et de prendre des mesures pour les remplacer ou les optimiser, ce qui peut contribuer à améliorer l'efficacité énergétique globale du centre de données.

Il est important de noter que le DCIE peut varier en fonction de divers facteurs, tels que la charge de travail des équipements, les pratiques de gestion de l'énergie et les technologies utilisées. Par conséquent, il est recommandé de suivre régulièrement le DCIE pour évaluer les performances énergétiques des équipements informatiques et prendre des mesures appropriées pour optimiser l'utilisation de l'énergie.

En résumé, le Data Center Infrastructure Efficiency (DCIE) est une métrique essentielle pour évaluer l'efficacité énergétique des centres de données. Il permet de quantifier la part de l'énergie utilisée par les équipements informatiques par rapport à la consommation d'énergie totale du centre de données. En surveillant régulièrement le DCIE, les exploitants de centres de données peuvent identifier les opportunités d'amélioration de l'efficacité énergétique des équipements et prendre des mesures pour optimiser leurs opérations.

En plus du PUE et du DCIE, il existe d'autres outils et métriques pour mesurer et suivre l'efficacité énergétique dans les services TIC. Par exemple, la consommation d'énergie par unité de charge de travail peut être utilisée pour évaluer l'efficacité énergétique des serveurs et des équipements réseau. Les tableaux de bord de suivi énergétique, basés sur des indicateurs clés de performance, peuvent également aider à surveiller et à analyser la consommation d'énergie dans les infrastructures TIC.

En utilisant ces outils, métriques et indicateurs, les entreprises peuvent évaluer l'efficacité énergétique de leurs services TIC, identifier les goulots d'étranglement et les opportunités d'amélioration, et prendre des mesures pour réduire leur consommation d'énergie. Cela permet non seulement de réaliser des économies financières, mais aussi de réduire l'empreinte environnementale des services TIC et de contribuer à la durabilité globale de l'industrie.

18.14 Conclusions

La transparence du coût énergétique dans les services TIC et l'adoption du Green IT jouent un rôle crucial dans la création d'un avenir plus durable et responsable sur le plan environnemental. Les défis techniques, organisationnels et réglementaires auxquels nous sommes confrontés peuvent sembler complexes, mais avec des efforts continus et des initiatives ciblées, nous pouvons progresser vers une plus grande transparence et une utilisation plus efficace de l'énergie.

Dans les années à venir, nous pouvons nous attendre à des avancées significatives dans les technologies de mesure de l'énergie, offrant des solutions plus précises et plus sophistiquées pour évaluer la consommation énergétique des systèmes TIC. Les innovations dans le domaine de l'intelligence artificielle et de l'Internet des objets peuvent également contribuer à une surveillance plus fine de la consommation d'énergie et à une gestion plus efficace des ressources.

La sensibilisation et la formation joueront un rôle crucial dans la promotion de la transparence du coût énergétique. Les entreprises doivent investir dans des programmes de formation pour sensibiliser les employés et les gestionnaires à l'importance de l'efficacité énergétique et de la transparence du coût de l'énergie. Les gouvernements et les organisations de la société civile peuvent également jouer un rôle en sensibilisant le public et en encourageant l'adoption de pratiques plus durables.

Les réglementations joueront un rôle clé dans la promotion de la transparence du coût énergétique. L'adoption de réglementations plus strictes et de normes de calcul claires peut inciter les entreprises à mesurer et à rapporter leur consommation d'énergie de manière transparente. Les certifications et les labels énergétiques spécifiques aux services TIC peuvent également encourager les entreprises à améliorer leur efficacité énergétique et à offrir des services plus écoénergétiques.

Enfin, la collaboration multi-acteurs sera essentielle pour réaliser des progrès significatifs dans la transparence du coût énergétique. Les gouvernements, les entreprises, les organisations de la société civile et les consommateurs doivent travailler ensemble pour développer des stratégies communes, partager les meilleures pratiques et promouvoir l'adoption généralisée de solutions efficaces.

Dans l'ensemble, l'avenir de la transparence du coût énergétique et du Green IT est prometteur. En combinant les efforts technologiques, organisationnels, réglementaires et collaboratifs, nous pouvons créer un avenir où l'utilisation de l'énergie dans les services TIC est transparente, efficace et respectueuse de l'environnement. Il est de notre responsabilité de poursuivre ces efforts et de faire progresser la durabilité dans le secteur des technologies de l'information et de la communication pour un avenir meilleur pour notre planète.

Chapitre 19. Perspectives d'avenir pour le Green IT

19.1 Introduction aux perspectives d'avenir

Dans ce chapitre, nous nous pencherons sur les perspectives d'avenir du Green IT et l'importance de se projeter vers l'avenir dans le domaine de la durabilité informatique. Nous explorerons les tendances et les innovations technologiques qui pourraient avoir un impact significatif sur la durabilité de l'informatique.

L'émergence de technologies telles que l'informatique quantique, l'intelligence artificielle avancée, l'Internet des objets et la blockchain ouvrent de nouvelles possibilités pour améliorer l'efficacité énergétique, réduire l'empreinte carbone et promouvoir une utilisation plus durable des ressources.

Nous discuterons des opportunités que ces innovations offrent, comme l'optimisation des infrastructures informatiques, la gestion intelligente de l'énergie, la création de modèles de consommation circulaires et l'intégration de principes de durabilité dès la conception des systèmes.

Cependant, nous aborderons également les défis qui accompagnent ces évolutions, tels que la gestion des données massives, la confidentialité et la sécurité, ainsi que les implications éthiques de l'utilisation de ces technologies.

Nous soulignerons l'importance de la collaboration entre les acteurs de l'industrie, les gouvernements, les chercheurs et la société civile pour façonner l'avenir du Green IT de manière responsable et durable.

Dans l'ensemble, ce chapitre nous invite à réfléchir aux opportunités et aux défis qui nous attendent dans le domaine du Green IT, et à explorer les voies à suivre pour un avenir durable et éthique de l'informatique.

19.2 Les innovations technologiques émergentes

L'informatique quantique offre des capacités de calcul massivement parallèles, ce qui ouvre la voie à des algorithmes plus efficaces pour résoudre des problèmes complexes, tels que l'optimisation des ressources énergétiques dans les centres de données ou la modélisation de la consommation d'énergie des infrastructures informatiques.

En théorie, la physique quantique peut permettre de créer des ordinateurs plus économes en énergie. Les ordinateurs quantiques, par leur conception, sont capables de traiter des calculs de manière beaucoup plus efficace que les ordinateurs traditionnels. Cela est dû à leur capacité d'exécuter de nombreux calculs simultanément grâce à des propriétés quantiques comme la superposition et l'intrication.

Par exemple, un ordinateur quantique pourrait résoudre un problème complexe en une seule opération, alors qu'un ordinateur classique devrait peut-être exécuter des milliers ou des millions d'opérations pour obtenir le même résultat. En théorie, cela signifie qu'un ordinateur quantique pourrait effectuer le même travail qu'un ordinateur classique tout en consommant beaucoup moins d'énergie.

Cependant, il convient de noter que nous en sommes encore aux premiers stades de développement des ordinateurs quantiques. À l'heure actuelle, les ordinateurs quantiques nécessitent des conditions de fonctionnement très spécifiques, comme des températures extrêmement basses, qui peuvent être énergivores à maintenir. De plus, la fabrication des qubits (les unités de base de l'informatique quantique) peut nécessiter beaucoup d'énergie et de ressources. Il sera donc important d'adopter des approches durables à mesure que cette technologie se développe.

En somme, bien que les ordinateurs quantiques aient le potentiel de transformer l'informatique et d'offrir une meilleure efficacité énergétique, il reste encore beaucoup à faire pour réaliser pleinement ce potentiel de manière durable.

L'intelligence artificielle avancée peut jouer un rôle clé dans la gestion intelligente de l'énergie, en permettant une analyse en temps réel des données de consommation, une prédiction précise de la demande énergétique et une optimisation des processus énergétiques.

L'Internet des objets offre la possibilité de collecter et d'analyser de vastes quantités de données sur l'utilisation des ressources, ce qui permet une meilleure compréhension des schémas de consommation et une optimisation plus efficace des ressources.

Ces innovations technologiques promettent d'améliorer l'efficacité énergétique, de réduire les émissions de gaz à effet de serre et d'optimiser l'utilisation des ressources dans le domaine de l'informatique. Cependant, elles soulèvent également des questions sur la gestion des données, la confidentialité et la sécurité, ainsi que sur les implications éthiques de leur utilisation.

Il est essentiel de suivre de près ces développements technologiques émergents et de veiller à ce qu'ils soient utilisés de manière responsable et durable, en accordant une attention particulière aux principes de la durabilité et de l'éthique.

19.3   Les défis futurs

La gestion des données massives pose un défi majeur en termes de stockage, de traitement et d'analyse de quantités massives de données générées par les nouvelles technologies. Les entreprises devront trouver des solutions efficaces pour gérer ces données de manière responsable, en évitant le gaspillage des ressources et en garantissant la confidentialité et la sécurité des informations.

L'empreinte carbone croissante des technologies émergentes, telles que l'informatique quantique et l'intelligence artificielle avancée, est un défi majeur. Bien que ces technologies offrent des avantages en termes de performances et d'efficacité, elles peuvent également consommer beaucoup d'énergie. Il sera essentiel de développer des approches plus durables, telles que l'utilisation d'énergies renouvelables et l'optimisation de la consommation d'énergie, pour minimiser leur impact environnemental.

Maintenir un équilibre entre innovation et durabilité sera également un défi important. Alors que de nouvelles technologies émergent, il sera crucial de veiller à ce qu'elles soient développées et utilisées de manière à maximiser les avantages environnementaux et sociaux tout en minimisant les effets négatifs. Cela nécessitera une approche proactive des entreprises, des gouvernements et de la société dans son ensemble pour promouvoir des pratiques durables et responsables.

En résumé, les défis futurs du Green IT résident dans la gestion des données massives, l'empreinte carbone croissante des technologies émergentes et le maintien d'un équilibre entre innovation et durabilité. En anticipant ces défis et en adoptant des approches responsables, nous pouvons façonner un avenir plus durable pour l'informatique.

19.4   Les opportunités économiques

Le Green IT offre des opportunités significatives en termes de création d'emplois verts. En adoptant des pratiques durables, les entreprises auront besoin de spécialistes du Green IT pour mettre en œuvre et gérer ces initiatives. Cela peut conduire à la création de nouveaux emplois dans des domaines tels que l'efficacité énergétique, la gestion des données, la conception éco-responsable, et bien d'autres. Ces emplois contribuent à la transition vers une économie verte et durable.

Le Green IT ouvre également de nouveaux marchés. Les consommateurs et les entreprises sont de plus en plus conscients de l'importance de l'impact environnemental de leurs choix technologiques. Cela crée une demande croissante pour des produits et services respectueux de l'environnement. Les entreprises qui se positionnent en tant que leaders du Green IT peuvent saisir cette opportunité en proposant des solutions innovantes et durables, ce qui leur donne un avantage concurrentiel sur le marché.

Enfin, le Green IT favorise l'innovation durable. En intégrant les principes de durabilité dès le processus de conception et de développement des technologies, de nouvelles opportunités d'innovation émergent. Cela encourage les entreprises à repenser leurs modèles commerciaux, à explorer de nouvelles technologies et à adopter des pratiques respectueuses de l'environnement. L'innovation durable permet non seulement de réduire l'impact environnemental, mais aussi de répondre aux besoins émergents des consommateurs axés sur la durabilité.

En résumé, le Green IT offre des opportunités économiques importantes, notamment en termes de création d'emplois verts, de développement de nouveaux marchés et de promotion de l'innovation durable. Les entreprises qui embrassent ces opportunités peuvent non seulement contribuer à la transition vers une économie plus verte, mais aussi en tirer des avantages concurrentiels significatifs.

19.5 La collaboration intersectorielle pour un Green IT global

Le Green IT est un défi complexe qui nécessite une approche holistique et une collaboration étroite entre différents acteurs. Les entreprises, en tant que principaux utilisateurs des technologies de l'information, jouent un rôle clé dans la promotion du Green IT. Elles peuvent partager leurs meilleures pratiques, collaborer pour développer des solutions innovantes et s'engager à adopter des politiques de durabilité.

Les gouvernements ont également un rôle essentiel à jouer dans la promotion du Green IT. Ils peuvent mettre en place des réglementations et des incitations économiques pour encourager les entreprises à adopter des pratiques durables. De plus, ils peuvent faciliter la collaboration entre les différents acteurs en fournissant un cadre de coopération et en soutenant les initiatives de recherche et développement dans le domaine du Green IT.

Les organisations de la société civile ont un rôle important dans la sensibilisation et l'éducation du public sur les enjeux du Green IT. Elles peuvent promouvoir des pratiques responsables et encourager les entreprises et les gouvernements à prendre des mesures concrètes pour réduire leur empreinte environnementale.

Enfin, la collaboration avec les chercheurs et les universités est essentielle pour favoriser l'innovation et le développement de nouvelles technologies durables. Les recherches dans le domaine du Green IT peuvent contribuer à l'identification de nouvelles solutions et à l'amélioration continue des pratiques existantes.

En résumé, la collaboration intersectorielle est cruciale pour relever les défis du Green IT à l'échelle mondiale. Les entreprises, les gouvernements, les organisations de la société civile et les chercheurs doivent travailler ensemble pour partager des connaissances, développer des solutions innovantes et promouvoir des politiques de durabilité.

L'éducation et la sensibilisation jouent un rôle clé dans la promotion du Green IT. En informant le public sur les impacts environnementaux de l'informatique et les solutions durables disponibles, nous pouvons encourager une adoption plus large des pratiques respectueuses de l'environnement.

Il est essentiel de sensibiliser les consommateurs aux choix qu'ils peuvent faire pour réduire leur empreinte environnementale en matière d'informatique, tels que l'utilisation de dispositifs écoénergétiques, le recyclage responsable des appareils électroniques et l'optimisation des ressources numériques.

L'éducation des jeunes générations est également cruciale. Intégrer des programmes d'éducation sur le Green IT dans les établissements scolaires permet de sensibiliser dès le plus jeune âge aux enjeux environnementaux et aux solutions durables dans le domaine de l'informatique.

Les entreprises, les gouvernements et les organisations de la société civile peuvent jouer un rôle important dans la sensibilisation du public en lançant des campagnes de communication, en organisant des événements éducatifs et en fournissant des ressources pédagogiques sur le Green IT.

En favorisant une prise de conscience collective et une compréhension des avantages du Green IT, nous pouvons encourager une adoption plus large de pratiques durables dans le domaine de l'informatique. L'éducation et la sensibilisation sont des leviers puissants pour transformer les comportements individuels et collectifs vers une informatique plus verte et durable.

En résumé, l'éducation et la sensibilisation du public sont essentielles pour favoriser une adoption plus large des pratiques durables du Green IT. En informant les individus sur les enjeux et les solutions, nous pouvons encourager des comportements plus responsables.

19.7   Les politiques et les réglementations futures

L'une des politiques potentielles à envisager est l'élaboration de normes et de réglementations plus strictes en matière d'efficacité énergétique des équipements informatiques. Cela pourrait inciter les fabricants à concevoir des produits plus économes en énergie et encourager les consommateurs à opter pour des appareils écoénergétiques.

Une autre mesure envisageable est la promotion de l'éco-conception dans le développement de logiciels et de systèmes informatiques. En intégrant des critères de durabilité dès la conception, les entreprises pourraient réduire l'impact environnemental de leurs solutions et favoriser une informatique plus verte.

Les incitations fiscales et les subventions pour les entreprises qui adoptent des pratiques de Green IT pourraient également être envisagées. Ces mesures pourraient encourager les entreprises à investir dans des technologies et des infrastructures durables, tout en stimulant la croissance économique et la création d'emplois verts.

Parallèlement, les gouvernements pourraient promouvoir des partenariats public-privé pour soutenir la recherche et le développement de technologies innovantes dans le domaine du Green IT. En encourageant la collaboration entre les secteurs public et privé, de nouvelles solutions et des avancées technologiques pourraient émerger pour relever les défis de durabilité de l'informatique.

Enfin, une sensibilisation accrue et une éducation continue sur le Green IT pourraient être intégrées dans les politiques gouvernementales. Cela permettrait d'impliquer activement les citoyens, les entreprises et les décideurs dans la transition vers une informatique plus durable.

En résumé, les politiques et réglementations futures peuvent jouer un rôle clé dans la promotion du Green IT. En établissant des normes, en fournissant des incitations économiques et en encourageant la collaboration, les gouvernements peuvent contribuer à une transition plus rapide vers une informatique durable.

19.8 Les initiatives et les projets phares

Un exemple notable est l'initiative "The Green Grid", qui réunit des acteurs de l'industrie informatique pour promouvoir l'efficacité énergétique dans les centres de données. Grâce à des collaborations et à la diffusion de bonnes pratiques, cette initiative a permis de réaliser d'importantes économies d'énergie et de réduire les émissions de gaz à effet de serre.

Un autre projet phare est celui de certaines grandes entreprises technologiques qui se sont engagées à atteindre des objectifs de neutralité carbone. Elles investissent massivement dans les énergies renouvelables, réduisent leur consommation d'énergie et optimisent leurs infrastructures pour minimiser leur impact environnemental.

Des initiatives locales et communautaires méritent également d'être soulignées, telles que les projets de recyclage et de réutilisation du matériel informatique dans les écoles, les bibliothèques et les centres communautaires. Ces initiatives permettent de prolonger la durée de vie des équipements, de réduire les déchets électroniques et d'accroître l'accès à la technologie de manière durable.

Enfin, certaines villes et régions se sont positionnées comme des leaders en matière de Green IT, en mettant en place des politiques et des infrastructures favorables à la durabilité informatique. Elles encouragent l'adoption de technologies écoénergétiques, soutiennent l'innovation dans le domaine du Green IT et sensibilisent les citoyens à l'importance de pratiques durables.

Ces initiatives et projets phares démontrent que le Green IT est une réalité et qu'il existe des solutions concrètes pour réduire l'impact environnemental de l'informatique. Ils inspirent et encouragent d'autres acteurs à suivre leur exemple, en contribuant à la création d'un avenir plus durable et respectueux de l'environnement.

19.9 Les perspectives pour une informatique véritablement durable

Tout d'abord, la réduction de l'empreinte carbone sera une priorité majeure. Les avancées technologiques permettront de développer des solutions encore plus écoénergétiques, favorisant une consommation minimale d'énergie et une utilisation plus efficace des ressources.

L'adoption généralisée des énergies renouvelables sera également un objectif clé. Les progrès dans le domaine des sources d'énergie renouvelable, tels que l'énergie solaire et éolienne, permettront de réduire considérablement l'empreinte carbone de l'informatique et de favoriser une transition vers une énergie propre et durable.

La gestion responsable des données sera une autre perspective essentielle. Les défis liés à la confidentialité, à la sécurité et à l'utilisation éthique des données seront abordés de manière proactive, avec des politiques et des réglementations rigoureuses pour garantir une utilisation responsable des informations.

Enfin, l'intégration de l'éthique dans toutes les facettes de l'informatique sera une préoccupation croissante. Les technologies émergentes telles que l'intelligence artificielle et l'apprentissage automatique nécessiteront une réflexion approfondie sur les questions éthiques, la transparence et la responsabilité. Les normes et les réglementations éthiques guideront le développement et l'utilisation de ces technologies pour s'assurer qu'elles contribuent à des résultats positifs pour la société et l'environnement.

Dans l'ensemble, les perspectives pour une informatique véritablement durable sont prometteuses. Les avancées technologiques, les initiatives gouvernementales et les engagements des entreprises dans le domaine du Green IT témoignent d'un mouvement mondial vers une informatique plus responsable. En intégrant les dimensions environnementales, sociales et éthiques, nous pouvons construire un avenir où la technologie joue un rôle clé dans la résolution des défis mondiaux tout en préservant notre planète pour les générations futures.

19.10 Conclusion

Dans ce chapitre, nous avons exploré les perspectives d'avenir pour le Green IT et les opportunités qu'il offre pour une informatique plus durable. Nous avons mis en évidence l'importance des innovations technologiques, des politiques gouvernementales, de la collaboration intersectorielle, de l'éducation et de la sensibilisation, ainsi que des initiatives exemplaires dans ce domaine.

Les entreprises doivent intégrer des pratiques durables dans leurs opérations informatiques, en adoptant des technologies écoénergétiques, en optimisant l'utilisation des ressources et en gérant de manière responsable les données. Les gouvernements doivent soutenir et encourager ces initiatives en mettant en place des réglementations favorables, des incitations économiques et des investissements dans la recherche et le développement.

Les chercheurs doivent continuer à innover et à développer des solutions technologiques plus durables, en utilisant l'intelligence artificielle, l'informatique quantique et d'autres avancées pour résoudre les défis environnementaux et sociaux. Les consommateurs ont également un rôle important à jouer en faisant des choix éclairés et en soutenant les entreprises engagées dans le Green IT.

En travaillant ensemble, nous pouvons réaliser une informatique véritablement durable qui contribue à la préservation de notre planète et à l'amélioration de notre société. C'est un appel à l'action pour toutes les parties prenantes afin de prendre des mesures concrètes et de faire de la durabilité une priorité dans le domaine de l'informatique. En unissant nos efforts, nous pouvons façonner un avenir meilleur et plus durable pour tous.

Chapitre 20. Conclusion : Vers un avenir numérique durable

À mesure que notre exploration du domaine de l'informatique verte touche à sa fin, il est essentiel de prendre du recul et d'embrasser une vision plus globale. Les sujets abordés tout au long de ce livre, allant de la compréhension du concept de l'informatique verte et de son impact mondial, à des aspects spécifiques tels que l'efficacité énergétique, la gestion des déchets électroniques, le cloud computing, l'intelligence artificielle et la blockchain, s'assemblent pour former un puzzle plus vaste. Ce puzzle représente l'avenir durable de notre monde numérique.

Notre exploration a révélé que l'informatique verte n'est pas simplement un concept agréable à avoir, mais une transformation de paradigme nécessaire. Alors que notre dépendance à la technologie numérique s'accroît, nous devons faire face aux impacts environnementaux de l'industrie des technologies de l'information. Les principes de l'éco-conception, de l'efficacité énergétique, de la gestion des centres de données, de la virtualisation du stockage, du recyclage des déchets électroniques et de la technologie mobile durable sont tous essentiels pour atteindre cet objectif.

Il est clair que la transition vers une informatique durable ne repose pas uniquement sur les épaules des professionnels de l'informatique. C'est une responsabilité collective qui s'étend aux dirigeants d'entreprise mettant en œuvre la responsabilité sociale des entreprises, aux entités gouvernementales promouvant des politiques écologiques et aux consommateurs prenant des décisions éclairées en faveur de l'environnement. Chaque petit pas vers l'utilisation d'électronique verte, l'élimination responsable des déchets et le soutien aux entreprises durables compte.

Tout au long de ce livre, nous avons exploré le rôle des technologies émergentes telles que le cloud computing, l'intelligence artificielle et la blockchain dans la promotion de l'informatique verte. Elles nous offrent d'immenses opportunités pour accroître l'efficacité, réduire la consommation d'énergie et favoriser le développement durable. Cependant, comme nous l'avons constaté, ces technologies présentent également leurs propres défis et empreintes carbone. En regardant vers l'avenir, il sera crucial de continuer à évaluer et à trouver un équilibre dans l'utilisation de ces technologies afin de favoriser une informatique durable.

Nous avons également examiné l'impact de certains comportements numériques, tels que l'utilisation de la technologie mobile et des services de streaming. Nos habitudes en tant qu'utilisateurs contribuent de manière significative à l'empreinte carbone de l'industrie des technologies de l'information. Cela souligne l'importance de la sobriété numérique, nous invitant à repenser nos comportements numériques pour faire des choix plus durables.

En conclusion, l'informatique verte représente un chemin passionnant et essentiel vers un avenir numérique durable. La route à parcourir peut sembler ardue, mais comme nous l'avons découvert tout au long de ce livre, les outils, les stratégies et les principes nécessaires pour relever ces défis sont déjà à notre disposition. En exploitant ces ressources, en favorisant l'innovation et la régulation, et en promouvant des pratiques durables à tous les niveaux, nous pouvons garantir que le monde numérique de demain sera un monde meilleur.

Références

Abdelbasir, S. M., Hassan, S. S., Kamel, A. H., & El-Nasr, R. S. (2018). Status of electronic waste recycling techniques: a review. Environmental Science and Pollution Research, 25, 16533-16547.

Ait-Daoud, S., Laqueche, J., Bourdon, I., & Rodhain, F. (2010). Ecologie & Technologies de l'Information et de la Communication (TIC): une étude exploratoire sur les éco-TIC. Management Avenir, 39(9), 307-325.

Andrade, D. F., Castro, J. P., Garcia, J. A., Machado, R. C., Pereira-Filho, E. R., & Amarasiriwardena, D. (2022). Analytical and reclamation technologies for identification and recycling of precious materials from waste computer and mobile phones. Chemosphere, 286, 131739.

Asius, M. F. (2022). L'économie circulaire, une nouvelle ère de production et de mode de vie pour une transition écologique (Doctoral dissertation, Politecnico di Torino).

Bohas, A. (2013). Vers une analyse de la relation systèmes d'information, développement durable et responsabilité sociale d'entreprise: l'adoption et l'évaluation du Green IT (Doctoral dissertation, Lyon 3).

Bohas, A., Dagorn, N., & Poussing, N. (2013). Une analyse des liens entre types de Green IT et stratégies RSE.

Boulet, P., Bouveret, S., Bugeau, A., Frenoux, E., Lefevre, J., Ligozat, A. L., ... & Ridoux, O. (2020). Référentiel de connaissances pour un numérique éco-responsable (Doctoral dissertation, EcoInfo).

Cheng, H., Liu, B., Lin, W., Ma, Z., Li, K., & Hsu, C. H. (2021). A survey of energy-saving technologies in cloud data centers. The Journal of Supercomputing, 77(11), 13385-13420.

Cordella, M., Alfieri, F., & Sanfelix, J. (2021). Reducing the carbon footprint of ICT products through material efficiency strategies: A life cycle analysis of smartphones. Journal of Industrial Ecology, 25(2), 448-464.

Daoud, S. A., & Bohas, A. (2013). Technologies de l'Information (TI) et Développement Durable (DD): Revue de la littérature et pistes de réflexion. Journée Rochelaise Systèmes d'Information & Développement Durable (JRSIDD 2013).

Dong, J., Jin, X., Wang, H., Li, Y., Zhang, P., & Cheng, S. (2013, May). Energy-saving virtual machine placement in cloud data centers. In 2013 13th IEEE/ACM international symposium on cluster, cloud, and grid computing (pp. 618-624). IEEE.

Dusart, O., Abeels, M., & Belleflamme, P. L'utilisation de l'intelligence artificielle pour la gestion des déchets est-elle une solution pertinente dans une optique de développement durable?.

Flipo, F. (2021). L'impératif de la sobriété numérique. Cahiers Droit, Sciences & Technologies, (13), 29-47.

Flipo, F., Deltour, F., & Dobré, M. (2016). Les technologies de l'information à l'épreuve du développement durable. Natures Sciences Sociétés, 24(1), 36-47.

GAY, P., HEBIRI, M., LOUSTAU, S., & VALADE, F. De l'utilité de la réduction de la consommation énergétique des al-gorithmes d'intelligence artificielle. Bulletin N o 120, 47.

Gbaguidi, F. A. R. (2017). Approche prédictive de l'efficacité énergétique dans les Clouds Datacenters (Doctoral dissertation, Conservatoire national des arts et metiers-CNAM; Université d'Abomey-Calavi (Bénin)).

Goralski, M. A., & Tan, T. K. (2020). Artificial intelligence and sustainable development. The International Journal of Management Education, 18(1), 100330.

Hickel, J., & Kallis, G. (2020). Is green growth possible ? New political economy, 25(4), 469-486.

Huang, J., Wu, K., & Moh, M. (2014, July). Dynamic virtual machine migration algorithms using enhanced energy consumption model for green cloud data centers. In 2014 International Conference on High Performance Computing & Simulation (HPCS) (pp. 902-910). IEEE.

Hussain, S. S. (1999). The ethics of 'going green': the corporate social responsibility debate. Business strategy and the environment, 8(4), 203-210.

Jana, T. K. (2023). E–waste recycling technology patents filed in india-An analysis. Journal of Intellectual Property Rights (JIPR), 19(5), 315-324.

Jenkin, T. A., Webster, J., & McShane, L. (2011). An agenda for 'Green'information technology and systems research. Information and organization, 21(1), 17-40.

Khakurel, J., Penzenstadler, B., Porras, J., Knutas, A., & Zhang, W. (2018). The rise of artificial intelligence under the lens of sustainability. Technologies, 6(4), 100.

Kiddee, P., Naidu, R., & Wong, M. H. (2013). Electronic waste management approaches: An overview. Waste management, 33(5), 1237-1250.

Lee, J., Suh, T., Roy, D., & Baucus, M. (2019). Emerging technology and business model innovation: the case of artificial intelligence. Journal of Open Innovation: Technology, Market, and Complexity, 5(3), 44.

Loeser, F. (2013). Green IT and Green IS: Definition of constructs and overview of current practices.

Manzoni, V., Maniloff, D., Kloeckl, K., & Ratti, C. (2010). Transportation mode identification and real-time CO2 emission estimation using smartphones. SENSEable City Lab, Massachusetts Institute of Technology, nd.

McKinnon, A. (2010). The role of government in promoting green logistics. Green logistics: improving the environmental sustainability of logistics. Kogan Page, London, 341-360.

Molla, A., Cooper, V. A., & Pittayachawan, S. (2009). IT and eco-sustainability: Developing and validating a green IT readiness model. ICIS 2009 proceedings, 141.

Pachot, A., & Patissier, C. (2022). Intelligence artificielle et environnement: alliance ou nuisance?: L'IA face aux défis écologiques d'aujourd'hui et de demain. Dunod.

Pegus, P., Varghese, B., Guo, T., Irwin, D., Shenoy, P., Mahanti, A., ... & Hill, C. (2016, March). Analyzing the efficiency of a green university data center. In Proceedings of the 7th ACM/SPEC on International Conference on Performance Engineering (pp. 63-73).

Petit, M., Breuil, H., & Cueugniet, J. (2009). Développement Eco-responsable et TIC (DETIC). Rapport du Conseil Général de l'Industrie, de l'Énergie et des Technologies, La Documentation Française.

Ponsard, C., Nihoul, B., & Touzani, M. (2019). Éco-conception logicielle pour systèmes. CETIC, Belgique.

Rivano, H., Stouls, N., & Trégouët, J. F. (2020). Le numérique menace-t-il la transition énergétique?. Pop'Sciences Mag, 1-41.

Rong, H., Zhang, H., Xiao, S., Li, C., & Hu, C. (2016). Optimizing energy consumption for data centers. Renewable and Sustainable Energy Reviews, 58, 674-691.

Sagawe, A., Funk, B., & Niemeyer, P. (2016). Modeling the intention to use carbon footprint apps. In Information Technology in Environmental Engineering: Proceedings of the 7th International Conference on Information Technologies in Environmental Engineering (ITEE 2015) (pp. 139-150). Springer International Publishing.

Shuja, J., Gani, A., Shamshirband, S., Ahmad, R. W., & Bilal, K. (2016). Sustainable cloud data centers: a survey of enabling techniques and technologies. Renewable and Sustainable Energy Reviews, 62, 195-214.

Toniolo, K., Masiero, E., Massaro, M., & Bagnoli, C. (2020). Sustainable business models and artificial intelligence: Opportunities and challenges. Knowledge, people, and digital transformation: Approaches for a sustainable future, 103-117.

Tutenuit, C., & Galaup, B. (2023, April). Le numérique, allié ou ennemi de la transition écologique ? In Annales des Mines-Responsabilité et environnement (No. 2, pp. 82-85). Cairn/Softwin.

Truby, J. (2020). Governing artificial intelligence to benefit the UN sustainable development goals. Sustainable Development, 28(4), 946-959.

United Nations Conference on Trade and Development. (2021). Harnessing Blockchain for Sustainable Development: Prospects and Challenges. https://unctad.org/publication/harnessing-blockchain-sustainable-development-prospects-and-challenges

Verma, A., Koller, R., Useche, L., & Rangaswami, R. (2010, February). SRCMap: Energy Proportional Storage Using Dynamic Consolidation. In FAST (Vol. 10, pp. 267-280).

Vinuesa, R., Azizpour, H., Leite, I., Balaam, M., Dignum, V., Domisch, S., ... & Fuso Nerini, F. (2020). The role of artificial intelligence in achieving the Sustainable Development Goals. Nature communications, 11(1), 233.

Visser L. & Basiulyte M. (2019) The Future of Ecodesign. DigitalEurope, https://cdn.digitaleurope.org/uploads/2019/10/DIGITALEUROPE-position-paper-on-future-of-Ecodesign_19072019.pdf

Yang, M., Chen, H., Long, R., & Yang, J. (2022). The impact of different regulation policies on promoting green consumption behavior based on social network modeling. Sustainable Production and Consumption, 32, 468-478.

Yuan, H., Bi, J., & Zhou, M. (2018). Spatial task scheduling for cost minimization in distributed green cloud data centers. IEEE Transactions on Automation Science and Engineering, 16(2), 729-740.